城市开发策划
（第二版）

马文军　著

中国建筑工业出版社

图书在版编目（CIP）数据

城市开发策划／马文军著. —2版. —北京：中国建筑工业出版社，2015.5

ISBN 978-7-112-17966-4

Ⅰ.①城…　Ⅱ.①马…　Ⅲ.①城市规划-研究-中国
Ⅳ.①TU984.2

中国版本图书馆 CIP 数据核字（2015）第 060699 号

责任编辑：何　楠　陆新之
责任校对：陈晶晶　赵　颖

城市开发策划
（第二版）
马文军　著
*
中国建筑工业出版社出版、发行(北京西郊百万庄)
各地新华书店、建筑书店经销
北京嘉泰利德公司制版
北京中科印刷有限公司印刷
*
开本：787×960毫米　1/16　印张：27½　字数：419千字
2015年9月第二版　2015年9月第三次印刷
定价：68.00元
ISBN 978-7-112-17966-4
　　　　（27075）

序

改革开放以来，随着我国经济社会的迅速发展，城市建设和城镇化也进入了快速发展时期。各种类型的新区正如雨后春笋，投资过亿的特大建设项目屡见不鲜。面对这建设浪潮，传统的城市规划理论与方法难以适应，而在市场经济机制的驱动下，投资体制、资源的配置、利益的划分等都开始脱离计划经济的轨道，并全面受到市场规律的制动。尤其是投资渠道的多元化，经济主体的非垄断性，加入 WTO 后全球经济一体化大趋势的冲击等，不仅打破了传统的建设程序，而且在很多方面动摇了传统城市规划的立论基础。总之，进入 20 世纪 80 年代以来，国内外经济社会发生的重大变革迫使中国的城市规划必须打破传统的理念，全方位地拓展和改革自身的理论体系和技术手段。其中投资的风险和效益分析就是一个突出的课题。

值得高兴的是，近些年来已有许多城市规划同行甚至相关专业的专家学者，勇于面对重大的现实问题，积极开展城市规划理论的研究工作。《城市开发策划》的出版，及时填补了如何在市场化的条件下策划城市发展的理论与方法空白，具有很重要的学术价值和应用价值。

马文军博士专修城市规划，多年来一直关注城市规划与开发及城市开发的策划研究，并积累了一定的实践经验。中国的城市规划必须打破传统的理念，需要借鉴经济、管理、市场营销等学科的理论，积极拓展城市规划理论的研究领域，改革自身的理论体系与技术手段，以满足社会发展与城市建设的需要，应对日益激烈的市场竞争，规避风险，提高效益使我国城市建设健康发展。

在《城市开发策划》这部专著中，首先通过几个特写镜头将 20 世纪 80 年代以来中国城市建设的火热场面展现在我们面前，这当中既有成功的创举，也有失败的案例。它使读者不仅可以了解改革开放以来我国经济社会和城市建设发展的总体情况，而且可以从具有代表性的个案中汲取经验教训。更为重要的是，作者并未停留在大量材料的罗列和道白，而是运用对比分析、逻辑推理、系统工程等方法和技术手段，对大量国内外资料和案例进行理性分析研究，力求从中揭示具有规律性的东西。诸如城市各种开发活动的经济社会背景、大规模项目开发活动对城市发展和规划布局的影响、城市开发策划的理论基础等。在此基础上，作者又针对当前国内外城市开发的实际问题，提出了城市开发策划规划的目的和任务，以及城市开发策划的基本方法和工作步骤等内容。从而，使这部专著不仅丰富和拓展了传统城市规划的理论体系，探索了新时期城市规划的工作方法，而且对指导当前的城市开发建设具有重要的实际意义。

实践证明，在城市发展的不同阶段中，经济、社会、市场、管理、法律法规等因素会相应地发挥不同性质的作用，城市规划的学科体系中，也早就不只是物质形态的问题。在市场经济迅速发展的今天，市场的力量逐渐成为城市发展中的主导因素，如何在利用好市场对各种资源的基础性配置作用的同时，推动城市的健康发展，提高城市的综合竞争力，是城市规划在当前的重要任务，也是城市开发策划主要研究的目标。

借此机会希望作者继续努力，也希望有更多的同行在这块新开拓的园地上继续辛勤耕耘，在丰富和拓展中国的城市规划理论，革新城市规划的方法手段的研究中取得更多优秀成果。

陈秉钊

2003 年 11 月 20 日

前　言

　　随着城市化速度的不断加快，如何尽快地改善居民生活品质、提高生活水准，满足居民日益提高的改善工作、居住、交通、游憩条件的需要，吸引投资和人才前来进行经济建设和发展，是当前城市管理者和城市规划者面临的主要课题，因此有专家学者提出了各种对策，如城市形象建设、综合竞争力创造等。在具体的实践中，所有这些对策都需要通过大规模的城市公共开发活动来实现。

　　然而，对于城市大规模公共开发活动还没有系统的理论和方法，由于缺乏经验和理论指导而导致失误的现象屡见不鲜，因此造成的损失难以估量。著者列举了大量事例证明，在计划经济向市场经济转轨以后，城市发展的投融资渠道、资源的配置、利益分配、土地批租、人口发展等许多方面都发生了重大变化。面对新的形势，传统的城市规划理念和理论体系因侧重理性推导和物质塑造，忽视市场（社会公众）的需求和效益分析，忽略规划实施过程，而显得异常脆弱和贫乏，这是导致城市规划可实施率低的原因之一。因此，研究和探索当今城市发展的新问题，并上升为理论，对于拓展城市规划理念和理论体系，繁荣城市规划工作，促进城市建设发展，都具有十分重要的意义。为此，本书引入了市场调查预测、项目可行性研究、项目评估、项目建设的公私合作机制、市场营销、项目融资等相关学科的理论和方法，针对城市大规模公共开发活动策划与规划的基本理论、方法和案例进行了深入有效的研究，论述了城市开发策划的理论和方法，并明确提出，城市规划需要针对城市的公共发展与建设活动进行策划，进而提出城市策划的理念，这些对丰富传统城市规划的专业内容，拓宽城市规划专业的业务市场，提高规划专业的技术含量，都具有重大的意义。

为了较深刻地印证本书的主题内容，但又不使本书主体过于繁杂，著者把部分案例和自己在进行主体研究过程中形成的支撑报告作为附件，一并附于正文之后，以方便读者选择阅读。

目　录

1

导　言

1.1　城市开发策划的历史与现状

城市规划成为一门独立学科的历史不长，一般认为，19世纪发生在英国的一系列针对城市发展的管理活动，孕育了近现代城市规划理论的产生。然而人类数千年的城市发展过程中不断地形成建设与管理城市发展的理论和实践，在《周礼·考工记》、《管子》中都有大量的相关文献记载。我国古代劳动人民以自己的聪明才智不仅在唐长安、元大都、明清北京等城市建设方面取得了重大成就，在世界城市建设史上书写了辉煌的篇章，而且也积累了相当丰富的城市建设理论。大量的事例说明，在城市规划理论形成之前，策划的思想已经为广大人民自发地应用。

进入20世纪中叶，世界城市建设发展呈现两大特点：一是城市化进程加快，人口向城市聚集的潮流势不可挡；二是城市的大规模开发活动（Large Urban Projects，简称LUPs）异常引人瞩目，从而又大大加速了城市化的进程。

据联合国有关组织估计，至2000年人类已有1/2的人口生活和工作在城镇地区，另外1/2人口的生存也将更加依赖于城镇。由于长期处于半封建、半殖民地统治下，中国的城市化起步较晚。我国政府1996年向联合国第二次人居大会提交的《中华人民共和国人居发展报告》曾预测，到2000年全国城镇人口将达到4.5亿左右，城市化水平将达到35%，2010年全国城镇人口将达到6.3亿左右，城市化水平将达到45%。现在看来，由于经济高速发展，城市化的实际发展速度更快。2001~2012年中国的城市化水平从37.65%增至52.57%，2012年，全国设市城市达658个，建制镇19881个，居住在城镇地区的人口已达到7.1182亿人。[1]城市化进程的加快，给人类带来了巨大的经济社会效益。世界银行曾预测，2020年中国百万人口以上城市将达到80个，而现实是2010年就达到125个。由于人口过分向城

---

[1]　中国统计年鉴2013[M]. 北京：中国统计出版社，2013.

市聚集和大城市的急剧膨胀❶，造成耕地迅速减少，环境污染严重，自然生态严重恶化，城市病越来越突出，而且有向小城镇和乡村蔓延的趋势。由于城市无节制地发展所引发的种种问题，现在正严重威胁着人类的正常生存和发展，为此，联合国有关组织和国际建筑师协会等社团组织，多次召开会议并制定了许多有关典章，提出了"可持续发展"、"建立生态城市"等战略方针。各国政府和城市规划界也都针对城市化问题，展开了积极的研究，并且已经出现了许多优秀的成果，可望在不久的将来，人类的住区环境建设和城市发展会走上一条良性循环的轨道。

20 世纪中叶以来，城市建设发展的另一大特点就是城市的大规模开发建设活动异常活跃。这种现象与势不可挡的城市化浪潮有着因果关系。如 20 世纪初，工业革命促进了英、法、德、美等发达国家社会与经济的快速发展，大城市急剧膨胀，大量的大规模工业发展区（类似我国的开发区）、高速公路、铁路、机场等城市开发活动如火如荼，形成了城市化和城市大规模开发活动的第一次高潮。中国由于经济基础薄弱，城市化进程发展缓慢，1949 年城市化水平只有 10.6%，比 20 世纪初的 1900 年世界平均水平 13.6% 还要低 3 个百分点。❷进入 20 世纪 80 年代以来，随着国民经济的快速发展，特别是 1992 年邓小平同志南巡讲话发表后，我国的城市化和城市大规模开发活动势头迅猛，在全国范围内各种类型的开发区如雨后春笋般出现，大规模的房地产开发活动方兴未艾（据统计，仅 1997 年全国房地产开发面积就达到 43688 万 m^2，投入资金 3106.4 亿元），新建的高速公路、地铁、车站、机场、港口、引排水工程等动辄投资几亿、几十亿元的大规模开发项目比比皆是。还有许多老城市，为了适应现代化的需要展开了大规模的改建活动，有的整街整区地拆迁改造，形成了城市大规模开发活动的又一道风景线。

城市大规模开发活动对于提高建设效果、迅速改善城市面貌具有很明显的规模效应。但是，此类建设规模大、涉及面广，如果不进行

---

❶ 据联合国有关组织最新统计资料显示，全世界百万人口以上的大城市数量，已从 1985 年的 83 个发展到 1995 年的 325 个，2006 年达到 360 个。

❷ 谢文蕙，邓卫. 城市经济学 [M]. 北京：清华大学出版社，2008.

周密的策划和规划设计,一旦出现失误就会给城市造成严重的不良后果。譬如 20 世纪 80 年代后期我国经济和城市建设发展迅猛,有不少城市在缺乏科学策划和合理规划的指导下,盲目设立不同名目的开发区,在项目、资金、市场等毫无着落的情况下,大规模征用耕地、挤占城市基础设施建设资金为开发区搞超前配套建设,美其名曰"筑巢引凤",结果因"无凤来朝",开发区长期形不成气候,造成大量土地闲置荒芜,生态环境遭到破坏,损失可想而知。又如南方某特区城市于经济过热时期在郊区建设了一个大型游乐中心,总投资 6000 万港元,由于建设前期对客源量的预测不切实际,运营中取费标准又脱离了我国当时的消费水平,致使项目投入使用后,便因游客稀少而严重亏损,最后不得不关闭,价值数千万元的设备锈蚀成了一堆废铁,拆除后以 300 万元人民币折价售予当地政府。❶再如湖北省武汉市,1995 年在缺乏周密策划与合理规划的情况下,为了引进外资开发建设高级商住区项目,仓促地将具有历史意义的武汉展览馆❷及其周边设施夷为平地,之后却由于外方建设资金不到位而停工,已成废墟的场地长期闲置,由于下雨时积水,该地块被一些武汉市民戏称为"养鱼池"。政府的这一决策失误,不但造成了巨大的经济损失,使市中心失去了展览性建筑和市民集散中心广场,而且毁坏了历史文化遗产,破坏了中心区的环境风貌,同时还严重损害了城市政府及规划管理部门的形象。❸还是在武汉,2002 年年初各大媒体都报道了武汉长江堤外耗资 1.6 亿元建设的"外滩花园"项目因为被确认为妨碍长江行洪,而被整体爆破拆除的新闻。这一项目办理好全部建设许可手续,获得所有相关政府审批许可,总建筑面积达 5 万 m^2 的高档社区在全部建成后不到一年就被拆除,400 多户中高档收入的购房者被迫搬迁,市政府用于政府过失赔偿的金额预计将高达 3 亿元❹,而造成的社会负面影响更难以在短时间内消除。

---

❶ 保继刚 . 深圳市主题公园的发展、客源市场及旅游者行为研究 [J]. 建筑师,1996(70).

❷ 武汉展览馆作为中苏友好的象征而建设于 20 世纪 50 年代,也称为"中苏友好大厦",另外三座同类建筑分别建于北京、上海、广州。武汉展览馆于 1995 年 4 月 20 日被拆毁,原址由武汉市政府与某外资房地产公司共同开发商住楼项目,后因资金不到位,项目停工数年。

❸ 张在元 . 废墟的觉醒 [J]. 城市规划,1995(5).

❹ 武汉外滩花园——炸与不炸的尴尬 [J]. 三联生活周刊,2001(1).

例1-1 武汉外滩花园的建设与拆除

很明显在外滩花园的建设过程中存在许多法规与市场之外的因素，充满许多不合理的行为而无人质疑，其原因可以归于四点：①某些高层领导为了创造政绩而不顾实际情况进行决策；②下属官员为了迎合上意违背职业操守及相关法规使项目通过审批，忽略外界对于项目合法性的质疑；③开发商与政府之间存在某些内部交易；④该项目产生的政治、经济、社会效应较大而目前的法律对于政府行政失误又缺乏问责制，使得政府冒险违规通过审批。

起源

武汉外滩花园的投资方是武汉鸿亚实业有限公司，该公司成立于1994年，主要从事房地产开发工作，成立后第一个项目就是外滩花园，前后延续近十年时间。

鸿亚的老板肖某以前曾在汉阳区机关任职，后下海经商，武汉市防汛部门由于经费不足曾经提出一个将防汛当作产业来抓的思路，鸿亚公司成立后寻找项目的过程中与汉阳防汛办一拍即合，遂提出开发外滩花园的想法。

审批过程

1996年3月，武汉市规划土地局组织召开了方案评审会，并根据专家评审意见批准了该项目总平面规划方案。1996年10月，武汉市防汛指挥部同意按长江花园总平面及绿化图进行项目论证、设计、报批等实施前的准备工作。武汉市规划土地局于1997年11月批准该项目第一期工程，并于1999年5月为一期工程补发建设工程规划许可证。1999年11月，鸿亚公司向规划土地局申请调整原规划方案，将酒店部分改为住宅。2000年2月，武汉市规划土地局批准了该申请。在该项目获得湖北省水利厅和武汉市防汛指挥部的批复后，武汉市规划土地局于2001年2月为二期工程正式核发了建设工程规划许可证。

政治因素

1998年实施的《防洪法》有一条规定："禁止在河道里建筑有碍行洪的建筑物"，而当地政府部门对于项目建成后可能造成的危害认识不足，加上湖北省主管副省长为了政绩需要，在不合相关法规的情况下强推项目上马，为了贯彻领导意图以及对于可能造成后果的低估，使得项目在从最早的汉阳区防汛办一直到后来省政府召开专题会议讨论的审批过程中一路绿灯，政府相关机构亦未提出反对意见，反而在明知不合法的情况下围绕相关技术处理提出要求，使其勉强通过审批。在水利部门批准项目建设后，规划部门仅对设计方案本身进行审查，而未对选址提出任何异议，最终外滩花园顺利建成而导致积重难返。

经济与社会因素

外滩花园立项之初的定位就是借助临近江边的稀缺资源，作为高档住宅小区来开发，建成后房价达到 3000 元 /m^2，为当时武汉最贵的房产，按照正常流程操作在楼盘售出后开发商预期利润可观，而除了小区本身作为商品房开发获利之外，政府也可以借助其完善其规划开发的武汉"外滩"的战略布局，带动周边地区的发展，同时有助于对外提升武汉的城市形象。前有省级领导的指示，后有政府与开发商获利的空间，项目通过审批顺利建成也就不足为奇了。

拆除决策

违法审批造成了项目的最终被拆除。本案例中外滩花园的建设影响了长江的行洪，而将其拆除更需要作出艰难的选择，拆除需要面临短期的阵痛，项目本身的直接损失与对于已购房者的补偿及项目后期的安置费用亦难以估算。最后统计出拆除该项目前后造成经济损失近3亿元，可谓损失惨重，然而若继续保留外滩花园，那么势必给整个长江武汉段留下长期的隐患，从长远来看，一旦发生洪水必将对城市造成巨大危害，届时所造成的损失将更加巨大。在外滩花园已经建成的情况下，保留与拆除都是一个艰难的选择，两害相权取其轻，拆除外滩花园的决策虽然痛苦，但却可以保持江堤长期的平安。对于政府来说，更重要的是吸取教训，并在未来的执政过程中严格遵守相关法规，杜绝类似事件发生。

著者在调研中还发现，有些城市的部分大规模开发工程项目由于选址不当，或者规模过大等原因，破坏了城市发展的合理格局，给城市发展带来了严重后患，给城市规划的实施和管理工作带来了困难。由此可见，新时期城市建设与开发活动呈现出新的特点，依靠传统的城市规划理论与方法已难以发挥应有的城市建设指导作用。

进入新的世纪，全球化、二次工业化、全球性竞争的加剧导致了大规模项目出现新的高潮与特点，迪拜的沙漠奇迹令世人向往，北京（2008 年奥运会）、上海（2010 年世博会）、广州（2010 年亚运会）、深圳（2011 年大运会）等全球性和地区性的事件和活动则在中国大陆掀起了一轮又一轮大规模建设的热潮。

2008 年金融危机爆发后，我国政府推出了 4 万亿元基本建设投资计划，大量投资于铁（路）公（路）机（场）等基础设施建设，通过加大固定资产投资拉动经济发展，各地也配套了大量资金，相应建设了大规模项目。然而，以计划的方式安排项目建设毕竟缺少可持续性，"供给导向"的思路四处开花也影响了本应由市场化机制配置资源的效果，其间孕育的问题已经逐步揭示出来。

综上所述，进入 20 世纪 80 年代后期，在我国开始出现的城市大规模开发热潮及其过程中发生的诸多失误，既是对传统规划理念的冲击与挑战，又为城市规划工作者深化和拓展规划理论、繁荣城市规划事业提供了历史性机遇。为此，著者借鉴了市场调查、可行性研究、项目评估、项目策划、工程经济学等学科的研究和实践成果，以市场营销的理论为基本原理，以系统分析和评价的方法为研究方法，通过引入规划策划的概念和理论，对城市大规模开发的规模效应、产生的历史必然性、运作特点、实施程序、策划和规划的理论方法等方面进行了深入的研究，力求加强城市规划设计与规划实施、管理的联系，提高城市规划实施的可行性与可操作性，在理论和方法上为提升城市竞争力、实现可持续发展提供指导，同时也为城市规划设计专业自身理论和方法的完善与发展，为我国城市规划设计机构应对市场经济及国外机构的挑战提供策略。

1.2　城市开发策划的重要意义

策划的思想虽然一直存在于我国城市的规划与建设过程中，然而真正显现其重要性的却是在迈向社会主义市场经济体制的转折时期。由于规划工作者的工作已经不仅仅是在已制定的国民经济发展计划指导下编制相应的规划方案，规划行政管理部门的工作除了核定红线、核发项目建设许可证以及建筑方案审批的日常性管理工作外，还承担着组织编制城市规划工作以确定城市布局、发展方向以及行动纲领的重要任务，承担着落实政府促进产业发展、改善城市环境、提升城市竞争力的重要职能。因此，规划策划工作，特别是大规模开发项目的规划策划工作由于其落实规划设计思想、沟通规划实施与管理的纽带作用而凸现出重要性。

另一方面，城市大规模开发建设由于涉及面广，需要强大的经济与技术力量支撑，因而对建设的资金筹备、建设成效等更为关注。囿于经济实力的限制，我国城市直到 20 世纪 80 年代初大规模的开发项目并不多见。在中华人民共和国建国初期，我国曾经为重建国民经济而接受苏联的援助建设了 156 项大型工程以及自行设计建设了一些投资在 1000 万元以上的大型项目，其中"一五"期间就有 694 项。❶ 但是这些项目都是在计划经济的体制下由国家统一拨款建设、统一安排使用的，因而建设资金一般有保障，项目建成后也不存在销售的风险，因此对于项目策划的需要并不迫切。进入 20 世纪 80 年代后期，我国城市化进程加快，城市大规模开发活动发展迅猛，大规模的城市基础设施建设、产业升级与更新换代建设等项目层出不穷，实践中出现许多涉及规划的问题迫切需要我们去研究解决，譬如以促进城市经济增长与社会发展为主要目标的城市发展策划方面以及针对城市大规模开发项目的规划策划与实施方面，在我国传统的规划理论体系中几乎是一片空白。面对现实，我们需要深入调查研究，借鉴相关领域的理论和方法，并运用系统工程理论和归纳法、演绎法、综合分析等理论方法，对具有代表性的典型案例进行深入的剖析和论证。同时，还要认真借鉴国外的先进经验，以科学的态度和实事求是的精神揭示城市大规模开发活动的复杂内涵与客观规律，并建立能够有效地指导建设实践的规划理论和方法，为促进城市建设的迅速发展，补充和拓展传统的城市规划理论，繁荣城市规划事业，作出积极贡献。

1.3　本书的研究框架

本着"辩证求实、理论和实践结合、静态与动态分析结合、定量

---

❶　中国城市规划设计研究院学术信息中心 . 城市发展与重点建设项目布局研究 [Z].

与定性分析结合"的指导思想，著者在近十年的研究与实践过程中，针对困扰广大城市规划与城市管理工作者多年的"城市规划失效"问题，通过对大量文献的阅读、分析和综述，收集和分析了大量的案例，与有关专家、城市领导者和政府部门管理者以及参与城市建设的投资者交流，广泛借鉴了相关领域的理论与方法，并在参与多个城市相关研究与规划的基础上，分析大规模城市开发项目的策划与城市规划实施和管理的相互关系，探求城市开发策划的理论与方法，旨在完善城市规划理论，提高城市规划与设计的可行性、可实施性和可操作性，提出了"城市开发策划"理论。

本书著述研究的时间跨度较大，其间我国宏观经济与产业政策、城市发展方针不断调整，城市建设经历了从大规模的房地产开发向基础设施建设开发的转移，城市开发策划的理论和方法也在"实践—分析—再实践—再分析总结"的过程中得以深化和提高。研究框架如图 1-1 所示。

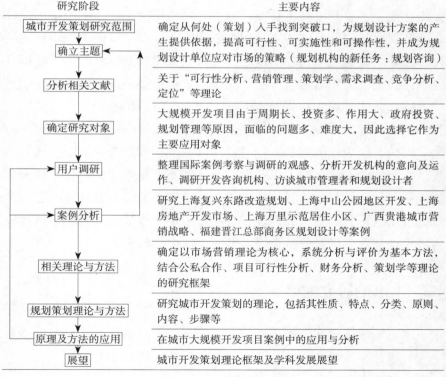

图 1-1　研究框架示意

2

城市开发活动概论

城市发展日新月异，发展的时机稍纵即逝，城市政府的职能也需不断调整，如果还拘泥于过去计划经济体制下城市政府"指挥者"的角色，囿于条条框框的既有规则，不善于创新地利用市场经济的杠杆，在城市竞争日益加剧的时代就必然会落后。政府在市场经济中的角色应转变为"服务者"，而现代城市政府的主要工作就是强化城市规划调控、公共管理以及提供公共产品等公共服务，这更加需要通过城市开发活动为经济建设和社会发展营造良好的发展环境。近年来，国内的北京、上海、广州、青岛等城市就分别通过举办奥运会（北京）、举办世博会与兴建迪士尼乐园（上海）、举办亚运会（广州）、滨海区建设（青岛）等大规模城市开发活动来推动城市建设与发展的步伐，成功地提升了城市形象，提高了城市综合竞争力。

2.1 城市开发活动概论

城市的开发活动是指那些涉及为城市运行提供使用功能的产品或服务的建设过程，而"大规模"在此是一种定性的概念，其中包含社会公共产品或服务的提供，如交通设施、公共住房、环境保护设施、市政公用设施（水、电、燃气、电信等）、公共绿化、社会保障设施及服务的建设，亦有那些出于投资或自用目的而建设的物质性实体，如用于自用或出售、出租、投资的商业性住房、办公楼、酒店、厂房等，甚至为了这些产品的生产而建设的一切活动，如为房产开发而进行的土地开发、为基础设施兴建和城市功能更新改造而进行的动拆迁活动，这些都属于城市开发活动的范围。其规模大到整个城市的新建（如巴西的首都巴西利亚 ❶，见图 2-1）、改造扩建、城市新区的开发建设等，涉及资金数以百亿计（例 2-1）；小到有些单位为方便出行而修建将该单位联结到城市道路的通道，有些城市里居民为改善自家生活条件而搭建的厨房、阁楼，其需要的资金就没有很多，有时只是需要自己找来的一些旧材料和自己的劳动力。虽然它们同属城市开发活动的范畴，但其建设规模、建设程序、投融资渠道、政府审批及许可、项目

---

❶ 沈玉麟. 外国城市建设史 [M]. 北京：中国建筑工业出版社，1989.

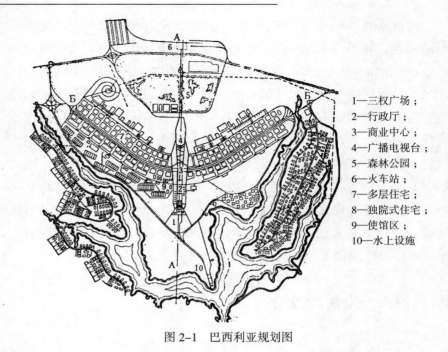

1—三权广场；
2—行政厅；
3—商业中心；
4—广播电视台；
5—森林公园；
6—火车站；
7—多层住宅；
8—独院式住宅；
9—使馆区；
10—水上设施

图 2-1　巴西利亚规划图

组织、项目管理等方面的特点却差别迥异，其中大规模开发活动由于投资巨大、建设周期长、社会影响面广，在城市的社会、经济发展中发挥重要作用而备受关注，需要予以充分重视和研究。为了使论述更具代表性，本书所研究的城市开发活动主要指城市大规模开发项目。

　　毋庸置疑，20 世纪是城市化的世纪。20 世纪初，世界上只有 13% 的人口生活在城市，100 年后城市人口大约占到全球人口的一半。在 21 世纪，我们将看到城市化的进程还会延续，城市化产生的效益会相应提高，人们还将意识到全球城市化的重要性。

　　在城市的"第一次现代化"（工业化初期）发展中，大城市充满了混乱与疾病。相反地，第二次现代化时期，城市发展被视为对国家经济发展起到了重要作用，而城市大规模项目成为城市转化过程中的重要动力。作为独立而统一的项目，城市大规模项目需要经过规划、设计，并按照确定的计划分期实施，有不同的利益方和明确的目的与目标，有一个负责的管理机构，对于成本、收益及社会、环境影响有预先的评估。

例 2-1　上海的基础设施建设

上海曾经是我国最大的工业基地和经济中心城市，但是在 20 世纪 90 年代前，由于体制的限制以及长期城市公共建设的滞后导致基础设施水平的低下，城市发展的活力无法得到全部体现，发展速度也落后于深圳等南方沿海城市。自 1990 年开始，上海以浦东开发为契机，10 多年里共投入数千亿元资金进行城市建设，并以此为切入点，带动整个城市以每年持续两位数的经济与社会增长率增长，其中 1992~2001 年上海共完成大规模公共设施建设项目数以百计，完成投资共 3549.31 亿元，相当于新中国成立后，前 30 年的近 60 倍（表 2-1、表 2-2）。

上海主要年份城市基础设施投资额[1]（亿元）　　　　表 2-1

年份	城市基础设施投资额	其中						
		电力建设	运输邮电	交通运输	邮电通信	公用设施	公用事业	市政建设
1950 ~ 1978	60.08	19.71	23.25	19.41	3.84	17.12	6.85	10.27
1980	9.55	5.31	2.91	2.31	0.6	1.33	0.64	0.69
1985	23.49	3.97	6.75	5.52	1.23	12.77	7.88	4.89
1986	24.78	5.68	8.4	6.56	1.84	10.7	5.67	5.03
1987	32.64	9.31	12.39	10.02	2.37	10.94	5.36	5.58
1988	37.08	14.18	12.35	8.8	3.55	10.55	4.01	6.54
1989	36.09	11.69	9.96	6.16	3.8	14.44	6.84	7.6
1990	47.22	17.53	10.06	7.17	2.9	19.63	10.83	8.8
1991	61.38	19.79	19.07	14.49	4.58	22.52	9.15	13.37
1992	84.35	19.7	21.44	15.01	6.43	43.21	12.58	30.63
1993	167.94	25.77	46.44	31.75	14.69	95.73	37.91	57.82
1994	238.16	41.57	72.68	36.83	35.85	123.91	26.77	97.14
1995	273.78	57.33	79.36	25.94	53.42	137.09	35.03	102.06
1996	378.78	77.61	147.21	69.66	77.55	153.96	48.31	105.65
1997	412.85	80.24	146.1	85.06	61.04	186.51	52.24	134.27
1998	531.38	89.58	181.46	108.79	72.67	260.34	58.37	201.97

---

[1]　www.shanghai.gov.cn。各项投资额均不包括住宅投资。

年份	城市基础设施投资额	其中						
		电力建设	运输邮电	交通运输	邮电通信	公用设施	公用事业	市政建设
1999	501.39	83.05	166.16	102.24	63.92	252.18	64.2	187.98
2000	449.9	64.61	117.52	48.83	68.69	267.77	104.43	163.34
2001	510.78	72.22	168.42	60.72	107.7	270.14	92.25	177.89
2002	583.49	62.14	171.24	63.01	108.23	350.11	148.42	201.69
2003	604.62	66	350.35	273.77	76.58	188.28	36.91	151.36
2004	672.58	89.52	371.35	316.96	54.39	211.71	26.92	184.8
2005	885.74	124.22	443.9	385.58	58.32	317.62	41.33	276.28
2006	1125.54	116.23	703.24	589.52	113.72	306.07	56.23	249.84
2007	1466.33	163.3	942.03	840.46	101.57	361.01	60.9	300.11
2008	1733.18	129.53	947.49	838.91	108.59	656.15	112.81	543.34
2009	2113.45	253.39	1100.9	978.24	122.66	759.16	135.95	623.21
2010	1497.46	148.5	866.2	754.66	111.54	482.76	86.58	396.18
2011	1157.34	118.81	668.52	595.75	72.76	370.01	54.22	315.8

2012 年上海重大工程项目清单　　　　　　　　　表 2-2

重大产业项目	中航商用飞机发动机产业基地 中船柴油机配套产业园 集成电路封装测试生产线 腾讯云计算平台 世博 AB 片区地下空间开发 汽车、造船、商用飞机等重点优势产业项目 国家蛋白质科学研究 国家肝癌科学中心等创新平台研究项目 上海国际航运服务中心 迪士尼一期工程 中国博览会综合会展等现代服务业项目建设 909 工程升级改造 数据港云计算服务平台等项目
重大文化设施项目	中华艺术宫 上海当代艺术博物馆项目 上海自然博物馆 上海京剧院迁建 网络视听产业基地等项目建设

重大社会事业项目	上海出版印刷高等专科学校浦东新校区 上海医疗器械高等专科学校浦东新校区 上海体育学院中国乒乓球学院 第二轮大型居住社区外围市政配套等项目 保障性住房 中欧国际工商学院三期工程 瑞金医院、仁济医院等 11 家市级医疗机构医疗设施及服务能力建设项目
重大节能减排、环保项目	崇明燃气电厂一期工程 长兴岛水系整治工程等一批项目 500 千伏输变电工程 石洞口燃气生产和能源储备项目 崇明岛东风西沙水库 竹园污水处理厂污泥处理工程等项目建设 临港燃气电厂一期工程 青草沙水源地南汇支线工程 白龙港污水处理厂扩建二期工程等项目
重大基础设施项目	轨道交通 3 号线二期工程 嘉闵高架南延伸和北延伸工程 高速公路、轨道交通、越江设施等项目
重大郊区新城、新农村发展项目	上海横沙渔港核心功能区项目 长兴岛重点区域滩涂促淤圈围工程 崇明东滩基础设施开发项目 区与区连接道路 郊区供水集约化工程 郊区三级医院建设项目 西郊国际农产品交易中心综合交易区建设项目

信息来源：上海市发展与改革委员会网站

另一方面，城市大规模开发活动的复杂性、市场的不断变化以及潜在的巨大负面影响，使得大规模开发活动若想成功得以实施、实现预期的开发目标并避免可能的负面影响，需要加强对大规模开发活动的各方面剖析与研究，这其中涉及的因素有：市场需求（产品或服务）、适合建设的土地、建设资金、政府许可、政府参与、可行性分析、项目定位、方案设计、工程设计、项目建设分期、项目建造、项目销售、项目的营运管理等多个方面（图 2-2）。而涉及的程序包括：项目发起、评估、土地的取得、设计、政府许可、合同、实施、租售、管理等。[1]

---

[1] Cadman David.Property Development[M]. E & FN SPON，2001.

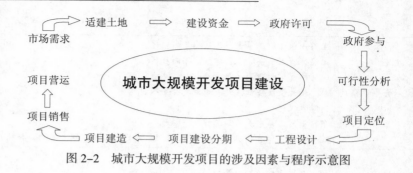

图2-2 城市大规模开发项目的涉及因素与程序示意图

2.2 城市大规模开发项目的概念界定

城市大规模开发项目同一般建设项目有明显的区别，那就是大规模开发项目不但规模巨大，而且项目开发者在考虑项目自身经济效益的同时，更要注重项目的宏观经济效益、社会效益和环境效益，有些项目本身就是以社会效益和环境效益，即对整个社会的贡献为主。如北京的数条城市环路建设以改善市区内的交通环境为主要目标；轨道交通的大力建设以改善城市居民的出行条件为目标；1998年开始进行的上海市苏州河综合整治工程，以环境综合治理与改善城市生活质量为主要目标。它们的效益是通过城市居民生活满意度提高、出行时间减少、舒适度提高、交通堵塞现象减少、城市生产与运作效率提高而得以体现。所以，城市大规模开发项目不仅规模巨大，而且具有社会服务和全局性质的潜在功能性，其概念的内涵和外延都是很有弹性的。

因此我们试图给城市大规模开发项目作一初步定义，即城市大规模开发项目，是指为了适应与推动城市经济的发展和城市功能结构的优化，为了满足人们不断提高的生活、工作、交通和文化娱乐的需求，以及出于政治、社会经济发展战略以及防止战争与自然灾害等因素的考虑，由政府或开发机构通过财政投资、银行贷款、发行债券等社会融资形式，和通过开发机构自筹资金组织兴建的大型城市建设工程项目，它包括：机场、快速道路及城市干道、大型立交桥、轨道交通等道路交通工程，供水、排水及污水处理等市政工程，环境保护工程，公共卫生，文化体育设施，公共配套设施及大型居住区项目和区域开发等种类繁多的内容。由于大规模开发项目所需资金庞大，因此通常都是在政府主导下进行，并广为人知。例如，举世瞩目的上海浦东开发建设，自 1990 年起每年投入基本建设的资金数十亿甚至数百亿元（表 2-3）。近年来，中西部地区的建设步伐也日益加快，大规模项目不断涌现（表 2-4）。

上海浦东开发的基础设施投资一览表 ❶（亿元）　　　表 2-3

投资项目名称	年投资额（亿元）			
	1996 年	1997 年	2010 年	2011 年
电力建设	21.67	8.17	24.38	37.83
运输邮电	19.39	62.03	116.85	154.52
其中：市内公共交通	—	—	31.48	57.88
公用设施（包括公用事业和市政建设）	57.62	49.12	120.69	79.67
公用事业	14.30	11.10	3.85	3.62
其中：市内公共交通 *	1.60	1.84	—	—
自来水、煤气	7.71	9.26	3.85	3.62
市政建设	43.32	38.02	116.85	76.04
其中：园林绿化	1.11	0.84	14.08	8.28
环境卫生	0.51	0.22	2.10	0.89
市政工程	41.70	36.97	100.51	66.84
住宅投资	61.25	77.46	0.17	0.03
总计	159.93	196.78	261.92	272.02

注：“市内公共交通”在 2010、2011 年的统计中划归“运输邮电”大类。

广西贵港市 2012 年编制的城市发展战略营
销规划提出的大规模项目建设清单　　　表 2-4

领域	重要项目	建设期（年）	投资额（亿元）
城建	南部新城建设	10	120
	贵港市城市地下空间综合利用	8	20
	同济大桥与西南大桥	5	8
	园艺博览会项目	5	6
	郁江两岸滨水地带建设	10	15
	北山森林公园	5	4

---

❶ 上海市浦东新区统计年鉴，1998 年。

续表

领域	重要项目	建设期（年）	投资额（亿元）
城建	博物馆、体育馆、文化艺术中心	3	1.3
	贵港市物流市场	6	6
	贵港市园林景观与水系建设	8	8
	港北地标性写字楼建设；南部新城中央商务区	3	12
	港北区高档商业中心	5	26
	高档居住区建设（别墅、多层、中高层）、完善配套	3	140
	高铁站建设完成；交通换乘（公交、出租车、指示牌）；城区轻轨；飞机场建设	5	64
	中心区无线覆盖、智能交通建设、智能旅游	5	15
	贵港城市营销及发展战略规划实施	8	18
产业	保税区；优势产业工业园区	3	15
	休闲农业园（休闲农业基地；药谷、莲藕区、荔枝园；休闲农庄建设）	2	8
	皮革城	2	0.9
	现代羽绒生产基地	2	0.38
	大型建材市场	2	0.6
	生态制糖产业园区	5	2
	现代化综合港口服务	8	120
	生态发电厂	10	15
旅游	太平天国金田起义红色旅游基地保护与开发	5	4.1
	太平天国纪念馆	3	0.81
	九凌湖候鸟天堂	3	0.78
	九凌湖旅游度假区开发	3	2.75
	东湖综合种植及环境整治	2	0.2
	青年旅舍（多间）	1~3	0.1
	国际五星级酒店、精品连锁酒店	2~3	2.5
	城市会馆	1~3	0.15
	北山长寿养生圣地	3	0.67
	骑楼历史文化街区	3~5	2.5
	贵港旧八景	2~3	0.2
	节孝牌坊	1	0.01
	广西一大会址纪念馆	1	0.02
	古码头保护与改造	3~5	0.27
	汉墓遗址等纪念馆	5	0.5
营销	各项城市营销活动	5	8

具体而言，城市大规模开发项目包括当前非常盛行的城市发展战略、基础设施、城市新功能区、旧城改造、超大型活动（如奥运会、世博会）等，其作用包括改善城市形象、提供国际标准的基础设施和通信设施、提升交通可达性及流通性，力求提升城市对各种产品和服务的生产能力。这些战略性的干预项目都需要调动公共及私人资源，要经过项目可行性、项目管理和影响的分析，能够起到改善城市形象与跨产业协调的作用。

2.3 城市大规模开发项目的目标

城市大规模开发项目是新自由主义思想下城市发展政策的组成部分，既使城市由制造业为主向现代服务业转变，同时也改变了城市的空间格局。既包括城市边缘涌现的新功能区，也使中央商务区（CBD）的重要性越来越高，旧城区的复兴与活化 ❶ 成为发展中越来越重要的部分，也使得全球化背景下国际性的竞争不断加剧，公共投资已经被视为激活发展并阻止旧区持续衰落与恶化的关键。

在这样的变化环境中，政策制定者必须仔细研究城市的历史、文化及社会传统，研究城市的起源、设施、产业，以期正确地把握自身拥有的特色和优势形成准确的城市战略。城市大规模项目作为战略实施的保障和手段，其目标就是借助自由市场带来的机会，以最小的投资，对城市结构产生最优化的影响。

不仅旧城改造逐步深入，城市边缘也开始得到重视。通过整合并借助土地利用、交通可达性及交通方式变化的综合研究，过去空置的土地也找到了新的用途。显然，环境改善目标与促进中心区和边缘地区经济与功能的均衡发展获得了统一。

大规模开发项目与环境保护的内容同时整合于城市更新计划中，使可持续发展目标成为可能。大规模开发项目也可以与公共及私人机构投资的住宅项目共同进行。为了改善旧城的居住功能，提高流动性和生活品质，大规模项目可以创造更安全、多样化及对外来投资充满吸引力的城市环境。

---

❶ 王训国，马骥. 都市再活化——上海虹桥地区功能完善与拓展研究 [J]. 规划师，2005（6）.

2.4 城市大规模开发项目建设的周期、程序及参与者

2.4.1 城市大规模开发项目建设的周期与程序

从项目的概念产生到最后完成，城市大规模开发活动的程序可以简化成为这样几个阶段：

首先，必须存在对项目提供的产品或服务的有效需求 ❶，它可以是开发者自身的需求，如澳大利亚政府为建造首都堪培拉而进行的建设 ❷，以及我国城市如火如荼的新城建设和旧城改造，也包括关系到全体市民生活品质的公共基础设施建设，还可以是间接来自于开发者对市场需求的预测（即市场上需求超过供给，从而使此产品或服务的价格趋升）。然后，需要有合适的地点和空间进行开发活动，并且在该处进行项目开发后的售价或产生的价值（包含经济价值、社会价值）必须超过所投入的成本。

当市场调查显示有足够的有效需求存在时，开发者就可以着手进行项目的可行性研究以及与政府主管部门磋商政府许可问题，这里规划管理部门的许可最为重要，也是最先碰到的。可以与此同时进行的是项目策划工作，即项目开发的初步方案及其评价，根据初步方案确定的开发类型、规模，得出项目建设大致需要的投资额、建设周期及可能带来的效益，以决定是否需要继续深入。由于规划师最可能了解何种类型与规模的开发项目能够得到政府规划管理部门的规划许可，开发者聘请到这样一个顾问将会节省自己很多的资源投入并带来很大帮助，此外，他的存在或许还能帮助开发者在与政府机构的谈判中更为顺利。实际上这里规划师所起到的作用就是本书要论述的城市开发策划工作中针对开发商的一种。

在与规划管理部门深入磋商后便进入正式的规划申请阶段，这一申请可能只是有关规划参数的初步申请，当开发商拟定详细的开发计划后，就需要申请对具体方案的规划许可。与此同时，开发者的顾问能够以自

---

❶ 有效需求，是经济学及营销学中的概念，指的是："有能力并愿意支付金钱或其他资源以购买或交换某个具体产品的欲望（Demand）"。

❷ 沈玉麟. 外国城市建设史 [M]. 北京：中国建筑工业出版社，1989.

已掌握的最新建筑造价、土地价格、各种开发类型项目的市场销售或出租价格等方面的资料，为开发商估算项目的开发价值、成本及收益。由于城市大规模开发项目大多由政府牵头组织实施或是得到政府的大力支持，因此地方规划管理部门的服务应该是相当积极的。即便如此，由于规划管理部门政务公开、全体市民的自主意识和积极参与意识的不断提高，规划管理部门依然需要开发机构拿出符合规划要求（特别是一些定量的标准，如容积率、限高、间距、日照、后退红线等）的方案。此时，规划师的作用显现得更加清楚。程序见图 2-3、图 2-4。

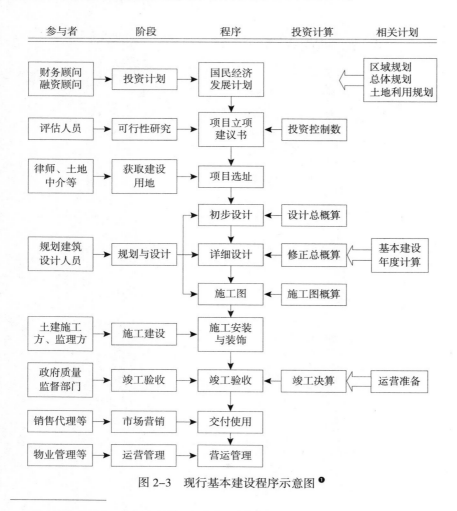

图 2-3　现行基本建设程序示意图 ❶

---

❶ 谢文惠，邓卫. 城市经济学 [M]. 北京：清华大学出版社，2008.

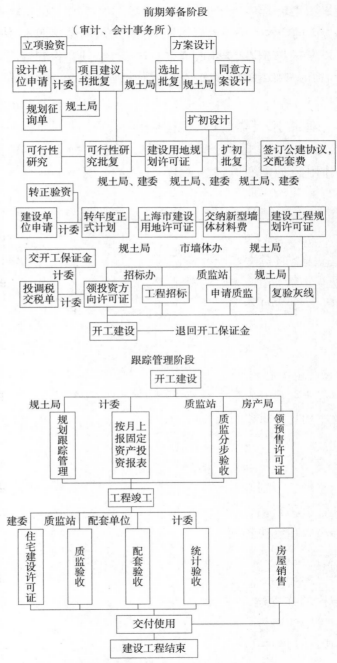

图 2-4　上海市长宁区建设项目流程图

　　与此同时，开发机构还需要进行项目建设的资金筹措以保证项目顺利进行、寻找合适的承建商以确保项目如期完成并具有良好的质量，落实项目建成后所提供产品的使用者。在这一阶段，策划工作中对于项目建设乃至后续运营状况的把握，将会影响到项目最终建设目标的实现。

2.4.2　项目开发与建设过程的主要参与者

　　主要有六方面的人员介入到城市大规模开发项目建设的全过程。

　　（1）开发机构（业主）

　　大规模开发项目的业主可能来自各个方面，既可能来自公共机构，如负责大众化经济适用房开发的地方政府的住宅发展部门、进行大型城市交通设施建设的市政或轨道交通建设部门，也有可能来自于私人的开发商，如具有市政、公用设施、房地产等方面建设经验的开发机构，它们无疑需要具有极强的经济实力。

　　（2）以规划管理等机构为代表的政府部门

　　通常各地的城市规划管理局是管理城市建设项目规划许可的部门，同时它们也负有制定促进地方经济发展的相关政策和规定的责任。当进行大规模项目开发的前期工作时，地方规划管理机构的直接介入对项目的成功具有重要意义。

　　（3）专业顾问

　　包括规划师、建筑师、房地产估价师以及结构、机电、项目管理、概预算、监理、策划等方面的专业人员，此外，项目也常常需要资产运营管理、市场营销、广告、公共关系等方面的专业顾问。这里，项目策划者沟通和反映各利益方意愿，扮演着重要角色。

　　（4）投资及融资方

　　在项目建设的全过程中时时处处都有长期或短期的资金需求，尤其是大规模的开发建设项目，金融机构的参与非常必要。许多时候，拥有大量资金的银行、投资基金等金融机构出于资本运营及盈利的目的也会积极参与到开发活动中来。

　　（5）市民

　　当地的市民人群也是对项目的筹划和建设施加影响的一方，他们既可能受益于项目的建设并推动其建设，也可能受到项目建设方案的潜在不利影响，成为建设的阻力团体。

（6）项目承建商

项目的承建商承担着将项目的构思、设计、投资落实为具体项目物质性产品或服务的责任，因此，项目承建商的水准、业主与承建商之间的合同条款对于项目的建设质量、建设进度及投资控制有重要作用。

2.5 城市大规模开发项目建设的特点

城市大规模开发项目的空间规模、时间跨度、辐射区域范围都远远超过一般建设项目。其项目的特点反映在项目的决策、规划、实施及运营的各个阶段，并在一定程度上决定了项目策划及实施过程中的特征。

（1）建设规模及投资巨大、配合的环节众多

城市大规模开发项目的建设规模巨大，在项目的投资、组织管理、占地面积、工程量、所需机械设备、技术及劳务人员等方面，较一般项目的投入大得多。据研究，新开发区的建设，完成基本的"七通一平"等设施配套的开发区需要投入的资金每平方公里超过 1.5 亿元[●]，而较彻底的开发（即完成地面的建筑量）每平方公里需要 15 亿元以上，城市旧区的改造则耗资更多。上海市复兴东路的拓宽改造工程路面全长不过 2.2km，路幅 40~50m，仅道路本身的投资即超过 15 亿元（含地下管线），即每平方米道路的投资超过 1.5 万元，更不用说沿线需要拆迁安置的单位、住户和更新开发建设的资金了，同时还涉及大量的配套设施与建设配合。其他像城市地铁工程（上海地铁 1 号线一期工程全长 16.3km，投资约 110 亿元，建设周期 5 年多）、高架道路工程（内环线浦西段高架路 29.2km，浦东地面道路 18km，总投资 39.2亿元）、轻轨工程（轻轨明珠线一期工程贯穿徐汇、长宁、普陀、闸

[●] 截至 1997 年，全国 32 个国家级开发区平均每平方公里基础设施投资为 1.7 亿元，而香港及新加坡的经验是 3 亿元，苏州新加坡工业园区为 3.9 亿元。北京青年报，1998 年 5 月 6 日、1998 年 5 月 13 日；黄雪良，城市规划汇刊，1999 年第 1 期。

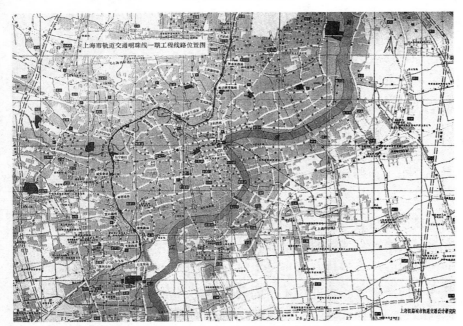

图 2-5 上海市轨道交通明珠线一期工程线路位置图

北、虹口和宝山 6 个区，全长 24.97km，总投资约 85 亿元，见图 2-5）、机场建设工程（浦东国际机场总投资约 130.56 亿元）、苏州河环境综合整治工程（总投资 86.5 亿元）也是如此（附录一）。

（2）技术及社会风险大

城市大规模开发项目由于工程规模巨大，影响因素难以全面识别，技术问题非常复杂，由此带来的技术风险和非技术风险都较一般项目大。更何况一些项目由于决策者的主观愿望、可行性研究过于乐观，甚至有些可行性研究是在领导人已经决策项目上马的情况下进行，是必须以"项目可行"为结论的"可批性研究"，这样形成的决策错误可能性很大，其风险则更大，有的甚至一开工就注定失败。❶

（3）项目的生命周期长

城市大规模开发项目是从社会进步和经济发展的宏观角度考虑立项建设的，由此需要进行客观、全面而可靠的可行性研究；大规模开

❶ 参见：福州青州造纸厂 15 万 t 本色纸浆项目建设失败案 [N]. 科技日报，1998-06-20.

27

发项目的规模大，建设时必然是一个较长期的过程；兴建大规模开发项目是从长远的经济、社会利益考虑的，建成后项目的运营、提供社会服务也是一个长期的阶段，如英国伦敦和法国巴黎的城市地铁系统服务时间均已超过了100年，国内上海的跨江工程南浦大桥、杨浦大桥的设计寿命也有100年。因此，项目的性质决定了城市大规模开发项目具有较长的生命周期。

（4）项目在城市经济和社会发展中占重要的战略地位

城市大规模开发建设项目对调整城市现有产业结构、奠定良好的经济基础、壮大经济实力都有巨大作用。它们的建成，将为经济发展创造良好的投资环境，为人民的生活带来明显的改善，同时也是形成安定团结政治局面的物质基础。此外，项目在建设前、建设中、建成后，城市经济和社会发展速度可能会受到明显的影响。比如，项目建设需要占用巨额资金，可能使正常的经济活动因资金不足而被迫放慢发展速度。另一方面，项目的建设可能带动相关产业的发展，对拉动社会总体消费水平、提高现有的消费水平和未来的消费水平都会产生重大的影响，社会贡献巨大。除去上述提到的影响外，城市大规模开发项目对城市经济、劳动就业也会产生重大影响。例如，大规模的城市旧城更新与改造项目，将会拆除和动迁大量的工厂、单位和居民，对当地人民的生活和交通出行有重大改变。

（5）对环境有重大影响

城市生态环境和城市大规模开发项目相互构成对方的风险因素。由于大规模开发项目规模巨大，涉及区域多，在项目的建设过程中有可能严重影响建设地区的自然、生态、卫生等环境的质量状况；建成后，对城市现有物质环境和人文环境的影响更是长远的。另一方面，城市生态环境的改变也会影响项目正常的运营，而人文环境的变化更是可能危及项目存在的根本条件。如为了改善交通条件和生活条件而建造大量的道路和公交设施，一旦大量人流疏散到环境质量大大提高且交通仍然便利的郊区，不免会带来中心区人口的流失，最后使商业设施与居民一起外迁，造成中心区的衰落，同时当初建造的那些道路交通设施的用户必然会减少，效益也会下降。近些年上海大规模的城市旧城改造，使得中心区人口大量外迁流失，黄浦、卢湾、静安、虹口这几个城市中心区人口有 3%~18% 的减少（表 2–5），原来中心区的商业服务设施已经面临着客流的大量减少，销售增长趋缓（表 2–6、表 2–7），有些甚至出现了持续的下滑，如黄浦区。这种国外一些发达国家城市出现过的"空心化"（Empty Donut）❶ 的现象，如美国纽约的曼哈顿、芝加哥的中心区等，曾经造成了城市中心区的萧条，犯罪现象也有所上升，这些都是大规模的城市开发可能对城市环境带来的负面影响。❷

上海市部分城区的人口变化（2007~2012 年）　　　　表 2–5

地区	2007 年末 人口数	2008 年末 人口数	2009 年末 人口数	2010 年末 人口数	2011 年末 人口数	2012 年末 人口数
常住人口	1857.86 万	1888.46 万	1921.32 万	2302.66 万	2347.46 万	2380.43 万人
其中：户籍常住 [1]	1358.86 万	1371.04 万	1379.39 万	1404.71 万	1412.10 万	1420.19 万人
外来常住 [2]	499 万	517.42 万	541.93 万	897.95 万	935.36 万	960.24 万人
户籍人口 [3]	1378.86 万	1391.04 万	1400.70 万	1412.32 万	1419.36 万	1426.93 万
黄浦区	605608	607428	602522	601918	905643	903559
卢湾区 [4]	311532	310123	307361	304424		
徐汇区	891822	900140	906382	910851	914621	916870
长宁区	611341	613709	613895	616187	620483	626467
静安区	309861	310028	308405	305060	302269	300993
普陀区	862949	868273	872665	878905	881106	883766
闸北区	695142	696123	691409	692104	688940	686914
虹口区	789559	793492	792781	790583	790492	789969
杨浦区	1077111	1081637	1086292	1091563	1092280	1093167
闵行区	885835	914997	942794	967502	984778	1001217
宝山区	830561	846945	864346	882854	895144	906501
嘉定区	537931	543585	550228	557452	562086	567139
浦东新区	1911550	1942889	2722824	2758026	2785271	2811167
金山区	520961	518705	517309	516570	516806	517032
松江区	542711	550440	559442	576032	579186	588777

---

❶ 空心化，指西方一些国家大城市由于市中心地价高昂，只能开发商业、写字楼等项目，造成白天熙熙攘攘、夜晚冷冷清清的现象。

❷ 郑时龄，文汇报。

续表

地区	2007 年末	2008 年末	2009 年末	2010 年末	2011 年末	2012 年末
	人口数	人口数	人口数	人口数	人口数	人口数
青浦区	457373	458319	459351	461851	463315	465049
南汇区 5	734021	743130				
奉贤区	515647	517032	518767	521827	523516	525291
崇明县	697101	693432	690207	689493	687651	685441

注：1. 户籍常住：是指本市户籍人口中实际居住在本市的人口数，不包括流到本市以外地方的户籍人口数。

2. 外来常住：是指在本市居住半年以上的外省市流动人口数。

3. 区县数据为户籍人口。

4. 卢湾区已并入黄浦区。

5. 南汇区已并入浦东新区。

资料来源：上海市人口与计划生育委员会网站

上海市部分城区*社会消费零售额变化表（1996~1998 年）（亿元）　表 2-6

地区	1996 年	1997 年	年增减	增幅排序	1998 年	年增减	增幅排序
黄浦区	129.49	130.39	0.70%	10	127.56	−2.17%	12
卢湾区	53.11	58.79	10.70%	5	60.20	2.40%	10
静安区	34.76	37.46	7.76%	8	46.51	24.16%	1
徐汇区	61.00	64.78	6.20%	9	70.22	8.40%	8
长宁区	42.76	48.70	13.90%	4	56.38	15.80%	3
虹口区	54.04	53.93	−0.20%	11	56.36	4.50%	9
普陀区	46.36	56.47	21.80%	2	64.57	14.35%	5
闸北区	54.17	58.67	8.30%	7	57.73	−1.60%	11
杨浦区	55.72	52.10	−6.50%	12	60.02	15.00%	4
浦东新区	140.22	162.23	15.70%	3	178.97	10.31%	7
宝山区	52.07	56.39	8.30%	6	62.50	10.80%	6
闵行区	49.90	64.57	29.40%	1	77.86	20.60%	2

* 松江区和金山区因为撤县设区，数据不完整，故不列入此表。

资料来源：上海年鉴，1999 年，本书整理。

上海市部分城区*社会消费零售额变化表（2009~2011 年）（亿元）　表 2-7

地区	2009 年	2010 年	年增减	增幅排序	2011 年	年增减	增幅排序
黄浦区	380	421.39	10.89%	15	643.62	52.74%	1
卢湾区	167.2	187.45	12.11%	14	与黄浦区合并		

续表

地区	2009 年	2010 年	年增减	增幅排序	2011 年	年增减	增幅排序
静安区	214.17	237.12	10.72%	16	262.63	10.76%	15
徐汇区	395.46	352.14	−10.95%	17	395.46	12.30%	13
长宁区	185.76	209.53	12.80%	13	233.70	11.54%	14
虹口区	183.06	215.17	17.54%	7	228.66	6.27%	16
普陀区	254.59	299.66	17.70%	5	339.4	13.26%	12
闸北区	153.89	180.05	17.00%	8	216.08	20.01%	3
杨浦区	212.21	239.53	12.87%	12	275.04	14.82%	10
浦东新区	859.63	1036.88	20.62%	3	1204.04	16.12%	8
宝山区	272.49	330.44	21.27%	1	382.06	15.62%	9
闵行区	372.84	439.91	17.99%	4	500.21	13.71%	11
嘉定区	209.1	242.9	16.16%	11	350.7	44.38%	2
松江区	251.04	292.16	16.38%	10	342.12	17.10%	6
金山区	182.8	213.8	16.96%	9	250.9	17.35%	5
青浦区	207.74	250.61	20.64%	2	299.24	19.40%	4
奉贤区	213.17	250.8	17.65%	6	291.6	16.27%	7

资料来源：上海年鉴，2012 年，本书整理。

（6）项目具有明显的政策性色彩

城市大规模开发项目的上马大多是从社会发展的宏观战略出发，以推动国民经济发展和社会长治久安、人民安居乐业为最终目的，因此不论是否由政府直接参与，项目成败都会影响到现任政府的形象，是评判政府政绩的重要标准；另外，城市大规模开发项目涉及社会生活的方方面面，从决策、建设到运营，一直是社会舆论关注的焦点。社会舆论对城市大规模开发项目的影响是巨大的，正确的社会舆论导向是影响项目科学决策、顺利实施的重要因素。美国旧金山市海湾地区捷运系统（BART）计划就是由于居民要求保持独栋和低密度住宅群的继续存在而反对，最终不得不放弃该计划中两个车站的建设，至今仍未开发。

项目的政治色彩还表现为政府在项目生命周期中的广泛介入。1981 年，英国政府出于政治上的考虑（增加公共工程投资以解决失业问题，并摆脱衰退）而介入伦敦码头区的项目开发，成立"伦敦码头区开发公司"（LDDC）作为凌驾于地方政府之上的联合开发机构，直属中央政府。其开发初期虽然也吸引了相当多的私人投资，但由于进入 20 世纪 90 年代后市场效益不佳，特别是当政府同时在伦敦市中心着手建设另一个大型商业性开发项目（伦敦金融城）而造成伦敦范围内办公面积过剩时，码头区的住房发展在伦敦不动产市场崩溃中陷入困境。码头区开发项目至今仍未开始盈利，投资参与该项目的私人开发商奥林匹亚和约克公司（O&Y）于 20 世纪 90 年代初宣布破产。以政府的意愿代替市场可行性而导致大规模开发项目最后失败，这可以说是一个很好的例证。❶

（7）资金筹措复杂

城市大规模开发活动是一种以社会化大生产为特征的综合性城市建设活动，具有开发建设周期长、占用资金巨大的特点。建设资金能否获得，是工程项目能否建设的先决条件。为了获得足够的项目建设资金，使资金的供应满足项目建设和运营的要求，需要进行资金筹措和项目融资活动，并尽可能地降低资金筹集成本。筹集资金的内容包括资金筹集渠道、资金使用期限、资金使用成本以及筹集的数量和时间与项目的建设进度要求是否一致等。这里的资金来源即筹措渠道是最为重要的内容。

鉴于我国经济发展水平的状况，城市大规模开发项目不可能全部由政府投资，项目的投资来源涉及许多方面，除国家投资外，其他还有国内外贷款、债券发行、项目受益地区及部门的集资、项目前期工程滚动开发的收入以及股票的发行等。随着投资建设主体及渠道的多元化，有些项目甚至不是由政府发起建设。只是对大规模开发项目来说，政府的参与十分必要，因为项目建设中不仅需要政策的许可与配套，同时也需要有来自政府的直接投资或融资担保。不同的投资来源，使政府负担不同的经济风险、社会风险和政治风险。因此，政府不论是否是项目的发起人，不论直接投资与否，它都是大规模建设项目资金筹集的组织者和管理者（图 2-6）。

---

❶ Susan Fainstein, 1992；David Gorden, 1997；Saskia Sassen, 1993；张庭伟, 1999；林行止, 1996。

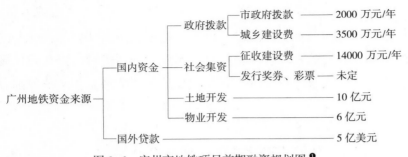

图2-6　广州市地铁项目前期融资规划图 ❶

（8）项目决策程序长而复杂

其决策过程均需要通过完整的可行性研究及环境影响分析、需求分析等比较后才能完成。国内如武汉等城市的轨道交通项目仅可行性研究的时间就超过10年。

（9）决策因素变数多

通常可能由于政策改变、政治变迁、国际国内形势变化，而影响项目的决策结果。某些项目由于拟采用的技术方案、资金渠道等原因，国家间的政治与贸易关系会在决策时起到关键性的作用。

（10）决策层均为高层负责人

由于项目规模大、牵涉方方面面的环节，对城市而言属于重大决策的一环，因此，通常需要由较高层的负责人进行最后的拍板决策。

2010上海世博会就是城市大规模开发项目的很好范例。创下超过7000万人次参观的2010上海世博会创造了世界博览会史上投资规模最大（总投资高达450亿元人民币）、参加国家、地区组织数量最多（246个国家、地区组织），共打破了13项世界纪录，对提升上海的国内及国际形象、促进城市中心区的更新与改造，起到了巨大的推动作用。其决策得到中国政府的大力支持，组委会的级别更是达到国家层面，主任委员和第一副主任委员分别为国务院副总理和中央政治局委员、中共上海市委书记，副主任委员为上海市市长等国家和地方要员，可见国家与城市的重视程度。

---

❶ 赵永生. 大型政府建设项目的项目环境与组织管理问题的研究 [D]. 上海：同济大学硕士学位论文，1997.

（11）项目具有高知名度

大规模公共项目由于规模、周期、性质等方面的原因，涉及的社会阶层广，有关的利益群体也较多，因此，项目规模可以跨越区域尺度、城市尺度以及地方尺度，可能超越整个城市甚至在国内外都会具有较高的知名度。

2.6　城市大规模开发项目建设的战略作用

2.6.1　城市的集聚效应

要研究城市大规模开发项目建设的规模效应，必须对城市具有的集聚效应有所了解和认识。

城市是人类社会经济发展到一定阶段的产物，生产力的发展则直接导致手工业与农业的分工和剩余产品的出现。据推算，大体在距今约5000多年前的原始社会向奴隶社会过渡时期，人类社会开始出现了非农业劳动者和以他们为人群主体的聚集地，即初始状态的城市。由于顺应了生产力发展的需要，经过了奴隶社会以及封建社会的发展，城市的建设取得了很大进步，古希腊的雅典、两河流域的古巴比伦、中国的唐长安、宋开封都曾盛极一时，呈现出繁华兴旺的局面，成为当时社会政治、经济、商业、军事、文化的中心。但这些城市在当时的社会中实属凤毛麟角，由于生产力的发展长期处于比较落后的状态，世界范围内的城市发展十分缓慢，至1800年，全世界城市人口占总人口的比例仅为3%左右。随着起源于17世纪英国的科技与产业革命的发展，真正意义上的城市的大规模发展乃至后来广泛提到的城市化活动开始了。

按照恩格斯的观点，城市中人口与产业的大规模集中，使城市高度集聚而产生高效益，"这种大规模的集中，250万人这样集聚在一个地方，使这250万人的力量增加了100倍"。❶

根据恩格斯的阐述并结合几百年来城市的发展，我们将城市化理解为四个层次的意思：

---

❶　恩格斯. 马克思恩格斯全集 [M]. 第20卷. 北京：人民出版社，1972.

（1）产业革命的契机是大机器大动力的革命，大机器和蒸汽机、电动机的出现，使得工业生产不再像过去利用水力、风力时一样受到限制，而开始通过建造大机器、大动力并大规模地把工人集中到一起进行生产。

（2）大工厂出现后，工人居住在工厂周围，为工人及其家庭服务的各行各业逐渐集中而形成现代的城镇乃至大中城市。

（3）工厂的工资较高，使劳动力向城镇集中；劳动力的集中，又使工资水平下降，于是更多的工厂在此建设；同时，为工厂发展配套的交通、运输、商业贸易等行业得到相应发展。这样，城镇得到发展并以更好的条件吸引工业投资，从而发展成为大中城市。

（4）现代城市继续发展，不仅产生现代化的工业、交通、商业贸易等产业及相关的人才，逐步建立的市场经济体制还通过竞争推动了社会整体的进步，形成了社会化大协作的生产方式，有力地推动了生产力的发展和经济效益的提高。

这样，建立在现代的工业发展基础上，按照社会化、专业化、大协作的方式，并通过市场经济中的竞争关系，现代的城市将以上这些因素有机地结合在一起，实现了人口的集聚，并焕发出巨大的集聚效应。❶

由于现代交通运输方式的出现和国内外贸易的发展，大城市由于更好地发挥了城市的集聚效应、效益更为突出而兴起。例如，英国伦敦 1800 年时人口为 95.9 万人，至 1850 年增至 236.3 万人，贸易、航运、金融以及为城市居民服务的食品、服装、木材加工等工业部门成了城市的主要经济部门，"伦敦变成了全世界的商业首都，建造了巨大的船坞，并聚集了经常布满泰晤士河的成千的船只"。❷进入 20 世纪后，大城市的发展在全球范围内倍受瞩目，不仅全球的城市化率大大提高，城市的规模也越来越大（表 2-8、表 2-9）。我国的城市经济效益情况也表明，城市的规模越大，其经济效益也相对越高（图 2-7、表 2-10）。

---

❶ 包宗华 . 中国城市化道路与城市建设 [M]. 北京：中国城市出版社，1995.

❷ 恩格斯 . 马克思恩格斯全集 [M]. 北京：人民出版社，1972.

1900~2010 年世界大城市数量变化表 ❶　　　　表 2-8

城市规模	1900 年	1950 年	1970 年	1980 年	1990 年	2000 年	2010 年
50~99 万人	38 个	102 个	186 个	245 个	299 个	396 个	513 个
100~499 万人	8 个	69 个	128 个	173 个	237 个	311 个	388 个
500~1000 万人	1 个	4 个	15 个	19 个	19 个	27 个	38 个
1000 万人以上	0 个	2 个	2 个	4 个	10 个	17 个	23 个
合计	47 个	177 个	331 个	441 个	565 个	751 个	962 个
百万人以上城市的人口占比（%）	—	23.7%	28.98%	31.01%	32.55%	35.98%	38.74%

Source: United Nations, Department of Economic and Social Affairs, Population Division: *World Urbanization Prospects, the 2011 Revision*. New York, 2012

世界百万人口以上城市的发展　　　　表 2-9

年份	百万人口以上城市数量（个）			百万城市人口占城市总人口比例（%）		
	世界	发达国家	发展中国家	世界	发达国家	发展中国家
1960 年	114	62	52	29.5	30.4	28.4
1980 年	222	103	119	34.0	33.4	34.6
2000 年	408	129	279	40.8	34.0	44.2

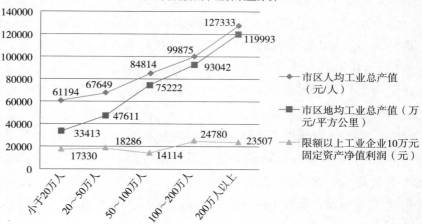

图 2-7　2007 年我国城市经济效益情况

---

❶　联合国人类聚落中心。人类聚落的全球报告，表 3-3。牛津大学出版社，1987。转引自《国际经济中心城市的崛起》，1995.

2007 年我国不同规模城市的经济总量和经济效益比较 ❶　　表 2-10

市区非农业人口数	市区人均工业总产值（元 / 人）	市区地均工业总产值（万元 / 平方公里）	限额以上工业企业 10 万元固定资产净值利润（元）
小于 20 万	61194	33413	17330
20~50 万	67649	47611	18286
50~100 万	84814	75222	14114
100~200 万	99875	93042	24780
200 万以上	127333	119993	23507

随着西方国家开始进入后工业化时期，城市的集聚效益进一步得到体现。由于信息技术的发展使人们沟通更加方便，工作效率更高，同时也使得对信息流的掌握成为取胜的关键，于是人口与科学技术向城市聚集的步伐再度加快，呈现出大范围向城市的集中和小范围城市内部的疏解，这时，城市的疆界更为广大。

如果说工业化时期城市因聚集了资金、原材料、交通运输等条件而取得较高的效益与发展速度，那么进入信息时代后，城市又因信息的集聚、更多创业与风险资金的机会，以及更密集的隐性知识激发与传播的途径而获得更大的集聚效益，从而进一步持续增长。

2.6.2　作为战略规划基本要素的城市大规模开发项目

或许总体规划与战略规划最显著的差异在于它们对城市是什么或城市应该成为什么的理解有所不同。

总体规划认为城市是一个清晰明确的空间和功能性实体。城市被视为是凝聚和集成的整体，通过在城市层面的合理规划，城市能够成为良好、健康和高效的生活场所。一个地区需要按照整体的总体规划所描述的"终极状态"或"美好蓝图"的要求，形成连续的城市形态。从这个意义上说，总体规划体系下整体对局部起着控制性的作用。

战略规划则不同，它承认城市是一个整体，但在空间和用地的界

❶　刘永亮 . 城市规模经济研究 [D]，大连 . 东北财经大学博士论文 . 2009.

定，以及对整体的概念确定上有所不同，在战略规划中，整体指的不再是一个行政区划意义上的整体，而是基础设施网络意义上的整体，而规划的焦点已经关注到局部——"个别领域、节点和基础设施网络"，这时，局部规划共同构成了整体规划的核心，城市大规模项目已经成为规划的重心，而"通过大规模开发项目实现规划"已成为战略规划的基础和根本方式。

2.6.3　城市大规模开发项目建设的规模效应

与城市中产业的大规模集中、数百万人集聚的形象相适应的是城市大规模开发与建设活动的广泛存在。城市的大规模开发建设由于其具有的规模效应而在城市的迅速发展中成为必然，而迅猛的城市化进程又加速了社会生产力水平尤其是科学技术和组织管理技术的迅速现代化，更加突出了城市大规模开发建设的规模效应，主要体现为以下几个方面。

（1）便于规划整体控制，实现整体改造和建设

按照我国目前项目建设的方式，大规模开发项目能够更多地得到政府的重视，因此有利于项目的协调建设和各类公用设施的配套建设，同时也使得项目集中资金和采用先进技术和材料成为可能，从而加快建设的速度。

（2）便于公用设施的统一配套

科学技术的发展使我们开始以整体系统的观点来看待城市的发展与建设问题，如果城市的旧城改造、新区建设，生产、生活、交通、娱乐几大功能的建设可以一蹴而就，那么相信"整体规划、整体建设"是所有规划工作者的愿望。同时，为了实现城市整体功能的改善和环境质量的提高，不能进行"头痛医头、脚痛医脚"的检修式改造与建设，大规模开发建设适应了这种要求。

（3）便于统筹解决建设期间与建设后的城市交通问题

由于大规模开发建设的自身特点，建设期间必然对城市的交通状况带来影响，有些甚至会引起局部和全市性的交通管理调整，如上海市延安路高架道路的建设中就调整该地区的原有局部城市交通系统，设置了机动车单行道。有些大规模开发项目的建设本身就是为了改善

全市性或区域性的交通方式及状况，如轨道交通等。北京的环状道路立交桥系统就大大缓解了部分机动车的交通问题；上海市闸北不夜城项目的开发建设，不仅使该地区的危棚简屋得到了改造，也使该区域的交通状况有了根本的改观。

（4）有利于迅速改善城市面貌，塑造城市新形象

不管投资的主体是何种性质，大规模的城市开发项目都是同时期城市物质性建设的重要组成部分，因此项目的建设必将带来城市整体或局部面貌的改观，并且由于大项目有可能集聚较高的技术水平和管理水平，因此，大规模开发项目的成功建设能有效地促进城市形象的建设。

另一方面，大规模开发项目具有广为人知的特点，使得项目有可能形成全市性（区域性）的认知与凝聚力，作为城市发展与形象改善的标志。

上海火车站前不夜城地区，经过近十年的建设，该地区从原来遍地危棚简屋的破旧局面，焕发出现代化城市的风貌（例 2-2、表 2-11）。

例 2-2 上海不夜城地区

不夜城地区位于上海闸北区，北至中兴路，南、西至苏州河，东至大统路、南北高架路，总用地面积 1.24km²，1992 年 5 月通过规划审批。近年来，上海闸北区以土地批租为契机，以加快不夜城的形态和功能开发为重点，引进外资，合力成片改造棚户区，开发建设"不夜城"，使旧区改造取得了突破性的进展，并吸引了香港著名的房地产商如恒基集团、嘉里集团、丽新集团到此投资。经过几年的发奋建设，特别是利用地铁 1 号线建设的契机，不夜城已初具规模，累计建成各类建筑面积达 157 万 m²，47 幢各类高层楼宇拔地而起，1992~1996 年，以旧区改造为特色的房地产项目引进的外资达到 3 亿美元，占闸北区引进外资总额的 75.9%。预计至 2006 年完成开发量 280 万 m²，其中外资建设约 80 万 m²，总投资额 245 亿元。

不夜城地区的部分外销办公楼宇 ❶　　　　表 2-11

序号	项目名称	项目概况	总建筑面积（m²）	售价	完工日期	开发商
Z1	恒基不夜城	2 幢 25 层住宅，23 层办公	—	1900 美元 /m²	1997 年	恒基兆业（中国）有限公司
Z2	嘉里不夜城	零售办公	166000	—	1997 年（1 期）	嘉里（中国）
Z3	不夜城商厦	9 层零售办公	30000	—	1994 年 9 月	—
Z4	凯旋门大厦	—	—	1800 美元 /m²	1996 年 9 月	上海金马房产
Z5	康吉大厦	共 21 层，1~5 层零售，6~21 层办公	16552	12000 元 /m²	1996 年	上海市房产经营公司

上海市区西南的徐家汇地区是另外一个成功的范例。在短短几年的时间里，它从仅仅服务于徐汇区的交通枢纽升级成为全市最具吸引力的购物、休闲中心之一，在全市性的发展竞争中走在了前面，已建成了东方商厦、太平洋百货、第六百货、汇金百货、新路达百货、美罗城娱乐中心、百脑汇电脑广场、中兴百货、汇联商厦、大千美食林等大型百货、餐饮、娱乐项目，实业大厦、建汇大厦、汇金广场、坤阳商业中心等写字楼项目，嘉汇广场等公寓项目，完成建筑量超过 100 万 m²，其二期、三期的港汇广场等项目也已完成了一大部分。随着地铁 1 号线的运营和高架轻轨明珠线的通车，该地区已建成上海西南的一个市级副中心（例 2-3、表 2-12）。

例 2-3　徐家汇商业城

徐家汇地区位于上海西南部的徐汇区，系指肇家浜路、漕溪北路、华山路、衡山路及徐镇路交会的地区，是上海市最早向外资开放房地产业务的地段之一。"徐家汇商业城"项目是该地区重建的总称，经过两期的建设，徐家汇已经成为上海市中心以外最大的商业区。目前该区有 8 家大型百货商场，它们彼此相邻，浓厚的文化

---

❶　上海改革开放二十年——闸北卷。上海远东出版社。本书于 1997 年整理。

氛围，良好的购物环境，高、中、低档齐全的商品，多样化的服务以及便捷的交通，吸引了全上海特别是西部和南部的市民前来购物休闲。

一期的开发包括 10 个项目，其中 10 万 m^2 为商业零售部分，于 1992 年完成，投资总额近 4 亿元。

二期的项目建设始于 1993 年，共有 40 个项目，计有 335727m^2 的零售娱乐、362003m^2 的写字楼及 339000m^2 的住宅，大部分在 1996 和 1997 年完成，投资总额 68 亿元。其中，最大的是由香港恒隆地产、恒基地产等合作开发的港汇中心，其土地面积 50788m^2，总建筑面积达 40 万 m^2，包括 2 幢 53 层的写字楼和 2 幢 32 层的住宅，一期工程商场部分已于 1999 年完工；美罗城娱乐中心包括总建筑面积 59000m^2 的文化娱乐、零售面积及 37000m^2 的中档写字楼，计有多厅电影院、餐厅、保龄球、迪斯科之类的文娱项目，系新加坡美罗集团与上海市文化局共同开发。

三期工程包括 18 个项目，57 万 m^2，其中包括 20 万 m^2 的商业零售面积，总投资 27 亿元，全部属于危棚简屋改造项目，预计将于 21 世纪初完成。

目前该地区主要的商场有东方商厦、太平洋百货、第六百货、美罗城、汇金百货、新路达百货、中兴百货、汇联商厦、大千美食林等，虽然不是在市中心地区，但店面的租金较中心区淮海路的同类店铺毫不逊色，最高月租金达每平方米 65~130 美元，1996 年该地区的商品销售额达到 55 亿元。

徐家汇商业城的第三期主要包括一些小规模项目，主要以中档写字楼及商场为主，配以少量住宅，据称新鸿基地产有一个总建筑面积 56000m^2 的高档零售及住宅项目，韩国大宇集团将投资建造大宇中心，总投资额 7 亿美元，包括楼高 92 层的高级商业办公楼、五星级酒店以及 2 幢高级公寓。

至 20 世纪末，整个徐家汇地区的总建设量超过 170 万 m^2，其中零售 65 万 m^2，写字楼 55 万 m^2，住宅 50 万 m^2，形成以中高档商业住宅及中档办公为主的市级副中心。

徐家汇地区的部分外销楼宇 ❶ 　　　　　表 2-12

序号	项目名称	项目概况	总建筑面积（m²）	价格	完工日期	开发商
X5	嘉汇广场	5 幢 23 层商住	117000	1618 美元 /m²	1996 年 12 月	菱电集团
X11	港汇中心	2 幢 55 层办公，2 幢 34 层住宅，1 幢 10 层服务式公寓，1~7 层零售	400000	n.a.	1999 年 12 月（一期）	恒隆、恒基、希慎兴业，底层为富安百货
X16	美罗城	1~7 层零售娱乐，26 层办公	86000（其中办公 37000）	—	1997 年	新加坡美罗集团
X18	建汇大厦	36 层商住，1~6 层零售	—	13000 元 /m²	1996 年	底层为太平洋百货
X22	上海实业大厦	38 层	—	2180 美元 /m²	1996 年	上海实业开发，底层为东方百货
X23	汇金广场	1~7 层零售	—	2500 美元 /m²	1997 年 7 月	底层为汇金百货
X24	汇银广场	—	85000	—	—	底层为新路达百货

　　虹桥涉外贸易区是 1986 年获得国务院批准建立的经济技术开发区 ❷，也是上海市最早实行土地使用权出让的开发区。1988 年 8 月，开发区内第 26 号地块以每平方米 800 美元的楼面地价出让给日本的孙氏企业，使人们开始了解土地的市场价值，也是我国开始试行国有土地有偿使用制度的标志之一。

　　经过 10 多年的建设，虹桥涉外贸易区以其优越的条件吸引了众多的开发商前来投资，新建的高楼大厦有数十幢，国贸中心、世贸广场、万都中心、上海城、友谊商城、太平洋酒店、扬子江大酒店、虹桥宾馆、银河宾馆等高楼林立，成千上万的外商及国内知名的公司已经在这些办公大楼、公寓、酒店中建立起办事机构，各种餐饮、展览、娱乐事业也因此而蓬勃发展起来，这里已经成为上海著名的白领阶层聚集区域（例 2-4、表 2-13）。

例 2-4　虹桥涉外贸易区

　　虹桥涉外贸易区原称"虹桥经济技术开发区"，位于上海市西部

❶　本书于 1997 年整理。
❷　原称"虹桥经济技术开发区"。

从虹桥机场进入市区的必经之路，由于毗邻国际机场而具有得天独厚的发展条件。上海市第一块以土地批租方式出让土地使用权的地块就位于该区内（1988年）。

该区距离机场5.5km，距外滩约8km，是主要以涉外贸易、金融、旅游、服务等商务功能为主的办公区。规划面积0.65km²，其中建筑用地0.3km²，绿地0.19km²。区内包括有4家四星级或五星级酒店（太平洋大酒店、扬子江大酒店、虹桥宾馆、银河宾馆）和10幢商务楼（国贸大厦、新虹桥大厦、协泰大厦、太阳广场、锦明大厦、新世纪广场、金桥大厦、国际展览中心、仲盛金融中心和上海世贸商城），在建的项目还有上海城、万都广场等。丽晶大厦、金桥大厦和协泰大厦公寓是上海现有的最高级公寓之一，丽晶大厦售价高达每平方米3200美元。据市政府的规划，未来的各国领事馆将建在该区域（日本领事馆已经迁入）。由于浦东国际机场的建成启用，预计未来虹桥机场的地位将会下降，虹桥涉外贸易区的发展将会受到一定程度的影响。但由于其紧邻内环线、接近机场以及高级住宅区、靠近地铁2号线，该地区将会作为非地理中心的商务区继续存在。

虹桥涉外贸易区的部分开发项目 ❶ 　　　　　　表2-13

序号	项目名称	项目概况	地块面积（m²）	建筑面积（m²）	售价（美元/m²）	总投资（万美元）	完工日期
1	丽晶大厦	公寓	3979	29445	3600	2500	1996年
2	仲盛大厦	28层零售办公	4411	38232	2600	5200	1996年
3	锦明大厦	30层商住	3809.5	32398	—	3300	1991年
4	金桥大厦	30层商住	4349	35768	2950	2876	1993年
5	协泰大厦	28层，1~17层办公	3614	31053	—	3600	1992年
6	万都大厦	—	12761	128000	—	9800	2001年
7	天宇中心		11150	86000	—	7500	—
8	国际展览中心	—	12600	18742	—	2200	1994年
9	太阳广场	2幢24层商住	12927	72345	3000	13000	1995年
10	新世纪广场	高层公寓288套	8302	45493.3	2700	47637	1995年
11	国贸中心	37层	12600	92518	—	9800	1991年
12	世贸商城	30层，1~11层展览	4000	280000	—	25000	1997年

❶ 本书于1997年整理。

续表

序号	项目名称	项目概况	地块面积（m²）	建筑面积（m²）	售价（美元/m²）	总投资（万美元）	完工日期
13	新虹桥大厦	23 层	5240	27135	—	1500	1989 年
14	新虹桥俱乐部	—	4235	6558	—	600	1989 年
15	太平洋大酒店	—	11924	67012.9	—	8850	1992 年
16	扬子江大酒店	—	15800	43317	—	6694	1992 年
17	上海城 1 期	2 幢办公零售，3 幢居住，各 31 层	15666	180159	—	—	1999 年
18	远东国际广场	—	12656	93654.4	—	—	1999 年
19	安泰大厦	—	2635	26350	—	—	1998 年
20	天山商厦	—	9307	46535	—	—	1997 年
21	新虹桥公寓	—	8116	40580	—	—	—

位于上海市普陀区的长风生态商务区介于内环线和中环线之间，邻近上海虹桥国际机场，开发前曾是上海重点工业区之一（原名上海长风工业区），被称为上海的"鲁尔工业区"，是由苏州河畔民族工业发源沿袭而成的工业聚集区，在 20 世纪 90 年代一度污染严重，安全隐患丛生。自 2003 年开始"生态"转型发展，是唯一以生态主题正式列入上海重点建设的现代服务业集聚区（例 2-5、表 2-14）。

例 2-5　长风生态商务区

位于上海市普陀区的长风生态商务区介于内环线和中环线之间，北以金沙江路为界，南临苏州河，东起长风公园，西至真北路中环线，开发建设始于 2003 年，2015 年将基本建成，是上海市服务业综合改革试点区域。长风生态商务区规划面积 306hm²，实际可开发土地面积为 220hm²，规划总建筑面积约 290 万 m²。功能定位为商业办公、酒店金融、创意研发等，其中，办公楼和商业娱乐设施 200 万 m²，酒店式公寓、高档住宅 70 余万 m²，社区中心、学校、幼儿园、医院、体育馆等各种公建配套设施 20 万 m²。截至 2012 年年底，已建成 108 万 m² 商务办公楼。同时，还是市首批重点推进现代服务业集聚区中唯一以"生态"为主题的集聚区，绿化占地面积合计 100 万 m²。截至 2013 年 1 月 11 日止，长风生态商务区累计入驻企业超过 400 家，2012 年实现税收总量 20.73 亿元。

长风生态商务区的部分开发项目❶   表2-14

编号	项目名称	概况	售价 （元/m²）	租金 [元/（m²·天）]	竣工时间
1	北岸长风	占地面积11.5万m²，总建筑面积29万m²。共1幢商业中心、4幢多层办公楼、3幢中高层办公楼、2幢标准型办公楼、1幢公寓式办公楼、1幢酒店	27000~28000	—	一期：2009年 二期：2010年
2	国盛中心	占地面积14.4万m²，总建筑面积49.6万m²，项目包括一座大型主题商场、一个城市商业广场、四座甲级写字楼、两座SOHO、一座五星级酒店和一座公寓式酒店	22000~23000	—	一期：2009年 二期：2010年
3	上海跨国采购中心	包括一座国际会展中心和两幢跨国采购企业总部大楼。总建筑面积13万m²	—	—	2011年
4	旭辉世纪广场	办公建筑面积115000m²，包括9幢8~14层的中高层，标准层净高2.7m，标准层面积1000m²	37000	3.5	2009年
5	汇银铭尊	总建面积约18万m²，包括5栋甲级写字楼、3栋酒店式公寓	28000	3.0~3.5	2009年
6	赢华国际广场	总建筑面积10.8万m²，共有6栋总部办公楼及特别规划的下沉式广场与三维立体商业配套	—	—	2010年年底
7	绿洲中环中心	总建筑面积近32万m²。共3幢高层住宅、4幢国际标准写字楼、一条环形商业休闲街和高星级酒店	28000~30000	3.5~4.0	2008年年底

浦东新区的开发更是如此，一个宏伟的策划，经过20多年的建设后，以其大量的投资、多方参与、整体规划与建设，现已形成了公共设施配套完整、环境优美的现代化城市新区，创造了我国城市建设史中的又一个奇迹。

2.6.4 我国方兴未艾的城市大规模开发活动的历史必然性

（1）城市有一定的经济基础

经过新中国建立后60多年的社会主义建设，尤其是改革开放

---

❶ 本书于2013年整理。

30 多年来的巨大成就，保证了我国城市具有了一定的经济实力，以从事大规模的城市开发与建设。据统计，新中国成立后的 40 年里国家和地方各级政府用于城市基础设施建设的投资为 500 多亿元 ❶，而上海市 1998 年的城市基础设施投资就达到 517.04 亿元，从而有效地启动了城市大规模建设的步伐。上海在错过了多少次发展的机会后，终于抓住了历史的机遇，迅速改变了城市形象与环境，初步理顺了城市正常运作的脉络，推动了城市生产与发展的进一步加速。

（2）市场机制的引入以及投资渠道多元化，导致投资数量大增

在计划经济体制下，城市建设的投资与审批均由政府一手完成，而城市的财政收入有限，尤其因为城市的基础设施建设长期被划为非生产性领域，在优先发展生产性行业的政策下，能够投入城市建设的资金有限，城市建设与改造速度缓慢。

随着经济体制改革的深入和向社会主义市场经济的转轨，城市建设的投资渠道日益多元化，财政资金、银行贷款、外资、社会集资、私营机构筹资、自筹等多种方式使得投资数量也大幅增加，这些使城市大规模开发项目的实施得到保证，见表 2-15、表 2-16。

上海市固定资产投资资金来源（1995~1997 年）❷　　　表 2-15

	1995 年	1996 年	比上年增长	1997 年	比上年增长
当年资金来源小计	1512.78	1867.85	23.5%	1889.27	1.1%
国家预算内资金	28.33	27.94	−1.4%	25.64	−8.2%
国内贷款	278.12	358.97	29.1%	423.41	18.0%
债券	1.21	1.06	−12.4%	0.28	−73.6%
吸收外资	169.88	318.77	87.6%	299.41	−6.1%
自筹资金	779.69	900.56	15.5%	871.14	−3.3%
其他资金	255.54	260.54	2.0%	269.38	3.4%
集资	65.63	32.21	−50.9%	29.97	−7.0%

❶　中华人民共和国建设部.《中华人民共和国城市规划法》解说 [M]，1989.
❷　上海市统计年鉴 [M]. 北京：中国统计出版社，1998.

上海市固定资产投资资金来源（2009~2011年）[1] 表2-16

	2009年	2010年	比上年增长	2011年	比上年增长
当年资金来源小计	7586.02	6557.05	−13.6%	6289.54	−0.04%
国家预算内资金	90.26	116.71	29.3%	75.89	−35%
国内贷款	1522.44	1568.79	3.0%	1330.99	−15.0%
债券	65.35	10.06	−84.6%	3.47	−65.5%
吸收外资	176.15	239.18	35.8%	158.31	−33.8%
自筹资金	3003.22	3273.11	9.0%	3352.48	2.4%
其他资金	1801.09	1349.21	−25.1%	1368.40	1.4%

（3）城市建设的技术与城市管理水平的提高，使大规模项目开发在技术上成为可能

由于在电子、电脑、自动化、结构、新材料、大规模数据采集与存储、应用、环境保护等多学科中取得的巨大成就，城市的建设和管理水平有了很大提高，这样使城市大规模项目的建设在技术上成为可能。而轨道交通、桥梁与隧道建设、机电等配套技术得以提高，从另一方面造就了城市产业、培养了人才、提升了城市竞争力。

（4）人民生活水平提高而产生的需求，要求城市进行大规模的建设与开发，迅速改善面貌

几十年的改革与对外开放使得中国城市居民的生活水平有了实质性的改善，居民对城市设施的产品与服务水准的要求有了很大变化，对大规模的住宅建设和配套、河流治理、绿化建设等改造、更新与建设的需求数量日益增加，需求质量也日益提高。上海曾经是全国城市中居民人均居住面积最低的城市之一，随着经济建设的发展和生活水平的提高，居民改善居住条件的要求使得每年的住宅投资与竣工的建筑面积大幅度增加，1981~1992年的年平均住宅投资与竣工面积分别为19.33亿元和440.84万 m^2，而2007~2011年5年间的年平均水平则分别达到1056.71亿元和1852.31万 m^2，分别增加了54.67倍和4.2倍。人均居住面积也迅速增加，1981~1992年12年间从人均4.5m^2增加到6.9m^2，1993~1998年6年间从人均7.3m^2增加到9.7m^2，1999~2003年5年间又增加了4.1m^2，从而达到人均13.8m^2，2003~2012年10年

间又增加了 3.5m², 达到了 17.3m²。另一个例子是交通，居住条件的改善和生活水平的提高对改善出行条件、提高城市运营效率提出了更高的要求，并且直接形成了对大运量交通设施和高效城市道路网络的建设需要，到 2012 年年末，全市轨道交通运营线路达到 13 条，运营线路长度达到 468.19km（含磁浮线路 29.11km），公交专用道路达到 161.8km。公交运营车辆 1.67 万辆，运营出租车 5.07 万辆。全年市内公共交通客运量 62.27 亿人次，其中，轨道交通客运量 22.76 亿人次；公共汽电车客运量 28.04 亿人次。日均公交优惠换乘和老年人免费乘车分别达到 254.35 万人次和 64.26 万人次，这些都极大地缓解了城市的交通状况，改善了居民的出行条件。

（5）城市化速度的全面加快和调整城市空间布局、产业结构的要求

目前我国公布的城市化水平为 52.57%（2012 年年末），不仅远远落后于发达国家，而且比许多发展中国家也落后许多，因此需要加快城市化的步伐。根据国际上的经验，一个国家城市化率在 30%~70% 时，都处于城市化的加速发展阶段。为了吸纳农村每年分离出来的 1000 多万劳动力，为了调整城市的空间布局结构和产业结构，也为了适应我国即将到来的城市化高速发展阶段，我国的大中小城市需要进行大量的城市设施建设。

（6）基础设施的缺乏是国民经济发展的瓶颈，加大城市基础设施的建设，并通过扩张式财政手段拉动内需，也是拉动国民经济发展的有效手段

我国是一个发展中国家，党的十一届三中全会后实行了改革开放的经济政策，在 20 年的时间里取得了 GDP 年均 10% 以上的增长率，创造了全球瞩目的奇迹。但是据世界银行的专家研究，由于基础设施服务水平滞后，我国每年损失的 GDP 达数百亿美元。按照中央政府的计划，在 1998~2000 年国家将投入 7500 亿美元用于基础设施的建设之中 [1]，既消除制约我国经济进一步平稳发展的瓶颈，又可以对国民

---

[1] 时任国务院副总理的李岚清同志在 1998 年中国企业高峰会议上的讲话 [N]. 文汇报，1998-04-22.

经济的发展起到拉动作用。根据研究，每增加 1 元对基础设施的投入，可以带来 1.9~2 元的需求，带动建设材料、土建工程、设计、电子、机械等相关产业的发展。❶

城市的交通、市政、环保、绿化等基础设施以及大众化经济适用房的建设属于国家为拉动国民经济发展而鼓励大力发展的基础设施领域中的一部分。据预测，今后 3~5 年我国城市基础设施建设中仅地铁、供水、污水处理、垃圾处理设备的总需求即超过 1000 亿元，并且由于需求结构趋向高科技含量、高附加值的品种，可以部分地解决铁道、电子、机械等行业中车辆、电子器材和机械加工等生产能力的发挥和产业结构调整问题。

（7）适应城市中心区更新和郊区化发展的必要条件

城市生活的丰富多彩需要以物质和精神的条件为基础，而由于种种原因，我国的城市建设中存在着基础设施欠账严重的问题，难以适应迅速城市化的要求。城市旧区的更新需要改善基础设施的配套，而新区的建设配套要求标准更高。良好的生活及生态环境、居住及配套服务设施、交通可达性，如此种种的需要怎样去满足，是让居民留在中心区还是像西方一些发达国家出现的那样任其向郊区发展，无论是何种政策抉择，都需要有充足而高质量的设施配套，需要通过大规模的城市开发活动来实现。最近在美国一些大城市出现的居民回归城市中心的现象，就是当地城市政府通过投资体育场馆、博物馆、公园、水族馆、餐饮等文化娱乐设施，从而达到了吸引居民回归的目的（例 2-6）。

例 2-6　"居民选择市中心居住将成为新潮流"❷

据美国《侨报》报道，在美国，一些城市开始通过将市中心改造成为娱乐中心而吸引相当的居民在郊区化的大潮中逆势而行，选择市中心为家。这些城市在中心地区兴建了体育场馆，开设了博物馆，在海滨和河边地区修建了公园、水族馆、餐饮综合设施。它们还将空闲的办公大楼和库房改造为高层公寓。芝加哥是改建高层公寓较早的城市，该市预计，其核心区人口到 2010 年将增加 32%，达到 15.3 万人。

---

❶　科技日报，1998-06-22.
❷　www.sina.com.cn，本书整理。

布鲁金斯研究所与都市研究中心在调查 20 个美国城市后发现，除亚特兰大之外，其他城市均预期市中心人口从现在起到 2010 年之间会出现增长。

目前市中心居民稀少的某些城市，诸如克利夫兰和休斯敦，预计人口会增加 3~4 倍。休斯敦市中心目前约有 2400 名居民。该市官员预测，到 2010 年时，居民会增加到 9600 人。

城市政策专家们对此感到高兴。他们认为，吸引人们定居于市中心，而不仅仅是工作于市中心，乃是城市复兴的关键所在，也是扼制城市恶性蔓延的良策。

（8）提高城市在国际及国内竞争力的迫切要求

所有的城市当前都面临着提升城市竞争力的需求，在当今国际性城市体系迅速演变、区域性中心城市地位的竞争都导致了各城市需要改善自身的投资环境、生活环境，提升竞争能力，在全球性竞争投资的竞赛中胜出，而这些都要求城市加大整体功能与环境改善的力度，实现各自的发展目标，见例 2-7、例 2-8。

例 2-7　北京申办 2008 奥运会

北京曾经于 1991 年申办 2000 年奥运会，然而经过两年多的申办努力后却在 1993 年 9 月 23 日国际奥委会的第四轮投票中以 2 票之差落后于悉尼而壮志未酬。随后，没有气馁的北京市致力于城市基础设施、环境保护、体育设施等方面的建设，经过 8 年多的卧薪尝胆，伴随我国国内生产总值增长超过 2.5 倍的高速发展，北京的交通、通信、场馆以及环境建设日趋完善，经济实力的大幅度提高（GDP 从 1993 年的 863.54 亿元增加到 2001 年的 2845.65 亿元），以及未来十年中将继续保持 10% 较高增长速度的预期，为北京再次提出申办奥运会，打下了坚实的基础。

为了进一步提升城市的竞争力，改善北京市的城市形象，同时，也为了进一步带动整个国民经济的持续发展，在城市管理水平、基础设施配套水平以及人民生活水平有了大幅度提高的情况下，北京于 1999 年 4 月 7 日向国际奥委会提交了申办 2008 年奥运会的申请，并最终在 2001 年 7 月 13 日的国际奥委会第 112 次代表大会上成功地击败大阪、巴黎、多伦多、伊斯坦布尔等申办城市，赢得 2008 年夏季奥运会的主办权。

根据 1984 年美国洛杉矶奥运会以来近几届的主办经验看，奥运会对所在城市乃至国家的经济、文化、城市建设、环境保护及治理、社会发展等方面都有很大的促进作用，1964 年东京奥运会带来了"东京奥林匹克景气"，使日本新形象为世界所接受；1988 年汉城奥运会的目标之一就是带动"经济起飞"，1981~1988 年的 7 年筹备中一共带来相当于 70 亿美元的生产效果和 27 亿美元的国民收入诱发效果。❶

北京在奥运会的申办过程中以及正式举办前的数年时间里，同样将面临巨大的发展契机：

首先，为了保证奥运会的顺利进行，需要进行大规模的相关基础设施建设，这将有力地提高城市的现代化水平，另一方面，也将带动相关产业（电子信息、环境保护、新型材料、文化、旅游等产业）的发展，加速北京地区产业结构的调整，增强城市经济持续发展的后劲。更为重要的是，这可使北京地区形成庞大而活跃的投资和消费市场，促进对外贸易，扩大高新技术和资金的引进，而由城市建设和新兴产业激活的城市经济还将为国有企业的改革创造更为宽松、有利的环境。

其次，从国际经验看，北京奥运会的举办将使城市基础设施水平提前 20 年以上，缩短北京实现达到中等发达国家城市标准需要的时间，特别是体育设施、交通运输设施、电信设施等方面将超前达到国际先进城市水平（表 2-17）。

环境方面，未来 10 年中，北京必将继续加大环境污染整治力度，改善环境质量，投入超过 45 亿元的污染治理和绿化投资，同时将大大提高北京的城市安全救助系统，改善城市的安全保障能力。

无疑，北京市经济社会发展和城市建设的成就促进了申办奥运的成功，而成功举办奥运将能进一步促进北京以至我国经济、社会、建设的发展，改善北京乃至我国城市及国家的国际形象。

从城市自身发展的角度来说，北京的发展同样面临着来自其他城市在资金、项目、人才等方面的资源竞争，奥运的申办成功已经使北京获得了竞争的优势，进入筹办工作后无疑将带来更大的发展机遇。伴随奥运的筹备，北京市将投入 140 多亿美元的基本建设投资并进而

---

❶ 周建梅，黄香伯.奥运会营销产生的经济影响分析[J].武汉体育学院学报，2002（3）.

获得数十万个直接就业机会，如果其中 50% 由中央财政和国内外企业投入的话，那么主办奥运会将给北京市带来超过 70 亿美元的新增投资，再加上所产生的乘数效应，奥运会将成为北京未来数年经济高速增长的加速器。

此外，奥运会的成功举办还会给主办城市带来持续 4 年以上的后续效应，据悉尼会议与旅游局（SCVB）的统计，2000 年奥运会后的 4 年里光临悉尼的国际旅游者超出平常 80 万人，增加了 30 亿澳元左右的额外收入，并创造了 15 万个新的工作岗位。

北京 2008 年奥运场馆一览表 ❶　　　　　表 2-17

区域划分	场馆编号	场馆名称	比赛项目	建设情况			座位数
				现有	计划新建	为奥运会新建	
奥林匹克公园	1	国家体育场	田径、足球决赛	—	—	1	80000
	2	国家体育馆	体操、排球决赛、手球决赛	—	—	2	19000
	3	游泳中心	游泳（游泳、跳水、水球决赛）	—	—	3	17000
	4	奥林匹克公园射箭场	射箭	—	—	4	5000
	5	中国国际展览中心展馆 A	乒乓球	—	1		10000
	6	中国国际展览中心展馆 B	击剑、现代五项	—	2		10000
	7	中国国际展览中心展馆 C	摔跤	—	3		10000
	8	中国国际展览中心展馆 D	羽毛球	—	4		7500
	9	国家网球中心	网球	—	—	5	11400
	10	国家曲棍球场	曲棍球	—	5		20000
	11	奥体中心体育场	手球	1			7000
	12	英东游泳馆	游泳（水球预赛）	2			6000
	13	奥体中心体育场	足球	3			40000
	14	奥体中心垒球场	垒球	4			11000

❶　王兵，陈晓民，刘康宏 . 奥运与北京——北京城市发展的机遇与挑战 [J]. 时代建筑，2002（3）.

区域划分	场馆编号	场馆名称	比赛项目	建设情况 现有	建设情况 计划新建	建设情况 为奥运会新建	座位数
大学区	15	北京体育大学体育场	排球	—	6	—	10000
	16	首都体院体育馆	柔道、跆拳道	—	7	—	9000
	17	北京航空学院体育馆	举重	5	—	—	5400
	18	首都体育馆	排球	6			18000
西部社区	19	北京射击场（飞碟）	射击（飞碟）	7			5000
	20	北京射击馆	射击	—	8	—	9000
	21	老山山地车场	自行车（山地赛）	8	—	—	1000，站席：10000
	22	老山赛车馆	自行车（场地赛）	—	9	—	6000
	23	自行车公路赛场	自行车（公路赛）	9	—	—	3000
	24	丰台棒球场	棒球	—	—	6	15000
	25	五棵松棒球场	棒球	—	—	7	25000
	26	五棵松体育馆	篮球	—	10	—	20000
北部风景旅游区	27	顺义奥林匹克水上公园	赛艇、皮划艇	—	11	—	20000~35000，站席：10000
	28	北京乡村赛马场	马术	10			30000
其他	29	北京紫禁城铁人三项赛场	铁人三项	11			10000
	30	天安门广场沙滩排球场	排球（沙滩）			8	17500
	31	北京工人体育场	足球	12			13000
	32	北京工人体育馆	拳击	13			72000
京外	33	青岛国际帆船中心	帆船	—	12	—	9000，站席：40000，观众船：1000
	34	天津体育场	足球预赛	—	13	—	60000
	35	秦皇岛体育场	足球预赛	—	14	—	35000
	36	沈阳体育场	足球预赛	14	—	—	60000
	37	上海体育场	足球预赛	15	—	—	80000

例2-8　上海申办2010世博会

自1851年英国首开世界博览会至今，人类经历了两次世界大战的灾难，残酷的现实和血的教训，唤起了人们对和平的期盼。伴随着人类对美好生活的追求，三次科技革命的蓬勃兴起带来了前所未有的科技进步和经济增长，有力地促进了世界各国生产力的发展和经济社会的长足进步。

经过150年的发展，世博会已经成为经济、文化、科技领域的"奥林匹克"，参展国家超过100个，每次世博会都会选择不同的主题（表2-18）。展会期间，每个国家都将本国最优秀的文化特色、科技成果和经济成就展示给全世界。巴黎、大阪等世博会成功的经验表明，世博会的举办不仅对举办国家、举办城市提出了很高的要求，而且也给举办国家、举办城市带来了千载难逢的发展机遇。

世博会主题一览表　　　　　　　　　　表 2-18

年份	国家	举办城市	主题
1933 年	美国	芝加哥	一个世纪的进步
1935 年	比利时	布鲁塞尔	通过竞争获取和平
1937 年	法国	巴黎	现代世界的艺术和技术
1939 年	美国	旧金山	明日新世界
1958 年	比利时	布鲁塞尔	科学、文明和人性
1962 年	美国	西雅图	太空时代的人类
1964 年	美国	纽约	通过理解走向和平
1967 年	加拿大	蒙特利尔	人类与世界
1968 年	美国	圣安东尼奥	美洲大陆的文化交流
1970 年	日本	大阪	人类的进步与和谐
1974 年	美国	斯波坎	无污染的进步
1975 年	日本	冲绳	海洋——充满希望的未来
1982 年	美国	诺克斯维尔	能源——世界的原动力
1984 年	美国	新奥尔良	河流的世界——水乃生命之源
1985 年	日本	筑波	居住与环境——人类家居科技
1986 年	加拿大	温哥华	交通与运输
1988 年	澳大利	布里斯班	科技时代的休闲生活
1990 年	日本	大阪	人类与自然
1992 年	西班牙	塞维利亚	发现的时代
1992 年	意大利	热那亚	哥伦布——船与海
1993 年	韩国	大田	新的起飞之路
1998 年	葡萄牙	里斯本	海洋——未来的财富
1999 年	中国	云南	人与自然——迈向21世纪
2000 年	德国	汉诺威	人类—自然—科技—发展
2005 年	日本	爱知县	超越发展：大自然智慧的再发现
2010 年	中国	上海	城市：让生活更美好

2000年德国汉诺威世博会仅第一天就吸引参观人数达15万，德国《图片报》认为世博会为德国创造了3万个就业机会，提高了德国的国际声誉，改善了投资环境，促进了消费需求，举办城市的市政建设和交通等基础设施也获得改善，并带来诸如吸引国内外投资的增加、旅游和餐饮业等收入的增加、国家税收的大幅度增加，以及德国在世界上形象的提高等有形无形的收益。❶

时至今日，国际商品交换的扩大和科学技术与经济发展之间的紧密联系，使世界博览会这一国际经济与科技的奥林匹克盛会显得举足轻重，除发达国家外，发展中国家也纷纷要求举办世界博览会。在走向新世纪的行列里，中国正以她前所未有的发展速度和在世界政治、经济、国际事务中的影响和作用，令世人所瞩目。和平与发展、互促与共进，不仅是全世界的永恒主题，也是12亿中国人民的理想和信念。

正因为如此，早在1984年上海市领导就指示有关部门进行申办世博会的研究，拟结合开发浦东的战略设想，以浦东花木地区作为申办世博项目的主会址进行可行性分析。1993年，上海市计划委员会再次进行了申办世博会的论证，预计世博会的主办将对上海的城市建设、经济发展、产业结构调整、提升上海城市整体综合形象与竞争力起到强有力的推动作用。

进入新的世纪，随着上海在经济、社会、城市建设等方面取得世人瞩目的成就，为了在城市的竞争中保持持续的优势，特别是在与获得奥运主办权的北京市的竞争中争取更加积极的地位，申办世博的设想再度提到上海市政府的议事日程。结合上海城市旧城改造的规划，世博会址也由花木地区改为黄浦江两岸共计400hm²的主场址，同时还举办了概念性规划国际招标，法国建筑设计研究室（Architecture Studio）、西班牙马西亚柯迪纳克斯（Marci à Codinachs）、日本RIA都市建筑研究所、加拿大DGBK＋KFS建筑师事务所、意大利卢卡斯加盖蒂（Luca Scachetti & Partners）、澳大利亚菲利浦柯克斯（Philip Cox）、德国AS&P等7家境外建筑师事务所和上海的2家设计公司参加了规划设计。

---

❶　http：//www.expo2010china.com/.

获得中央政府大力支持的上海市于 2002 年 1 月 30 日正式向设在法国巴黎的国际展览局递交了申请 2010 年在上海举办世界博览会的报告，提出了"城市，让生活更美好"（Better City，Better Life）的申办主题，并在 2002 年 12 月 3 日举办的国际展览局投票中，一举战胜了包括俄罗斯莫斯科、波兰弗罗茨瓦夫、墨西哥克雷塔罗、韩国丽水在内的 4 个申办城市，赢得了 2010 年的世博会主办权。

适逢上海正在加快建设现代化国际大都市和"四个中心"❶，世博会的举办从时间上很好地契合了上海三步走的发展目标：首先到 2007 年，基本建立四大体系，人均 GDP 达到 7500 美元；中期到 2010 年，成功举办世博会，基本形成"四个中心"框架，人均 GDP 达到 10000 美元左右；远期到 2020 年，基本建成"四个中心"和现代化国际大都市，人均 GDP 达到 20000 美元。

世博会的举办，还是上海进一步发展中的重要里程碑，表现在：
● 加快上海从国家级经济中心城市向国际级中心城市的能级提升；
● 显著增强上海的城市综合服务功能；
● 加快促进长江三角洲地区的联动发展；
● 进一步提高上海城市的国际化水平。

特别是在城市建设方面，将进一步推动旧区改造和高水准的城市更新，加快黄浦江两岸的综合开发，促进城市新的功能区——会展区的发展，与陆家嘴金融贸易区共同完善城市的中央商务区功能，在控制城市中心区规模，加快郊区城镇发展的同时，提升整个城市的形象。

事实证明，上海世博会产生的效益十分明显，国家统计局上海调查总队调查显示：世博会举办期间，园区内商业零售额 45 亿元，世博特许商品零售额 310 亿元，门票收入近 100 亿元。世博会 184 天期间参展的国家、地区和国际组织达到 246 个，累计参观者逾 7308 万人次，国际旅游入境人数达到 851 万人次，比上年增长 35.3%。上海市星级酒店客房平均出租率达到 78%，住宿业客房收入增长 85%，2010 年 3 季度上海市旅游总人数比上年增长 37.9%，"城市，让生活更美好"这一上海世博主题也传遍世界各地。

---

❶ 指国际经济、金融、贸易、航运中心。

（9）社会主义市场经济制度的优越性

社会主义公有制度能够"集中力量办大事"的特点决定了政府能够调动各种资源，从资金、配套政策、技术力量、管理人员等多方面来保证大规模开发项目的顺利建设和运行，特别是公有制制度下，包括土地等生产资料在内的资源公有制是保证大规模建设活动顺利进行的必要条件，这是资本主义制度下任何开发机构都难以做到的，也印证了集聚理论的观点，即集聚能够降低成本，带来效益。而市场经济机制的引入使城市政府能够综合运用融筹资机制而针对市场的需求实施大型项目，这是大规模开发活动生存的重要政治因素。

（10）各级政府领导创造政绩的心理，使他们存在着推动大规模项目建设的动力

各级政府领导创造政绩的心理从一方面推动了大型政府建设项目的立项和进行，另一方面他们也会从社会舆论、政策配套方面为其他性质的资金投入大型建设项目推波助澜。尽管其中的行政因素可能存在不够市场理性的成分，一旦失误会对政府及其他投资主体带来重大的负面影响（如资金损失、形象受损、政治风险等），但是这种冲动毕竟通过技术手段而可以纳入投资与建设理性的范围，这也是城市开发策划能在开发活动过程中成为必要的主要原因之一。

2.7 城市大规模开发项目建设的现状及面临的问题

2.7.1 国外的城市大规模开发项目建设状况

在发达国家，城市大规模开发建设大致经历了两个发展阶段：20世纪前期，工业革命促成欧洲一些国家城市化迅速发展，为了适应生产规模的急剧扩大和大量涌入的劳动力的生活居住需要，在这些国家形成了空前的城市大规模开发与建设热潮。为了应付随之出现的城市居住、卫生以及解决疾病、火灾、过分拥挤等问题的需要，欧美城市还经历了修建大型城市公园以使广大居民接近大自然、进行城市美化运动以提供令人愉快的环境，提高城市居民的精神生活质量等运动，这样一些大规模的城市建设活动作为解决城市问题的对策，起到了良

图 2-8　德国的卡塞尔城在二战后的重建过程

好的作用 ❶；第二次世界大战后，经济复兴也带来了大规模建设，美国、欧洲均是如此，德国的卡塞尔城（Kassel），在战争中毁坏了 90%，当时曾由联合国的专家估计，仅清理废墟就需要一二十年，但实际上仅用了 10 多年就基本得到恢复，其他城市如荷兰鹿特丹、波兰华沙等均通过大规模的建设而医治了战争创伤（图 2-8）。❷

　　进入 20 世纪 70 年代后，发达国家（特别是美国）又出现了郊区化（Suburbanlization）、就业地区分散化（Decentralization）的趋势。引起这些趋势的根本原因就是由于轨道交通、公路及城市郊区的独幢住宅大量发展后，为广大的人群提供了享受郊区生活的机会，随后商业设施、制造业、办公机构也相继迁至郊区。随之而来的是一些城市中心衰落，总人口减少而低收入人口的比例却在增加，城市中心区的财政收入由于商业活动及新楼房建设的减少而日益不足，许多城市出现了公共财政危机，甚至纽约市政府出现了宣告财政上破产的情况。❸

　　为了焕发城市的活力，复苏市区的经济，许多城市在旧城复兴等方面进行了大量的努力，城市通过大规模的开发项目以复兴过去的一些职能，并促进新职能的产生。这时，城市规划关注的重点转向提供何种优惠条件及创新的方案、手段来鼓励投资者参与投资建设城市的活动，如集中土地、土地开发权的转移、土地重划、税收优惠、鼓励合理的再利用、改善街道景观等，许多城市因此取得了一定的成效，

❶　沈玉麟.外国城市建设史 [M]. 北京：中国建筑工业出版社，1989.

❷　吴良镛.迎接新世纪的到来 [J]. 城市规划，1999（1）.

❸　潘国和等.现代化城市管理 [M]. 北京：中央广播电视大学出版社，1998.

城市中心的活力得到了复苏（例2-9、例2-10）。

例2-9 英国考文垂的"凤凰计划"（Phoenix Initiative）

考文垂（Coventry）位于英格兰中部，是一座具有千年历史的古城，历史中心区汇集了许多中世纪、都铎式风格的特色建筑（图2-9）。它在14世纪就已经成为英国最富有的城市之一，并是当时英国第4大城市和中部的经济中心。在过去的几个世纪中，纺织业、钟表制造业、汽车以及航空工业等都曾经在此繁荣。

二战中，考文垂遭到德军大规模的空袭，历史中心著名的地标圣迈克大教堂（St. Michael Cathedral）以及大部分历史建筑都破坏严重。二战后20世纪50年代的城市重建、现代建筑发展、快速交通环路的开拓，也在很大程度上破坏了城市的传统肌理以及景观特色。同时，20世纪70年代后期考文垂传统制造业、汽车工业萎缩而带来的经济衰退，使城市历史中心区产生了许多严重的社会问题。

在这种背景下，考文垂市政府针对城市历史中心区陆续采取了大规模的整治改造措施，包括成立专门的城市中心区管理委员会辅助政府和地方商铺实行监管；安装CCTV安保系统；定期组织节日活动增强城市中心社交、旅游地场所的多重功能性；实行城市公共艺术和亮化整体策略；增加城市中心区文化基础设施的投资，促进交通博物馆、赫伯特艺术馆和贝尔格剧院的发展等（图2-10）。经过近20年的艰苦努力，考文垂市的城市更新、景观环境整治和经济复兴取得了

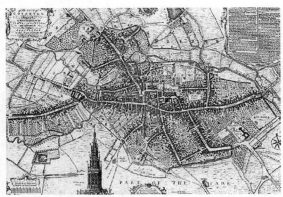

图2-9 1748年的考文垂平面图，城市中心依然保留着中世纪的城市形态

图2-10 考文垂历史中心区计划改造与更新的区域

初步成功。作为涉及城市历史中心的综合性计划项目，"凤凰计划"在其中最具有代表性。

"凤凰计划"是考文垂经历二战轰炸破坏至今所进行的城市中心区最大的更新项目，使城市获得如凤凰般重生与腾飞的另一个重要里程碑。项目由 MJP（MacCormac Jamieson Prichard）建筑师事务所和卢梅设计事务所（Rummey Design Associates）进行规划设计和景观设计，总面积为 3hm² 的基地共分三期开发，每 5 年为一阶段。

一期设计保留了原基地中遭到废弃的丝带加工厂（Ribbon Factory），经过立面整修保存与内部改造，这座考文垂仅存、象征城市兴盛时期的产业历史建筑被成功再利用成为餐厅和 loft 式公寓住宅。而在原 11 世纪修道院大教堂考古发掘原址上分别建造了帕奥瑞公园与回廊（Priory Garden & Cloister）以及游客中心（Visitor Center），同时还完成了以国际友谊为主题的城市公园（Garden of International Friendship）。在二期工程中，建成了由底层为商店、酒吧、咖啡馆，上层为住宅的建筑围合而成的帕奥瑞广场（Priory Place）。包括 84 套公寓和 3000m² 商业用房在内的混合功能商业开发和运作，使这个核心区域成为具有人气和活力的城市场所。三期工程完成了考文垂交通博物馆（Coventry Transport Museum）的改造与扩建，以及周边的千禧年广场（Millennium Place）、玻璃桥（Glass Bridge）、怀特拱门（Whittle Arch）等城市公共空间与艺术设施。未来项目还计划继续开发包括巴士站以及旧消防大楼在内的千禧年广场周边地区，从而更好地围合和限定新创造的空间。

进入 20 世纪后期，正如一些研究中得出的结论，随着以微电子技术和信息技术为代表的新技术革命促使全球生产能力和生产规模的飞速发展，各国之间在近 10 年间正在形成新型的经济格局，发达国家将某些产业向第三世界扩散，商品、劳务、资本乃至生产过程与科学技术跨国界不断流动，国际分工不断深化，国际贸易大幅度扩大，跨国公司的实力不断扩展、影响力日益膨胀，金融网络将全球的流动资金联系在一起，信息高速公路也拉近了全球科学与技术的距离，既使得对资金与科学技术的利用更加方便，同时也使得对资金与科学技术的争夺日益白热化。在发展中国家形成了承接发达国家跨国公司投资的竞争，迎来了大规模的城市开发项目在发展中国家的建设热潮，大规模开发项目建设再次成为世人瞩目的焦点，城市环境与公共服务水准的高低成为城市之间竞争跨国公司投资和科技人才的关键因素，也是城市加快大规模项目建设步伐的强大动力。

城市，特别是大城市在这样一种经济全球化的进程中，由于其特有的集聚效应而占据着发展的制高点，并在国与国之间的竞争中起着决定性的作用。因此，各国城市都在实施各自的发展计划，以加速提升城市竞争能力与素质的进程，应对挑战。新加坡的信息港建设计划就是一个典型的例子。尽管这个东南亚小国没有多少自然资源，但是李光耀政府通过实施富有战略性的计划将之建成了世界闻名的花园城市，同时由于其民众良好的教育素质和优美的城市生活、工作环境，他们得以在有限的土地上开辟科学园区、高技术园区，在花园般的环境中开发高科技、高附加值产品，在占地不大、堪称"东南亚华尔街"的老城区莱佛士广场一带兴办金融、证券、保险、外贸业，在西部的裕廊工业开发区建起整齐干净的厂房，生产无污染的电子产品，出口加工产品。为了迎接 21 世纪的挑战，新加坡政府早在 20 世纪 90 年代初便制定了雄心勃勃的"新加坡网络"计划，即在未来 15 年内，将新加坡建成具有世界顶尖信息基础设施的国家之一，成为全球资讯转运中心，并协助新加坡发展成为高效率的物资、服务、资金、人力的交换中心和对跨国公司最具吸引力的基地。❶

例 2-10　新加坡的大规模开发项目

在 2001 年新加坡国庆集会的讲话中，总理吴作栋描绘了"新的新加坡"的画面，即"一个在新的全球竞争环境下、具有社会责任的全球城市"。为了实现这个新的新加坡，政府提出了新的经济战略，其核心包括五大关键要素：要成为全球性城市、有进取心、有更多的创新、进行经济重构、扩大人力资源储备并提升人力素质。要建立所有新加坡人接受，并在政府和人民之间取得理解的新的社会契约——可以保证，虽然经济竞争在加剧，人们的收入差距在加大，但这个国家将会是团结一心的（Goh，2001）。

---

❶ 文汇报，1996-07-19.

新加坡的未来将成为一个全球性的城市，全球最佳的城市之一，并且拥有使新加坡本国人和全球人才共同生活和工作的最适合居住的城市。基于这样的目标，新加坡提出了数个大规模开发项目，包括：

（一）新的市中心

将在中心区南游艇码头区发展新的市中心，以满足新的扩大的商务活动需要，并将成为靠近现有中央商务区商圈的一个独立的城中之城。新的市中心将为金融机构及跨国公司总部、五星级酒店和购物中心提供商业用地。建筑物的设计将会充分利用滨水景观，以创造新的独特的天际线。未来将会有更多的住房在这里建造，使居住在城内的人口比例从现在的 3% 增加到 7%，中心的花园式公寓作为高密度住宅的一种新形式也将提供给市民，目前这是新加坡最重要的战略项目。

（二）智能岛屿

新加坡也许是最先意识到 IT 业和电信业将带来巨大利益的国家之一，国家计算机委员会（NCB）发表了一份名为《高科技岛国的前景：IT2000 报告》的重要文件，报告指出新加坡将利用 15 年时间发展成为一个高科技岛国，这将会使它成为世界上第一个拥有全国性发达信息基础设施的国家。为实现这一未来的定位，新加坡政府已经开始实施一项大规模的计划以建立必要的基础设施，数十亿新元的投资将注入这个长期的计划。每个家庭至少拥有一条与国家光纤网络相连的线路，全国宽带网是一张全国性的超高速光纤到户（FTTH）网络，最高网速可达 1Gbps。

（三）庞大的铁路网

未来将建设新的环线和放射状线路，放射状线路使人们更直接地到达市中心，环线则使人们在中心区外的两点之间更快捷地联系。捷运系统将延伸到樟宜以及处于东北的一些中心区域，例如榜鹅和盛港。地区间的铁路计划将延伸至南游艇码头区的新城、现有市中区以及城市外的居民点。在城镇内部，地上的轻轨系统也将建立起来。总体上现有的 178km 轨道交通网未来将增加到 500km。

（四）艺术和文化项目

新加坡期望变成一个充满活力的世界级文化都市，政府在 2000 年 3 月宣布了文化复兴报告，并且承诺在未来五年内将向艺术领域投入 5000 万新元。同时，更多的文化和娱乐项目正在计划与实施中。在 Marina 海湾建造的 Esplanade 滨海艺术中心正对新加坡美丽的天际线，占地达 6hm^2，是新加坡最大的国际艺术表演中心，总投资达 6 亿新元。建成的剧场包括 1600 座音乐厅、2000 座剧场、250 座独唱音乐厅、220 座小剧场、排练间、户外表演空间和购物中心，里面的顶级设备和设施可以与世界上最好的艺术表演中心相媲美，使新加坡成为国际最前沿的艺术场所（图 2-11、图 2-12）。

图 2-11　新加坡中心滨水区的改造（2002 年）

（a）　　　　　　　　　　　（b）

图 2-12　新加坡新建的大型居住项目（OMA 事务所）

2.7.2　我国城市大规模开发项目建设的现状

　　新中国成立后，我国的城市大规模开发与建设也可以大致分为三个时期，初期包括了第一个五年计划及第二个五年计划前期，在党和国家恢复国民经济生产和建设社会主义城市的方针指导下，我们修复了战争遗留下来的破旧城市，并按照国民经济计划的安排，规划建设了武汉钢铁公司、鞍山钢铁公司、长春第一汽车制造厂等多个大型工业生产基地和配套的城市生活设施，还实施了诸如北京十大建筑建设、天安门广场建设、长安街建设以及几大城市的中苏友好大厦等大规模的城市建设活动，有效地改善了城市的物质基础与形象。这期间的建设在计划经济体制思想的指导下，体现了社会主义的优越性，虽说也存在着失误，但总的来说是相当成功的。如武汉钢铁公司从项目选址、布局以及与城市合理的发展格局等方面来看都是比较成功的。

然而，经过"大跃进"的折腾，尤其是在"文化大革命"十年动乱期间，整个国民经济实力难以支持大规模的城市建设项目，而国家产业政策又将城市建设划入非生产性领域，不属于优先发展的生产性领域，从而造成城市基础设施服务水平落后，城市职能受到很大制约，虽然三线建设规模不小，但是城市的大规模建设几乎处于停滞阶段，城市面貌长期得不到改观。

改革开放以后，由于国民经济的迅速发展，一方面经济实力的提高、投资渠道的多样化以及房地产业的兴起为城市建设提供了财政上的保障，大规模的城市建设活动在全国范围内得到了迅速发展，除了遍地开花的开发区、新区建设外，深圳、珠海、厦门、汕头、海南、北海、上海浦东等地相继成为开发的热点，城市面貌日新月异。宽阔的城市道路、高耸的建筑、优质的基础设施、良好的城市环境成为现实，出现了深圳罗湖、上海浦东等现代化的城市景象。

与此同时，一些地方领导追求"50年、100年不落后"、"超常规发展模式"，建设"民心工程"、"形象工程"等良好愿望也人为地催生了许多不切合实际的"大规模开发项目"，造成了一些混乱与盲目的现象：不顾实际需要而贪大求全，中小城市也要大造100m宽的大道，现状不到10km²的小城市要建设总面积超过几倍于旧城面积的新开发区；一些尚不具备条件的大城市也不切实际地提出要建设"国际性大都市"、要建成"东方的纽约、巴黎、芝加哥"等口号，所选择的支柱产业也大量趋同（表2-19）；一些地方不考虑市场上的需求而大量批租土地搞房地产项目，不仅占用大量耕地，还由于没有最终需求，形成大量的空置房地产，造成资源的极大浪费，而真正需要大规模投资建设的城市公用设施和大众化的居民住宅却无人问津；在发展的热潮中，一些城市以牺牲应该保护的历史文化设施及特色为代价，不顾经济实力和历史文化保护的需要，追求"高、大、全"的所谓现代化图腾，城市面貌有"千篇一律、千城一面"的趋势。广东省就有大量的中小城市大搞广场建设，有的地方领导甚至不顾当地的社会经济状况，声称建设规模要超过北京天安门广场，最后因为缺少经济实力和实际需要而下马，造成人力资源的大量浪费。

我国部分城市的定位与支柱产业选择 ❶   表 2-19

	定位	第二产业支柱产业
深圳	现代化国际性城市	计算机及软件、通信、电子及基础元器件、机电一体化、视听、轻工、能源
广州	区域中心城市	汽车、摩托车、电子通信、家电、石化、医药、食品、冶金
哈尔滨	国际经贸城	机械（含汽车）、电子、仪器医药、化工
长春	国际化大都市	汽车、食品医药、建筑建材、光机电一体化、生物工程、新材料
沈阳	现代化国际性城市	机械、汽车、制药石化、电子信息业
大连	社会主义北方香港	机械、电子、石化（含医药）、汽车及零部件、冶金、建材
济南	现代化国际性城市、经济强市	机电仪一体化的机械制造、重型汽车、摩托车为龙头的运输机械、家电、化工
青岛	现代化国际城市	机械电子、化工橡胶、饮料食品、纺织服装、海洋业、医药、新型建材、家电
杭州	现代化国际风景旅游城市	大型设备及成套制造、汽车及零部件、家电、电子通信设备、精细化工和医药、化纤
宁波	现代化国际港口城市	石化、机械、电子、轻纺、建筑建材
南京	现代化国际性城市	计算机及通信设备、家电、汽车摩托车、石化及精细化工、建筑建材
武汉	现代化国际性城市、长江中游华中地区经济中心	钢铁、汽车机械及汽车制造、冶金、食品、医药、化工、建筑
成都	现代化国际大都市	电子及通信设备制造、机械及汽车制造、冶金、食品、医药、化工、建筑
重庆	长江上游经济中心	汽车摩托车、重大机械设备、冶金、化工建筑建材
西安	我国北方西部中心城市、国际旅游城市	汽车、电子、轻工、电力机械制造业、制冷设备制造业

❶ 开放导报，1997（5）.

续表

	定位	第二产业支柱产业
厦门	现代化国际风景旅游城市	机械、电子、化工、动力、建材
北京	现代化国际性城市	汽车、电子、机械装备；电子信息、生物工程、新医药、光机电一体化、新材料；冶金、轻工、建材
天津	现代化国际港口大都市	机械（汽车、机械装备）、电子（通信设备计算机）、化工（石化、海洋化工、精细化工）、冶金
上海	国际经济中心城市	汽车、通信设备制造业、电站成套设备及大型机电设备制造业、家电、石化及精细化工、钢铁、集成电路与计算机、现代生物技术及新医药、新材料

　　纵观我国城市大规模开发活动的现状可谓喜忧参半，而究其失误的主要原因，一是缺乏经验，尤其是在市场经济体制替代计划经济体制的转轨时期里，城市的各级管理者在"现代化"的压力下无所适从，急功近利而决策不当。二是经济体制变革时期，市场经济驱动下各种利益关系不断重组和调整，城市投资结构、经济结构、用地结构都出现了新的格局。因此，有些大规模开发活动失去制约和规划导向，特别是房地产热对城市规划工作的极大冲击就是对市场经济规律与特征缺乏研究所致。三是缺乏策划与规划的先导意识和理论方法指导，而规划理论和工作方法本身也由于长期计划经济体制的影响而难以指导新形势下的大规模开发建设活动实践。如总体规划编制周期过长，缺乏时效性；规划前期的可行性研究不够；对社会的有效需求了解和关注不够；对大规模开发项目建设与城市的可持续发展之间的关系把握不够等。❶

　　以上海为例，由于理论指导不足和经验上的缺乏，在实际的开发活动中存在着像规划滞后、开发总量失控、局部开发强度过高、规划控制决策被开发商牵制、公共利益得不到有效保障、基础设施供应不足等问题。有的地方即使是制定了规划，也常常由于政府行政领导或开发商意图的改变，抑或是制定的规划本身缺乏可操作性而被束之高阁，规划的作用难以得到有效发挥❷，规划者时常面对规划失效的尴尬局面（例 2-11、例 2-12）。

❶　孙施文.建构现代化国际大都市的规划实施机制 [J]. 城市规划汇刊, 1998（3）.
❷　王立民，耿毓修.上海城市规划, 1999（2）.

例 2-11　南昌原中顺大酒店项目

烂尾楼原中顺大酒店用地位于原沿江北路以东，土地面积约 1.4 万 m²。根据规划，土地用途是作为旅馆业（五星级酒店）、办公、酒店式公寓、停车场用地，规划总建筑面积地上约 13.5 万 m²，其中公寓不大于 3.5 万 m²，停车场库约 0.97m²。地块从 20 世纪 90 年代到现在几经易主，已拥有十几年的烂尾楼历史，因其位处赣江之滨，严重影响了南昌的城市形象。

追溯烂尾楼形成的原因，是 20 世纪房地产开发过热、大量盲目投资、金融监管不力、相关政策法规衔接不良所造成的，但是最主要的根源还是项目建设资金链断裂，其直接后果造就了这批烂尾楼的产生（图 2-13）。

图 2-13　南昌原中顺大酒店烂尾楼
（资料来源：www.jxnews.com.cn）

例 2-12　重庆主城区危旧房改造

直辖以来，重庆主城区已完成近千万平方米的危旧房改造，但目前仍有 13 万多户居民住在鼠蚁横行的棚户区。由于居住于此的 60% 以上居民属困难群体，没有条件改造房屋，更没有能力购买新房，很多家庭几代同室，过着简陋而艰辛的生活。

重庆市 2008 年年初启动的主城区危旧房改造工程，计划动迁 46 万余人，拆除 1200 万 m² 危旧房，工程总投入 600 亿元。重庆市把这项为期 3 年的浩大"城市翻新"工程作为改善民生的社会工程，以多种方式让利于民，重点惠及困难群众，在利益的梯度转移中缩小阶层差距，努力让群众的生存境况与城市发展同步。经过三年改造，该市主城 14.59 万户危旧房住户住进了比原住所宽一半的新房子（图 2-14）。

通过例 2-11 和例 2-12 两个案例，我们不难看出，随着经济的迅猛发展也带动了我国城市相关产业和城市建设的热潮，同时涌现的诸多问题与弊端都是我们城市管理者需要思考和解决的问题。通过两个案例的明显对比，我们不难发现，城市大规模公共项目的开发活动对城市的发展起到了关键性作用，而开发不当也会对城市产生负面影响。如何解决这些弊端，减少大规模开发项目可能带来的冲击，这是我们要引入城市开发策划的重要原因。

图 2-14　重庆主城区危旧房改造效果显著
（资料来源：news.163.com，2011 年 2 月 22 日）

2.7.3　城市大规模开发项目的划分标准与定义

在计划经济管理体制时期，国家为了适应对工程项目的分级管理而按照基本建设总规模或总投资划分建设项目类型。如工业项目按设计生产能力分为大、中、小型项目；非工业项目不分大型与中型，统称为大中型项目；文教、卫生、科研等项目，按投资总额分为大、中、小型项目。由国家管理大中型项目，小型项目按隶属关系由国务院各主管部门和各级地方政府管理。对于少数特大型项目，由国务院派出代表与各有关部门、有关地方政府的主要领导共同组成高层次的项目建设领导小组。以下摘引了 1978 年当时的国家计委、建委、财政部对大中型基本建设项目划分标准的规定（表 2-20）。

大中型基本建设项目类型划分标准 ❶　　　　　　　表 2-20

		大型项目	中型项目
工业项目	煤炭工业（煤炭矿区）	年产煤大于 500 万 t	200 万 ~500 万 t
	电力工业（电站）	装机容量大于 25 万 kW	2.5 万 ~25 万 kW
	钢铁工业（钢铁联合企业）	年产钢大于 100 万 t	10 万 ~100 万 t
	化学工业（合成氨厂）	年产量大于 15 万 t	4.5 万 ~15 万 t
	建材工业（水泥厂）	总产量大于 100 万 t	20 万 ~100 万 t（特种水泥大于 5 万 t）
文教、卫生、科研等项目		总投资额大于 2000 万元	1000 万 ~2000 万元

❶　建设项目可行性研究与经济评价手册 [M]. 北京：中国计划出版社，1998.

续表

		大中型项目
非工业项目	水库	库容量大于 1 亿 m^3
	铁路（含地下铁道）	总投资大于 1500 万元
	公路	大于 200km
	独立公路桥	长度大于 1000m
	沿海港口	年吞吐量大于 100 万 t
	新建高等学校	计划学生数大于 3000 人
城市建设	工业城市供水、供气等公用事业	水厂日供水大于 11 万 t，煤气厂日供气大于 30 万 m^3（包括液化气）

　　需要指出的是，上述标准中并没有将城市开发建设项目的各种类型包括其中，本书参阅的国内外城市大规模开发项目案例的规模同表2-20 中的定义标准有很大的差异。若想用统一的投资标准来划分这些项目有很大难度，何况对城市大规模开发建设项目的划分标准，随着时间、空间的变化而界定的标准不同。为此，本书给城市大规模开发建设项目以定性的方式进行定义，即城市大规模开发建设项目，是指因其工程建设规模巨大、投资多、技术复杂，需要花费特别大的精力或时间，进行可行性研究、规划与设计、项目运行组织结构、建设方式、融资方式、市场营销方式等的研究和组织，并且在其建设过程中和建成后对城市经济发展、社会进步和环境改善方面有巨大影响的工程项目。另外，也有一些重点项目虽不需要巨额资金，但因其工程复杂、实施难度大，特别是具有潜在的深远社会影响及政治影响，建成后能够促进经济发展，优化城市的土地利用结构、能源结构、产业结构，改善区域城市环境，而被视为大规模开发项目，同样也属于本书研究的范围。例如，大型水利工程的建设不仅会改变城市的能源利用结构，而且会引起城市土地利用结构的变化；一个靠近城市市区的机场搬迁则可能带来原来受净空限制的大片区域的新的发展空间。

　　至于非物质的建设项目，如现在进行的城市信息港网络建设工程等，虽然需要一定的物质性载体，也需要考虑在城市中的布局问题，但由于它们建设时考虑的主要是技术方面的问题，实际的建设活动主要是辅助性的物质载体，因此本书中不予讨论。

城市大规模项目可以按照其对城市的影响类型分为三种，包括那些主要针对改造建筑环境的干预、改造城市基础设施的干预，以及前两种类型的结合。

第一，对建筑环境的干预通常以旨在提高和改变城市功能的大规模项目为表现形式。它们以复杂的土地使用运营、公众参与、战略管理和私募融资为特征。大多数针对环境改造的城市大规模项目因公众利益的目的而推动，时常关注正在衰退和被遗弃的城市旧中心区及其更新。在市场经济国家众多引发城市衰落的原因中，地块的过度细分使得城市缺乏能够满足新的全球化竞争要求的土地。这些土地的缺失导致原有城市中心区商务功能流失，因此会引发城市土地及土地上的建筑物贬值，这也是造成逆城市化、衰退的原因之一，投资者及开发商、用户转向城市其他地区，从而在城市新区（通常是城市边缘）形成新的城市中心与活动节点（Ascher，1995；Dematteis，1998）。同时，科技升级影响了生产和销售过程，从而引发了制造业、交通、通信等功能用地的选址变化，曾经的机场、港口、铁路设施用地遗留下来，可以被用于：①旧城更新项目（海滨、河滨和废弃用地），或者历史遗产保护项目。②影响第二产业的项目（旧工业用地重划、边境加工区建设、出口加工区、免税区、大型商品配送中心等）。③涉及第三产业的项目，按照国际标准提供服务业功能所需的设施，包括新城、新的城市中心商务区、大型住宅区及其配套的购物中心、商业、酒店、娱乐、文化及旅游设施等。④影响第四产业的项目，包括高科技办公楼、研发中心、科技园区等。⑤这些类型的城市大规模项目创造了新的城市功能区，重新焕发废弃用地及空地的使用潜力，原来的港口、能源设施和工厂被改造为现代化的地标，新建空间及社会网络，增加公共空间和绿地，形成新的服务业、旅游业发展轴线与核心。

第二，城市大规模项目和基础设施建设：全球化需要的空间调整是能源、交通、通信等社会基础设施的建设和改善，以便城市参与新兴国际体系，这也就难怪许多城市大规模项目都聚焦于这一目标。首选的项目包括新的能源设施和网络建设，新的交通系统和终端，新的轻轨、地铁、放射状的高速公路体系，新的港口、集装箱码头、机场与空运设施，会议和媒体中心以及新型通信网络。这些项目的影响层次覆盖了都市圈、区域以及城市，甚至形成了大规模的项目系列，通过为高速公路加上绿色屋顶、赋予新的土地用途等方式加速了废弃地的整合与发展。案例包括波士顿、毕尔巴鄂、墨西哥城和圣地亚哥高速公路绿色屋顶项目等，它们使交通更加便利，并创造出更多的城市价值。

第三，许多城市大规模项目的重点结合了基础设施建设和城市物质性环境的改善。这些大型项目混合了诸如商务、休闲、流通和公共空间的多种城市功能（van Duin，1999），包括了国际机场、医疗街区、医院、会议中心、对外交通枢纽区、公交换乘中心、火车站，以及各种类型的发展轴、旧区更新等。

简言之，"城市大规模开发项目"就是对提高城市整体运行效率，提升城市竞争力，改善城市社会、经济、文化、环境质量具有重大影响的大型物质性建设项目，如城市轨道交通项目、大型基础设施项目、大型居住区建设项目、大型旧城更新改造项目、大型休闲游憩项目等。

2.8 城市开发策划观念的引入

2.8.1 城市开发策划的必要性

经过几十年的建设实践，我国大型基本建设项目的建设已经形成了一整套的工作程序与方法，在项目立项前必须进行可行性研究和评估，包括针对项目建设的经济、社会、环境条件等方面的分析以及项目建设经济效益的评价，以此作为项目规划设计与建设的依据。随着参与大规模项目建设的利益主体日益多元化，为了确保项目适应市场需求，为了更好地沟通开发者与规划设计者、规划管理部门之间的联系，同时也为了提高城市规划实施过程中的可行性、可操作性以及对建设项目的控制能力，需要加强城市大规模开发项目的规划策划工作。

（1）城市竞争的需要

策划因竞争而存在，城市间针对发展资源（资金、人才、信息、经验等）的竞争日益加剧，策划也日益显现其重要性。只有经过充分而细致的策略规划，才能真正指导城市的建设与发展，城市在发展过程中才能沉着地应对变化的竞争环境而争取主动。

（2）规划设计依据的需要

在大多数情况下，进行城市大规模开发项目建设的开发机构在提交给规划设计机构的规划设计委托书中，总是难以提出明确的建设目标和构想作为规划设计的依据，从而使委托书与规划设计之间通常存在着距离，造成传统的规划和设计太过于技术化，而对项目实施及规划设计前应该完成的一些关于项目的基础性研究工作却不够深入，需要通过规划策划工作来填补这一"空缺"。

简言之，城市开发策划应该成为规划策划的一种，是具体化、对象化而针对项目所进行的规划咨询活动，既是对项目可行性研究工作的完善，又是加强项目规划管理的有效途径，同时还向大规模开发项目规划设计的进行提供必要依据。

（3）大规模项目建设复杂性的需要

城市的大规模开发项目除了涉及一般项目本身的筹备、建设和运营管理外，还会涉及更多关于项目统筹、组合、市场研究、消费者分析、营销等经济、社会、技术、市场、政治多方面的问题。随着城市的建设与管理中更多地引入企业管理和运营的方法，更需要在项目的前期进行规划策划，实施市场调查、研究和使用者意向分析，进行项目在城市环境中的层次、地位和基调的定位设计，确定项目的合适规模、产品与服务的设计、建造、推广和行销规划，并分析项目建设对外部环境的影响。

（4）投资渠道多样化的需要

由于城市大规模开发项目投资渠道的日益多样化，参与建设的机构理所当然地要求其投资在经济上的回报，城市财政也需要有效地维持建设活动的持续，因此有大量的项目包含有商业性的开发活动，城市开发项目建设的程序中相应地增加了市场研究及后期的市场营销阶段，以确保项目提供的产品与服务符合市场上的有效需求，同时通过租售收回投资并获取相应的回报。故此，业主在组织大规模开发项目的时候，需要委托专业人员针对项目建设的目标进行项目策划的研究，既深化、细化业主的建设目标，又为后期的项目规划、设计、营销管理提供指导，从而成为承上启下的中间阶段，成为沟通政府规划管理部门与开发机构之间，沟通城市总体规划、控制性详细规划与项目自身的规划、设计之间，沟通开发机构的构想与社会及市场的对应需求之间的纽带。

（5）城市规划工作自身完善和城市规划设计机构适应市场竞争的需要

在20世纪90年代初开始的房地产开发热潮中，开发商经常要求规划管理部门调整容积率以追求更高的开发强度，要求设计师修改方案、改变房型、小区环境等。早期规划中设计师并不太了解开发商要求修改方案的根本原因，规划行政管理部门也不太清楚调整开发强度从经济上会给城市发展与项目开发带来怎样的社会经济效果，因此造成了一些地方为了吸引投资的需要，"规划跟着开发走"的被动局面。

通过大量的城市建设、开发、规划及设计的实践，规划设计人员已经开始注意到需要具备市场的知识和经济分析的能力，摒弃一些过去信守的规划原则，并真正介入城市建设与项目开发的进程中。在他们的工作和交流中已经经常运用曾经是政治或法律上的用语，银行家、开发商、经济学家们使用的语汇也时有耳闻。变化的规划模式甚至影响到学校里的规划教育，在那里，学生选修房地产课程、预算分析课程和投资管理课程，可能的话许多人热衷于学习谈判的技巧和实施的战略，而不是设计，因为他们知道抓住一切良机促成发展远比设计一种完美而抽象、但难以实现的终极状态更有意义，了解商业开发的市场规则与掌握设计的美学同样重要，而了解开发机构的需求、了解市场上消费者最终需求的重要性，有时胜过了解城市政府领导者的思想。

城市大规模开发项目的建设同样需要规划人员尽早地参与项目的筹划，依据城市发展的相关政策与法规，从规划、设计、建筑、工程、经济、管理、营销、社会、环境、政策等多学科的角度出发，通过深入的调查收集详尽的资料。根据调查所得的客观资料和积累的关于城市建设与发展的经验，规划人员可以根据系统分析和评价的原理，协助建立项目开发的定性、定量目标，完善项目的综合分析评价系统，确立达成开发目标的手段与程序，这也就是城市开发策划的工作内容与意义。

2.8.2　城市规划与大规模开发项目的相互关系

（1）城市大规模开发项目要获得成功，首先必须通过科学的项目策划以及规划设计使项目的产品最大限度地满足社会需求

随着市场经济机制深入到城市建设的每一方面，政府资金的有效管理和投资主体的多元化都要求项目的建设实现社会效益、经济效益、环境效益三者的统一，因此项目的规划中需要规划师从项目构思、立项、项目可行性、市场定位、实施对策等多方面积极探索和参与，从而最大限度地满足使用者的需要。

（2）城市大规模开发项目的顺利实施需要城市规划管理职能的积极参与和配合

城市大规模开发项目要获得成功，不仅需要来自内部的推动力，更要得到政府各部门的许可和鼎力支持，其中包括规划管理部门从城市宏观发展方向、土地利用布局和基础设施配套方面的引导。城市大规模开发项目由于具有对城市发展影响大、建设周期长以及开发程序复杂等特点，从其立项、选址、规划方案审核、设施配套、相关扶持政策的制定等多方面都需要城市规划工作的指导与配合，因此，城市规划管理部门的参与成为必要。

（3）城市规划对城市发展的导向作用要通过确认及落实每个具体项目而得到贯彻实施

城市规划在城市社会、经济、政治生活中的作用是通过控制、激励、整合、保障等作用方式而间接地实现的，它自身并不能直接地决定城市的发展和建设。实际的操作过程中，城市规划促进城市发展、提高城市竞争力的功能还需通过大规模开发项目的建设而得到实施，否则将会是停留在纸上而无法实现的空中楼阁。

（4）完善而优秀的策划与规划是城市大规模开发项目成功的必要条件

无数的城市开发项目案例证明，完善而优秀的策划与规划可以通过针对项目自身的优劣势分析，以及项目所处的区域与开发性质内外部环境分析，并据此设定项目的设计与实施策略，而这也是项目取得成功的必要条件，见例2-13。

例 2-13 周庄发展的经验

随着 2001 年上海 APEC 会议的落幕，一时间周庄的名字也随着会议的报道和会议代表的归国而传遍了世界各地，周庄凭借其独特的古镇资源，成功地开创了以"江南水乡古镇游"为鲜明特色的旅游业，塑造了一个在国内外旅游市场打得出、叫得响的"中国第一水乡"的著名品牌，并且赢得了可观的经济和社会效益的长远效应。仅 1999 年，古镇海内外游客达 125 万人次，实现旅游经济总收入 3.2 亿元，按可比价计算，旅游经济占当年 GDP 的 53%，客流量年增幅已连续 5 年突破 30%，全镇参与以旅游业为主的"三产"服务从业人员超过 6400 人，占全镇总劳力的 46%。"周庄古镇游"在客源市场依然需求旺盛，呈现明显的发展优势。从出售第一张门票到形成欣欣向荣的大旅游市场，前后只有 10 年的发展期。人们不禁要问，在为数众多的江南水乡中，为何周庄一枝独秀，取得如此的成功？

周庄成功的关键在于原汁原味地保留了水乡古镇的风貌，而其完整性和典型性的保存，首先得益于科学地制定了规划。1986 年，在上海同济大学阮仪三教授的主持下，周庄出台了第一份保护与发展的总体规划，明确提出"保护古镇、建设新区、开辟旅游、发展经济"的指导方针，把古镇区 $0.47km^2$ 的区域面积作为一个核心区来保护，工厂企业则另辟至急水港以北，建设工业小区。在此基础上，镇政府请同济大学一起对古建筑进行普查，对每幢古建筑的建成年代、式样、用材等都作了详细记录并建立档案，该修的修，该整的整；然后有计划地搬迁对水域、大气环境有污染的企业 13 家（至 2001 年迁出古镇区所有的工厂企业），并相应扩大绿化面积，清理镇区河道……层层推进，古镇保护进入了有序有节的"保护"轨道。随着保护与发展思路的宽度和深度上的进一步提高，1992、1994、1996、1997 和 1999 年镇政府都在前一次规划编制的基础上分别对总体规划作了调整。1996 年的规划提出了"把周庄建设成为依托古镇，发展以旅游经济基础为主的城市化集镇"的总目标，高起点、高标准、高水平地构建小城镇功能，严格保护古镇和延伸镇区，促进旅游业及各行各业的发展，进一步改善生态环境，让农民过上"与城市生活条件无多大区别"的生活。

1997 年，镇政府再次邀请同济大学的多名规划专家编制了《周庄古镇区保护详细规划》（该规划在 1998 年被建设部评为优秀勘察设计一等奖），目的是把周庄古镇的保护提升到与保护历史文化遗产的国际水平接轨的高度。因此，此次规划的基本点是"充分协调保护与更新改造、开发旅游、改善居民生活之间的关系"；中心主题是"保护祖国优秀的历史文化遗产，保护独具特色的反映明、清及民国初年浓郁的江南水乡风情的风貌景观，充分挖掘古镇文化内涵，使之成为国家历史文化名镇，申报联合国世界文化遗产"。

周庄的成功不是偶然的，完善而优秀的规划较好地处理了文化遗产保护与旅游开发、与改善居民生活的关系，即旅游业的开发要十分注重文化遗产的继承和发展，要十分注重人文生态的进一步意义上的延续，在更高的层次上对古镇保护发挥了决定性的作用。

有鉴于规划起到的良好的作用，周边的南浔、西塘、乌镇等水乡古镇也都聘请了资深的规划机构，启动了规划先行的大规模保护与开发活动。

2.8.3　城市大规模开发项目建设的经济和技术条件分析

并非所有的大规模开发项目都能如期望的一般，给城市发展和建设带来正面效益，相反，有些大规模开发项目不仅不能起到改善城市面貌、提高城市运营效率的作用，甚至有可能带来负面的影响。

上海市某区在前几年房地产业迅速发展时未经周详的策划便提出在该区中心处建设以雕塑广场为主题的大规模建设计划，但由于市场、区位、环境等多方面的原因使得项目建设计划流产，不仅耗费了大量的人力、物力，还造成了很坏的影响，影响到以后的房地产开发和招商活动。

另外，台湾某著名地产集团（曾因在香港开发过阳明山庄高级住宅区而闻名）在上海东北某区开发建设大规模的高档外销高层住宅项目，预计占地数十公顷，建筑规模超过百万平方米，其设计由美国著名的波特曼设计集团及某著名大学建筑设计院合作完成。但是，由于该区域是传统的工厂地区，区域范围内缺乏配套设施，难以吸引购买高标准外销住宅的买家，3幢大厦完工后装修房销售价格从开盘时的起价1180美元（约合人民币10000元）/m²，逐步降为5000元人民币/m²左右，并附带按揭、赠送进口家具等促销措施，并将部分楼盘改为出租才勉强支撑，至于悬挂在售楼中心墙壁上那幅规划图所描绘的宏伟的二期工程也就遥遥无期了（图2-15）。另一外销商品房项目紧邻公园及所在区域的商业中心，然而所设计的房型套用香港的小厅、小卧设计，主要朝向为东西向，朝南除了摆放空调的小窗洞外，几乎都是墙面，根本不符合当地居民的居住习惯和偏好，结果外销的装修房售价从1100美元/m²跌至5000元人民币/m²，其后更将其中一幢出售给高校教师，售价竟不到4000元/m²（图2-16）。

　　这些项目都曾经进行过详尽的方案设计，其描绘的动人蓝图，也让人怦然心动，但规划的二期建设依然只是"墙上挂挂"、难逃失败的厄运，其原因已经不只是设计方案的图面好坏可以决定的了，更主要是由于市场状况的风云变幻，而开发者对开发项目的市场定位、消费者实际需求等缺乏研究，项目规划中对开发活动的策划工

图2-15　破旧工厂区中的高档外销房　　图2-16　没有一扇南向大窗的高档外销房

作也不够。

如何适应消费者的需求是城市开发项目建设面对的首要问题，需要在规划及设计中予以良好把握。城市大规模开发项目的建设有其自身在经济、技术、市场等方面的规律和要求，迫切需要深入研究其规律并在实际的建设与开发活动中予以遵从。

城市开发建设项目在规模大型化、种类多样化、技术难度复杂化等方面的趋势以及瞬息万变的市场状况，使得项目前期策划工作的重要性日益被人们所认识，而投资主体的多元化也使私人、企业、金融机构等社会实体和政府部门共同参与到城市建设与开发项目中成为可能。据报道，民营的广东安城路桥投资有限公司经过多年对大型城市路桥基础设施项目建设的关注后，与广州市建设投资发展有限公司签订了合作经营广州广园东城市快速路的合同，首创了国内民营企业参与城市大型基础设施建设的先河。❶以上市发行股票或者债券的方式等募集建设资金的方式就更多了，这些投资主体的参与，更加强调了前期策划工作的重要性，加强了对前期策划工作科学性、实用性、准确性的要求，因为城市大规模开发建设项目的投资额如此巨大，少则几千万元，多则数十元、上百亿元，一旦由于前期策划工作的疏忽而造成投资决策失误、项目失败或不够理想，可能会给投资者带来毁灭性的打击，给城市进行其他项目建设吸引投资时带来困难。因此，在城市大规模开发项目建设的规划工作中，要加强对市场供求、营销策略的关注，做好策划工作，同时，从促进建设与发展的角度完成规划管理工作的配套服务职能。

2.8.4　国内外大规模开发项目案例分析

本研究进行过程中参阅了以下几个国内外的大规模开发项目案例❷，在分析城市大规模开发项目的环境因素的基础上，本书对案例中影响项目成败的关键因素进行了归纳总结，见表2-21。

---

❶　报刊文摘，1999-04-12.
❷　由于资料的限制，本书引用的几个国内外大规模开发项目案例中，有些并不一定是城市级的开发项目。

案例中影响项目成败的关键因素　　　　表 2-21

项目名称	影响项目成败的关键因素
黑山 2 号核电站	项目前期可行性研究做得细致、严谨，为实施时采用固定总价合同打下了基础； 在设计阶段，对遇到的不能确定的技术问题，准备了相应的替代措施； 设计阶段的项目管理工作进行得比较顺利； 在项目财务风险管理和市场预测工作中，信息充分，方法得当； 虽然核能运用受到政府严格管控，但该项目政府的约束条件还是比较宽松的； 项目采用固定总价承发包合同，在投资控制方面创造了便利； 管理组织中职责分明，信息通畅
协和飞机研制项目	项目可行性研究报告中对市场的分析过于乐观，项目前期做的投资估算缺少必要的理论依据，实施过程中，投资控制也没有有力的措施，致使项目超投资幅度较大； 在确定项目目标时，缺乏必要的数据、资料信息作为依据，致使工程设计阶段出现数千处的更改； 由于工程技术和英法两国双边关系的影响，项目管理组织的协调工作难度高； 项目中反映出比较明显的政治意图，使得项目目标比较脆弱，一旦发生政治风波，项目承担巨大风险； 由于项目的技术风险大，大多数制造商选择浮动成本合同； 在项目的合作协议中对管理组织机构作了明确的规定，一方面有利于机构的稳定，另一方面也为克服操作过程中遇到的官僚作风制造了困难； 项目管理组织中信息流程不合理； 项目的领导者偏向于技术型，缺少应有的管理能力
美国纽约贝特瑞公园城开发（Battery Park City，BPCA）	1968 年即成立了贝特瑞公园城管理当局开始项目的计划和建设，由于当时的州长与纽约市长对开发方式的分歧，项目拖了 10 年，在 1979 年接近破产。 新的规划、融资及吸引私人投资商参与的方案吸引了投资商参与建设世界金融中心项目，确保了金融远景。 在政府公债的帮助下开发机构拥有了该项目中的所有用地，其为发展而制定的严格的设计指南保证区内充满了宜人景观和十分协调的总体环境（它的设计指南和公共空间被认为是 20 世纪 80 年代最引人注目的成就之一）。 项目建成时成为纽约最富有魅力和最昂贵的办公区。 建筑评论家一致称赞这一整体设计方案和传统的网格式街道。 地铁、公共汽车、火车及一个新的轮渡服务设施相连使这个规划在可达性和流动性这两个规划中常为人们关心的问题上取得了成功。 除配套设施外，所有的建设都是由政府分别谈判协商确认的私人开发商承造。 这个项目得到的是利润而不是征税，大多数的利润转化为城市资金。 除了一些公园规划外，贝特瑞公园城没有实行任何公众的参与。 它的商业和居住房屋是专为美国最富有的公司和家庭建造的，尽管任何一个行为端正的人都可以在日常使用它的公共设施。 将公共基金用于创造为金融服务及高收入居民使用的努力。 总体上经济成倍增长和为公众提供宜人环境成为它的独特之处。 它开发的特点和地理位置意味着公用设施的使用可能是严格限于某些特定阶层的人使用的；它们都是由那些代表商业利益、保密而不提倡公众参与的机构所经营的

项目名称	影响项目成败的关键因素
英法海底 隧道项目 （1960~1975年）	英法两国分别单独地进行项目的可行性研究，内容、观点不统一； 两国的项目技术意图和项目的基本目标都比较明确，但项目的具体目标之间有不少相互矛盾的地方； 项目实施期间，英国工党政府坚持增加高速列车的建设内容，致使1975年项目中止； 项目由英法两国联合投资，项目资金分配不均； 在两国的项目合作协议中，双方都保留中止项目建设的权利，给项目的最终实施留下隐患； 由于英国社会对项目强烈的反对意见和英国政府的更替，项目失去应有的政府支持，这是项目在1975年中止建设的直接原因； 项目由两国分段建设，缺乏一个统一的最高决策层； 英国铁路部门作为一个重要的项目参建单位，在英方的项目管理组织中却没有相应的决策权力
英国伦敦码头 区开发（London Docklands Development， LDDC）	是20世纪80~90年代西方最大的公共投资开发项目； 自1971年开始论证，但未能够吸引足够的投资兴趣； 1981年撒切尔政府出于政治考虑介入项目，成立了凌驾于地方政府之上的联合开发机构；半独立的单一开发机构控制着大片土地，使规划的全面性和综合性充分展示出来； 港区的开发以政府意愿代替市场的可行性，因此当政府同时在伦敦市中心的King's Cross着手建设另一个巨大商业项目的时候，市场显示出供给过剩的迹象，在20世纪80年代末开始的伦敦不动产市场崩溃中项目陷入困境，至今仍未有盈利； 高级办公楼和住宅的发展是该项目的开发重点，因此并未给该地原有居民带来适合他们技能的工作岗位，因此遭到当地社区组织的严厉批评； 城市开发公司对英国伦敦码头区开发的机制将居民从规划过程中排除在外，当地居民将英国伦敦码头区开发视为一个企图进行改造以使该区域适合中产阶级的外来机构； 它的住房战略则意味着与原有居民在价值观、政治倾向以及收入上完全不同的新来者最后将成为人口中的多数； 衡量项目的成功与否和职员的工作成绩采用与私人公司同样的标准，即以每平方英尺（约等于0.0929m²）吸引的建设投资及产生的税收为标准； 投资者的兴趣和口味被放在首位，而余下的公众必须接受开发机构与开发商谈判后达成一致的协议
美国巴尔的摩 内港区再开发 （Baltimore Inner Harbor Redevelopment）	建立有跨部门的协调及后统筹开发活动，涵盖规划、设计、开发建造、租售、运营管理等； 联邦政府和市政府先期投入用于土地开发前期准备，然后吸引私人资本投入； 政府通过周密的论证，确认市场需求； 政府通过合理的开发步骤，引导开发活动跟随规划的城市发展空间布局； 加强市场调查，并根据市场调查结果对项目的需求来确定开发内容及步骤； 公共招标方式要求的开发方案包含设计方案及开发的构思与步骤企划； 鼓励开发机构和规划设计师的密切合作，增加了方案的可实现性； 开发方案经过大量公众听证，吸取了各方意见，并有助于消除来自各方的矛盾

项目名称	影响项目成败的关键因素
美国费城的东市走廊项目（Philadelpha: The Gallery at Market East）	当地的私人开发商与政府之间在主要条件上积极携手合作，从而实现不凡的成就； 城市的长期规划（Edmund Bacon 早在 1948 年就开始为费城进行构想）展现了长期性战略眼光的价值，确保开发可行，从而促使私人开发商愿意尊重城市规划中的许多关键要素； 项目的开发必须创造品质良好、多样化、美观、温馨、欢愉的市中心； 政府应采取必要步骤以保障事业的成功，如土地的整合、建筑物拆除、市政管线的提供与必要的迁移，并适当减低土地价格； 费城具有许多独特的有利之处，有良好的郊区运输系统，新房与二手房的成交量稳定增长，以供应中高收入家庭在近市区居住，使相当数目的人口集中于市中心外围； 为了树立品质以确保成功，增大了部分成本； 实施开发的私人开发商在建造与商场所有权上作了大幅度的放弃以换取较少的风险； 全国没有任何一家银行愿意将长期贷款贷给自主参与项目的私人开发商； 城市旧城改造在本质上不吸引私人投资者，在规划、土地整合、财务计划、土建、营销及后续管理方面都面临问题； 开发范围内的大型百货公司承诺继续留在市中心，并愿意投入大笔资金予以改造

根据城市大规模开发项目的特点，结合表 2-21 对案例的分析，对影响大规模开发项目的关键因素汇总如下。

（1）项目目标和前期策划

① 规划越早介入项目、规划中越尊重市场因素，越容易得到开发者的认可，项目成功的可能性就越大，规划也越可能得到实施而获得成功；

② 市场需求与开发机构目标、项目规划与设计、项目建设及后续管理之间的一致是整体项目规划策划的前提；

③ 项目的目标定位要分阶段、分层次，并考虑未来的动态变化；

④ 项目实施过程中，城市交通调整、财政安排等客观制约条件要予以充分考虑；

⑤ 参与项目建设各方的态度及其之间利益分配的协调很重要；

⑥ 要有必要的事实或理论依据来全面定义项目目标，目标表达清楚；

⑦ 在项目可行性分析时，充分估计政府领导人更替、宏观政策

变化、市场变化等政治及资金因素对项目目标实施的影响，并考虑适当的应变措施，即对政治风险、政策风险、市场风险要予以充分预计；

⑧ 充分重视社会舆论及媒体对项目的影响；

⑨ 注意防范规划、决策、策划失误可能带来的负面影响，并制定防范措施。

（2）政治、社会、环境因素

① 政治、社会、生态环境及其他项目外部环境因素从根本上决定了项目的成败；

② 项目立项前，应认真分析与项目有关的社会经济、政治状况以及社会群体的心态；

③ 项目建设需要与城市中长远发展规划相适应；

④ 城市大规模开发项目的成功实施，需要创造品质良好、多样化、美观、温馨、欢愉的城市空间，这样才能吸引更多的人群使用项目提供的产品与服务，才能吸引更多的投资商参与到城市开发建设的投资活动中来；

⑤ 如果政府与企业或私人联合投资，意味着项目目标和利益倾向的多样性，为后期实施带来困难；

⑥ 制订行政保障和立法保障措施以配合项目的顺利进行；

⑦ 妥善处理、协调好项目与社会群体的关系，在各阶段均做好公众参与工作；

⑧ 协调好与各级政府的关系，即项目与所在区域的关系；

⑨ 在涉及外资的项目中，要考虑国际政治关系、经济关系以及民族感情因素的变化。

（3）项目投资

① 及时跟踪、分析项目实施背景的变化对项目目标、投资的影响；

② 吸引对项目本身（社会效益）有兴趣而不仅仅关注项目投资回报率的投资商；

③ 在项目的投资风险分析中，要明确担保行为和政府担保措施❶、

---

❶ 现在上海不鼓励保证 15% 固定回报的房地产项目，尤其是各区政府，其重要原因就是政府担保容易给政府造成许多难以预计的财政难题。

业主责任等，同时考虑到通货膨胀因素，充分估计汇率的变动；

④ 资金来源要稳定，并做好必要时中止项目投资的准备，即项目停工等待。

（4）项目设计和技术

① 面临重大的社会或经济变动时期的项目设计方案中需要准备必要的多种方案与替代措施，以应付不同情况的出现；

② 涉及项目定位的重大前提应该保持持续性和稳定性，但一旦有所变化，规划与设计必须迅速调整以配合；

③ 在设计方案未作最后定论前，认真全面检查设计方案；

④ 加强设计阶段的管理，在项目的各个阶段，慎重对待设计的更改；

⑤ 认真做好有明显依存关系的技术因素的协调工作；

⑥ 不断地修改方案的结果可能使原有设计亮点全无踪影，因此设计一旦完成，就应"冻结"设计工作，以保障设计者初始构思的闪光点不被轻易地抹掉；

⑦ 每一细节的设计错误，都将有可能影响到项目的投资和进度。

上述 29 条关键因素是在项目案例分析的基础上整理出来的，关系城市大规模开发项目的顺利实施和成败，图 2-17 对这 29 条因素进行了归纳。项目策划与规划的任务就是抓住这些因素，着重考虑，在充分了解市场需求的基础上加以规划整合，形成对大规模开发项目建设的指导纲领。同样，政府的规划管理机构也需要有策划的观念与方法，既能策划本地区的发展，又可对区内的开发建设项目加以正确的引导。

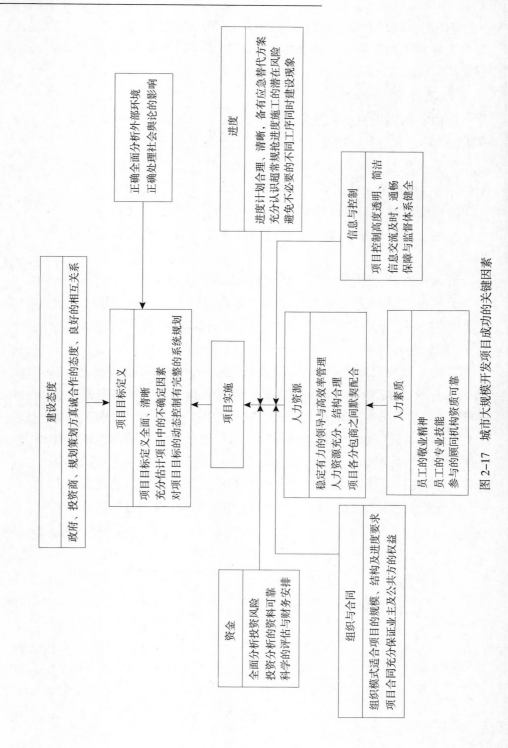

图 2-17　城市大规模开发项目成功的关键因素

3

城市开发策划理论的提出

3.1 城市规划理论与实践发展的现状及评述

要促进城市规划学科理论建设，有必要先了解城市规划学科理论与实践的发展现状。

从美国规划学科的演变来看，规划理论已经演化为三个方面：①规划学科自身的基本理论；②研究城市问题的城市社会学等理论；③研究专项规划的交通规划、住房规划等理论。

1996 年出版的《规划理论探索》（Explorations in Planning Theory，Mandelbaum et al，1996）被公认为是 20 世纪 90 年代美国规划理论界的总结。该书在篇首第一章，就界定出规划理论要解决的两大问题。一个问题是"知识和权力的关系"（Knowledge and Power）。例如，不少当权者虽然收到了规划师提出的政策建议或设计方案，但是最后决策仍然多基于政治考虑（诸如上下左右政府间的关系、人际关系、与个人仕途的关系等），这种"决策政治化"的结果是大大减少了知识在决策过程中应该起到的作用。另一方面以知识来帮助滥用权力也是需要努力避免的，防止规划师以技术的手段对有问题的决策盲目依附，甚至在权钱交易中推波助澜。另一个问题是所谓的"知识❶和行动的关系"（Knowledge and Action），其核心是如何把知识转化为实践行动。例如，把调查研究获得的信息转化为规划方案，并付诸实施。这个问题在中国显然也十分重要，尤其是在规划实施方面，如何加强规划方案的可行性与可操作性是当前规划界最为关注的问题之一。

"城市统治体制理论"（Urban Regime Theory）是当今美国规划界占主要地位的城市发展理论，其主要倡导者之一斯通（Stone）认为"合作体制"（The Corporate Regime）是最可能获得成功的城市发展政策，其具体表现是：政府以税收优惠等政策积极吸引房地产、工商业投资，以高效益的经济增长为主要目标，社会公平放在次要的位置，而资本势力控制了资源，政府需要借助、甚至仰仗资本的力量来发展城市。

---

❶ 实际上，这里的 knowledge 也包括 Technology（技能，即现有规划技术），政治决策也是一种知识的体现。

这一论断不仅在今日的美国绝大多数城市成为事实，而且随着国际化、全球化的发展，以及跨国企业的迅速发展而成为实行市场经济体制国家的普遍现象。权力和资本结合组成了"增长的机器"，促使城市经济增长，城市建设向郊区蔓延。规划制定时，就已经充分预计到权力和资本的结合对城市发展的决定性影响，并在规划制定、审批以及项目实施时得到反映。❶

我国和西方国家的国情差异很大，依靠社会主义制度的优越性和广大规划工作者的工作热情，城市规划工作在解放初期协调大规模的工业建设与城市建设的关系中，以及"十年动乱"后至20世纪80年代初的恢复时期，取得了较好的效果。但是随着市场经济机制的引入，城市发展的政策取向及其产生的后果上已经出现了一些和国外的相似之处，规划师逐渐发现自己在从业时有时有些力不从心的感觉。一方面，某些地方行政领导的行政干预和开发商的"巧取豪夺"使城市规划的管理、编制和实施过程中都遇到了冲击，市场出现开发商"俘获"的现象。❷❸针对这种现象，虽然从政府到规划师都不断地编制各式各样、各种层次的规划，但是真正得到贯彻实施的极少，规划工作难以起到指导城市建设的权威性作用；另一方面，宏观经济政策转向以市场机制作为配置资源的主要方式后，面临市场的变化趋势、日益增多的各方需求偏好，规划师已有的专业知识不敷使用，不仅缺少社会、经济、环境及市场等其他专业的知识，对于城市规划自身范围内的规划管理与实施都研究得不够透彻，规划方案是否具有可行性与可操作性，乃至城市规划学科的科学性及其对于社会的根本作用都受到普遍的质疑。

我国城市规划与实践现状中反映出来的问题，一方面需要规划工作者加强原有城市规划理论的研究和深化，特别是针对目前存在的"重规划自身的设计技术、轻实施与管理的研究"的现象，需要尽快充实管理、策划等方面的理论与技术，真正把规划设计、规划管理以及规划实施活动联系成为一个促进城市良性发展的工作整体；另一方面更

---

❶ 张庭伟.迈入新世纪：建设有中国特色的现代规划理论 [J]. 城市规划，2000（1）.

❷ 前文提到的武汉"外滩花园"项目就曾经缴纳所谓的防汛费几百万元并得到了省政府专题会议讨论的认可。

❸ 王立民，耿毓修.上海城市规划，1999（2）.

需要我们从其他相关的学科中汲取有益的成分，使城市规划理论和工作方法在多学科交叉研究的环境中得到更快的发展和完善。只有了解了游戏规则才能参与游戏，才能玩好游戏，才能指导游戏，而不会像不懂得足球规则的教练与裁判去盲目指挥、盲目控制球员的发挥。同样，只有真正了解市场运行的规律，了解消费者的真正需求，了解其他相关学科的理论与方法，才能够将城市建设的各相关方面统一在城市规划的"龙头"下，真正起到引导和调控市场、指导城市开发与建设的作用。如果把规划工作中需要考虑的各个方面内容都推给各个专业的人士来研究，比如把资料收集与分析工作推给统计和社会调查部门，把管理与实施方面的内容与工作全部推给管理专业去研究，把市场需求问题推给市场研究专业去研究，城市规划怎能起到综合协调的作用，又怎能确保规划方案的可行性和可实施性呢？没有在规划、设计、管理以及实施的全过程中全面而仔细地调查与深入地分析，就不可能形成最优的规划设计方案，也不可能提供有效的规划管理，实现促进经济与社会发展的目标。因此，要实现城市规划师崇高的职业理想，必须改变观念，去探索新的工作方法和思路，唯开发商是从或者仍然对计划经济体制下的工作方式念念不忘都不足取。

3.2 城市开发策划的提出

经济和社会形势的变革导致了近现代城市规划理论的诞生，也是我国城市规划理论和实践进一步发展的契机与推动力，新兴产业的涌现和可持续发展思想的日益普及则是促使城市形态和功能不断发展变化的动力。随着新世纪的来临，全球一体化以及中国加入世界贸易组织（WTO）给中国的城市发展带来了机遇，同样也给城市规划工作者提出了新的课题，带来了来自国外城市规划同行的竞争和挑战。

在城市建设与发展过程中，纯粹的"市场导向"与"供给导向"思想都存在局限与不足，规划应该引导二者的协调发展。在城市公共功能的提供方面强调"供给导向"，充分发挥城市规划的引导作用与公正性，在市场化机制能够充分发挥作用的领域则应该贯彻"市场导向"的思想。

城市开发策划理论就是在这样的背景下提出的，旨在真正理解市场经济体制下规划实施中必须涉及的"最高权力"——即市场的实际需求❶，通过借鉴市场营销等方面的思想与理论，运用系统分析和系统评价的方法，真正理解市场经济机制运作的规律以及可能给城市建设与开发活动带来的冲击，从认识城市发展矛盾的一般性问题，深入到矛盾的特殊性，具体应用于城市建设与开发项目中。只有这样，规划才能真正为社会进步、为城市建设与发展出力。

进入新的发展时期，我们面临的问题与挑战更加复杂，如何在城市竞争日益加剧的今天，有效推动城市发展？如何运作城市的土地与空间产品，做到既增加城市建设的收入，又要降低城市的运营成本？既满足居民不断提升的物质文化和人居需求，又减少资源消耗和对环境的冲击？在经济全球化、区域一体化的背景下，如何实现产业结构特色，并与周边城市实现差异化与互补性发展？在城市面貌趋向"千城一面"的今天，如何体现城市的个性和特色，彰显城市独有的历史文脉和文化主张？

城市的大规模开发是城市开发活动中的重要组成部分，由于其具有的建设规模巨大、技术及社会风险大、生命周期长、对环境有重大影响等特点（详见前文 2.5 节），在城市的经济和社会发展中占有重要的战略地位，一旦有所失误对社会可能产生的反作用也十分巨大。因此，著者撷取了大规模开发项目这一最重要的城市开发建设种类、同时也是关系到城市规划构想实施的最重要方面，作为城市开发策划理论研究与方法运用的主要对象。

城市的大规模开发项目除了涉及一般项目自身的筹备、建设和运营管理外，还会涉及更多关于项目统筹、组合、市场研究、消费者分析、营销等多方面的问题。经过几十年计划经济体制下的建设实践，我国大型基本建设项目的建设已经形成了一整套的工作程序与方法，在项目立项前必须进行可行性研究和评估，包括针对项目建设的经济、社会、环境条件等方面的分析以及项目建设经济效益的评价，并作为项

---

❶ 著者认为，市场的真正需求是市场经济体制下城市发展中具有最终决定权的"权力"，既不是政府领导的意志或者开发商的意志，更不是规划设计者的美好心愿。

目规划设计与建设的依据。随着参与大规模项目建设的利益主体日益多样化，随着城市的建设、管理与经营中更多地引入企业管理和经营的方法，为了确保项目适应市场需求，为了更好地沟通开发者与规划设计者、规划管理部门之间的联系，同时也为了提高城市规划实施过程中的可行性、可操作性以及对建设项目的控制能力，需要加强城市大规模开发项目的规划策划工作。

3.3　城市开发策划与城市规划

"策"，本义指竹制的马鞭（头上有尖刺），引申为驾驭马匹的工具，包括缰绳之类，并进一步引申为策略；"划"，筹谋，同"画"，如出谋划策、筹划。

策划，最早出现在《后汉书·隗嚣传》中的"夫智者睹危思变，贤者泥而不滓，是以功名终申，策画复得"之句。其中，"画"与"划"相通，"策画"即"策划"，意思是计划、打算。"策划"起源于军事领域，其赖以生存的基础是竞争的社会事实，可以说，没有竞争的存在，也就无所谓策划了。东汉末年，刘备能从诸侯混战中不断依附他人开始，建立独霸一方的蜀国政权，形成三国鼎立的局面，诸葛亮功不可没。未出茅庐的诸葛亮在《隆中对》中，针对当时的天下局势，从战略高度向刘备提出了谋取天下、复兴汉室的建议，是刘备集团得以称雄立国的基础，也是战略策划的典范。而官渡之战、赤壁之战、夷陵之战均为以弱对强、以少胜多的典型战役，经过周密的策划，弱者战胜强者，赢得战争。

随着竞争已不再局限于军事、政治和外交领域，策划也从科学、技术、艺术、文化的角度，在经济、社会、文化、艺术、体育等领域得到应用，可以说是一门涉及许多学科的综合性科学与艺术。

我国过去曾经有"规画"一词，作为打算、谋划之意，而"规划"一词用于城市规划的领域始于 20 世纪 50 年代。作为动词使用时，规划相当于英文中的（to）plan，作为名词使用时，既可以指代规划行为本身（planning），又可以指代规划工作的产品（product），即"plan"。一般所说的城市规划（City Planning）就是对应了第三种意义。另一方面，"规划"与"计划"通常情况下是作为可以相互代换的同义词存在的，英文中对应的是同一单词（planning）。从定义的范围来说，规划是与任何个人和社会同在的人类基本活动，是有目的地对人为事物进行预见的活动。❶规划现在已经成为政治学、经济学、管理学、决策科学等多学科共有的关键词。

3.3.1　策划和规划的共同点

古人云："凡事预则立，不预则废"。预，就是指预测、准备、策划。

根据已经掌握的信息，推测事物发展的趋势，分析需要解决的问题和主客观条件，在行动之前，对指导思想、目标、对象、方针、政策、战略、策略、途径、步骤、人员安排、时空利用、经费开支、方式手法等作出构思和设计，并形成系统、完整的方案，这就是策划。简言之，策划就是为行动谋划合适的方案。策划的过程就是发现问题、寻找对策的过程，行动目标、战略、途径、方法、计划等在这一过程中提出来，这些对加强和改善内部管理也很有帮助。

规划，被当做是一种"过程"现在已经成为共识，但是在规划是否只是决策过程的一部分，还是应该包括实施行动方案的问题上，现在并没有得出一致的看法。相形之下，理论界则一致认为策划一定要包括实施行动方案。

Y. Dror 直截了当地主张"规划是政策科学的一部分"，试图说明规划是通过一系列的选择来决定未来行动最佳方案的过程，包含了对未来的预测、备选方案评价以及行动方案推荐等几个方面的特征与阶段。❷而 A. Wildavsky 则认为"规划是控制我们行动结果的尝试"，即规划不仅停留在选择实现目标的途径上，本身它还是实现目标的一种行动方式，在参与政策实施的过程中发挥作用。

我们认为，规划包括了如何更好地控制未来行动方向的特征，它既不是单纯的决策过程，也不是某一类特殊的实施行动，而是连接决策过程与实施过程的特殊媒介，具有面向未来，同时通过具体问题的

---

❶　张兵. 城市规划实效论 [M]. 北京：中国建筑工业出版社，1998.

❷　张兵. 城市规划实效论 [M]. 北京：中国建筑工业出版社，1998.

解决来不断逼近未来目标的特征。

城市规划的思想产生则有数千年的历史。在中国古代社会，由于生产力发展水平较低，城市建设的规模除了少数都城外，一般规模不大，但是其建设与发展过程都凝聚着建设者的规划思想。不论是《周礼·考工记》中记载的"匠人营国，方九里，旁三门，国中九经九纬，经涂九轨，左祖右社，前朝后市，市朝一夫"，还是管子所代表的"凡立国都，非于大山之上，必于广川之下，高勿近阜而水用足，低勿近水而沟防省"、"因天时，就地利，故城郭不必中规矩，道路不必中准绳"，这两种不同的规划思想作为最原始的规划思想交织存在，给我国古代城市的建设奠定了基本的格局，并在接下来数千年的封建王朝中得以延续，在各朝代都城建设的实践中我国劳动人民更是结合实际完善了这些理论，创造了许多实施的方法，实现了城市建设与规划从理论到实践的飞跃。北宋真宗年间丁渭在主持修复汴梁皇宫的过程中就运用了我们今天称之为"系统思想"的方法，根据收集掌握建设中各相关环节的关系，根据建设的目标制定了一举三得的行动方案❶（例3-1），这完全符合策划的基本程序和方法，应该是古代城市建设与规划方面策划活动的一个典范。

例3-1 丁渭修复北宋汴梁皇宫的系统思想

北宋真宗年间，汴梁（今开封）皇宫焚毁，皇帝命令丁渭主持修复工作。他仔细研究了施工过程的各个环节及其内在的联系后，从整体出发作了全面的安排，提出了一举三得的方案：

（1）先于皇宫前大街挖土烧砖，就地取材，并获得了"副产品"——沟渠；

（2）引汴梁河水注入沟渠形成运河，取得了廉价的水运；

（3）将废土瓦砾、施工垃圾回填于沟内，修复了大街。

近现代城市规划理念的提出是基于对城市建设与开发活动的预测与谋划，在认识到仅仅描述城市发展静态的美好蓝图是不够的以后，城市规划者开始在注重城市发展目标的同时，强调目标的实现过程与方法，即城市规划是在城市发展过程中提供空间发展战略、控制土地

---

❶ 陈秉钊.城市规划系统工程学[M].上海：同济大学出版社，1996.

使用及其变化的"决策—实施"连续统一体。

从具体项目的层面上说，策划正是规划实施过程中针对具体项目而作的谋划，其重点不仅包括了调查、研究阶段的分析，还要研究规划后的实施活动和与之相配套的相关政策，是连接规划理念与实施之间的纽带。从这一点出发，城市规划就是针对城市发展与建设的策划活动，是预测城市发展方向、制订发展目标以及如何实现既定目标的途径的活动。

从现代城市规划与策划的本体论角度看，规划与策划也有共通性。

"策划"是策划者帮助被策划事件的主体（委托策划者）确定被策划事件的目标，以及制订实现该目标的措施的谋略活动，它所针对的被策划事件（策划的客体）可以上至国家发展大业、下至某一具体建设项目，涵盖人类社会生活的政治、经济、军事、文化等各个领域，从这种意义上来说，各行各业都存在适合各自特点的策划活动。"城市规划"从根本上来说也是为城市正常发展及与发展有关的各种建设活动制定目标，以及为实现这些目标而制订实施措施的活动，它不是"终极"的概念，而是存在着包含时间过程的"四维"特性。

因此，好的规划既可以为城市经济发展创造条件，同样也能提高"需求导向"的城市经营性开发活动的成效。而要做到适应市场需求，城市开发策划与城市规划的关系是紧密结合的，城市开发策划能够分析规划构想的各种可行性，以及各自实现的途径，引导城市规划在设计、管理、实施等各个方面的深入，同样，在城市规划的实施过程中出现的问题需要反馈以便在动态的城市开发策划进程中及时调整，作出正确的决定。这样的规划从本质上说是各层次策划活动中的一部分，即①关于制定城市发展目标、促进城市健康发展和安排各项城市功能与布局的策划活动属于战略与总体规划阶段，这一阶段主要确定的是方向上的问题；②控制性详细规划与城市设计是策划活动中具有操作性的规划阶段，是为落实总体规划的思想、意图而制定的，在目前的城市规划管理体制下，便于实施规划管理；③修建性详细规划是对建设项目的具体安排，并作为项目各项工程设计的依据；④具体的项目规划管理则是城市政府为保障总体规划、详细规划的落实而以各项技术标准为依据、以行政干预为主要方式介入、针对更加微观层面的管理方式，它与建设项目的规划设计一起，成为从政策面、市场面、技术面的角度保障项目建设顺利进行的策划活动。

3.3.2　策划和规划的不同点

3.3.2.1　从城市建设的现状和城市规划的制定过程来看

现有城市规划中依然侧重对规划期限内城市发展与建设最终结果的描述，对其中各项建设活动的安排并不考虑实现的方法与过程，尤其是对市场机制的作用下，城市建设项目的产品价值实现过程考虑较少。城市开发策划则是针对规划本身进行包括社会、环境、经济等因素在内的策划研究，注重城市开发建设的全过程以及在城市规划指导下项目的具体实施。

城市规划与城市开发策划的关系在于：城市规划具有强制性的特征，是城市大规模开发活动的指导性政策文件，城市开发策划则将城市规划中的指导性控制原则应用于具体项目，是结合项目自身需要的行动方案与准则，也是落实城市规划思想的桥梁。

3.3.2.2　从出发点来看

城市规划是站在政府和公众的立场上，从城市发展的全局出发，以国家和全体市民的利益为出发点所作的规划，强调社会公平。而城市开发策划则是一种项目策划，是接受开发机构委托，站在开发机构的立场上，从相对局部的角度出发所作的一系列行动计划，虽然有时同样要考虑与城市发展的总体目标相一致以及与全体市民的利益相协调（如战略策划），但其侧重点要随着开发投资方的利益选择而有所不同。

3.3.2.3　城市规划相对稳定，而城市开发策划是动态的

虽然规定了城市各类土地的构成、用途、位置、主要基础设施的位置与走向以及全市范围内的社会公共设施布局，但由于规划制定的复杂性，审查、审批制度的严格性，调整、修改程序的复杂性，以及作为指导城市发展的法定文件而必须保持的相对稳定性，它对于城市飞速发展的经济形势以及这种发展给城市建设和开发所带来的新问题、新变化难以充分考虑，经常呈现滞后的状态，因而属于静态产品。而开发策划是随项目的产生而产生，并且要求尽可能多地考虑和跟踪经济形势、城市建设、市场发展中的种种变化，针对每一项目制订规

划策略及应对举措。

因此，在城市规划的制定过程中不应该也不可能对具体项目层面的东西过分关注，而应该将规划思想在每一具体项目上的实施交给具体项目的开发策划去做。

3.3.2.4　项目目标的内涵构成

城市规划对规划目标的成本内涵通常考虑不够，即没有充分考虑实现开发目标所需的资金成本以及融资渠道。同时，对不同规划方案的比较选择中缺少经济评价的环节，而城市开发策划则恰恰相反，它不仅需要考虑开发项目的成本费用效益，分析其开发成本和项目的潜在价值，而且需要进行融资方案及市场营销的规划，从经济效益的角度出发，兼顾社会、环境效益，作出项目综合效益的可行性评价。

3.3.2.5　从实现目标的可行性来看

由于建设体制的原因，城市建设与开发的主体通常不是进行规划控制的规划管理部门，因此开发投资方无法直接利用城市规划的成果，而需要在城市规划的基础上，根据自身项目开发建设的定位，结合市场上不断变化的需求，进行项目的可行性分析、融资分析、技术方案、市场定位等方面的策划，以满足项目实施的需要，实现项目目标。因此其成果中对于市场的调查、分析和预测以及对投融资方案的选择大多是基于开发建设方的利益选择，而非全体社会的利益，因此城市开发策划中需要特别注意对社会长远发展可能造成的不利影响，开发策划工作也是对规划者职业水准和执业道德的一种考验。

3.3.2.6　城市开发策划与城市规划管理的关系

在城市建设活动中，政府城市规划思想的控制职能通过规划管理而得到具体实施。在宏观的层面上，城市规划管理工作要体现政府在城市建设上的意志，根据经济、社会发展的需要，制定城市总体规划，确定城市发展的方向和实施策略，以实现城市综合功能的协调；微观的层面上，城市规划管理工作是指导和规范具体城市建设活动的政府职能，依据制定的总体规划、详细规划，进行日常的"一书两证"管理工作，从城市规划布局方面进行建设用地选址、市政管线工程选线的统筹安排，并根据用地性质、用地指标、建筑容量、建筑密度等技术指标的要求和道路红线控制的要求，进行单项建设

活动的管理。❶

城市开发策划工作始终具有为策划主体的决策提供服务的内容，当接受政府规划管理部门的委托，为城市的发展与建设进行策划的时候，开发策划应该为规划管理提供足够的依据。与规划管理的两个层面相对应，开发策划作用同样应该在两个层面上得到体现：宏观层面上是对城市整体发展的长期动态关注与监控，目的是为城市谋划重大战略方向与思路，为城市重大事件提供全局性的信息综述、决策建议和实施方案，为编制城市总体规划时的基础性研究部分提供素材；微观层面上则是对区域性、个体性的建设项目提供具体的谋划方案，既协助规划管理部门实现项目规划管理，追求区域整体的建设优化，又指导开发投资者和项目的规划设计者进行个体项目的设计与容量、功能、定位等定性与定量要素的确定。

这样看来，城市开发策划活动中需要整合经济、社会、环境、设计、管理等多方面的成果，是规划工作在城市建设项目层面的延续，也是对城市规划的完善。最后形成的体系应该是：城市战略规划以整体城市发展为对象，关注城市长远发展方向，总体规划关注重大的布局与资源问题，确立项目开发的必要性，而详细规划从用地结构、地区性的容量、配套等方面控制、指导项目自身的设计与容量、功能、定位等，而定性与定量的要素则需要由城市开发策划来完成。

3.4 城市开发策划产生的原因

（1）社会生产力发展提供了条件

社会生产力的发展，带来城市在政治、经济、文化及科学技术等方面的进步，另一方面，生产力的发展也带来生产规模扩大化、社会分工复杂化，从而使城市问题更加错综复杂，需要在工作中瞻前顾后、系统思考、仔细谋划，这也给城市开发策划活动提供了更好的条件。

（2）信息社会的需求

当今社会已经进入信息与知识经济的时代，世界每时每刻都发生

---

❶ 上海市城市规划条例 [S]，1995.

着变化，新的知识、思想、技术、方法不断产生，大量的信息给我们进行策划活动提供了取之不尽的精神资源，也正是信息的爆炸要求我们去伪存真、由此及彼地综合思考。

（3）市场机制和全球经济一体化的要求

在计划经济体制下，策划的工作主要在计划阶段中完成，如何实施并非城市规划的侧重点，因此规划中的策划观念相当淡薄。市场经济体制的实行，使行为主体数量增加，行为的自主性增强、自由度增加。而全球经济一体化进程的加快，使城市的发展和城市中的开发建设活动既面临更多的机会，又要面对更激烈的竞争与挑战。为了抓住更好的机遇，为了创造更好的效益，为了在竞争中取胜，也为了规避风险，城市的管理者、设计者以及城市开发活动的参与者需要主动地应对市场变化的要求，进行积极的策划活动，也就是说，**市场经济为城市发展、城市规划以及城市开发策划提供了更广阔的舞台**。

（4）规划决策科学化的要求

理性分析、科学知识和手段的运用使得规划决策活动逐步替代经验化、即兴化、随意化的方式，规划决策和规划设计的科学化、程序化、效能化要求进行完善、可行的规划策划。

（5）规划专业自身发展的要求

城市规划已经不仅是技术的，更是包括了意识和判断（Consciousness and Judgement）的实际活动 [1]，即规划不只是纯技术性和规范性的诠释，而应该强调对外部世界，包括自身使命、价值、行为规范等多方面的认知，同时还是前人规划实践中互动作用的产物。

在实践中，规划与实施、管理脱节以及实施反馈机制（图3-1）不完备的矛盾是城市规划学科发展的重大问题，也是本书着重研究的主题。此外，城市规划工作的法制化、规划理论的完善、规划专业的专业化和职业化发展趋势，都要求加强对规划设计与管理自身的策划。

（6）相关学科理论发展的结果

正因为市场竞争与风险的存在，仔细的谋划是取胜的主要保证。随着进行策划活动的主体越来越多，策划将成为独立的学科存在。相

---

[1] Dalton L.C. Emerging Knowledge about Planning Practice[J]，1989，9（1）.

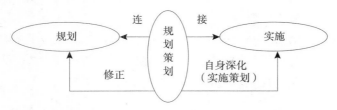

图 3-1 规划、管理、实施的连接与反馈机制

关学科理论（如市场调查、营销、可行性研究、项目评估等）的发展和技术的成熟，使得策划的观念更加深入和广泛地得到社会的接受和应用，也为促进策划学科自身理论与方法的完善创造了条件。

3.5 城市开发策划的定义与分类

根据以上的分析，可以将城市开发策划定义为：以城市及其发展为对象，是旨在为促进城市经济与社会的协调发展、空间与环境的优化以及提高居民生活品质而进行的谋划活动，通过制订可实施的城市发展目标、可操作的城市开发项目、可行的项目行动计划，加强了城市规划的可行性、可实施性、可操作性，针对的重点是城市规划前、城市规划中以及规划后所存在问题的目标选择、调查研究、寻找实现目标的对策与途径等。

按照在实际中的应用，城市开发策划包括城市发展战略策划、城市规划设计创意策划、城市规划管理策划、项目策划，以及由它们构成的规划策划学科等（表 3-1），其中：

城市发展战略策划是通过调查研究，并汇聚多方思想，确定城市发展的长远方向以及相应的布局与安排，制订备选行动方案，为城市重大事件提供全局性的情报信息、决策方案和实施规划，为城市战略规划与总体规划服务；

城市规划管理策划，是为完善规划管理工作而进行的规划策划工作；

城市规划设计创意策划，是为加强规划设计创意的可行性、可操作性、可实施性而准备的；

项目策划，指任何创意、策划、战略、谋略、设计在规划、操作过程中具体化、对象化而成为针对具体开发项目的策划，使一切思想、创意、设计都落实在可行的项目上；

城市规划策划学科，指以策划学的理论和方法及其在城市规划中的应用为研究对象，针对的是城市发展过程中各项涉及城市规划问题的策划活动，即与规划相关的策划活动。

城市开发策划的层次 表 3-1

策划层次	功能	主要服务对象	组织者	对应的规划设计阶段
战略策划	通过调查研究,并汇聚多方思想,进行预测、规划,制订备选行动方案,为城市重大事件提供全局性的情报咨询、信息总汇、决策方案和规划实施,为城市总体规划及远景规划服务	城市决策者(如市长、书记等四套班子)、城市居民	城市人民政府	城市发展战略、概念规划、总体规划
管理策划	为完善规划管理工作而进行	规划部门主管	城乡规划主管部门	控制性详细规划、城市设计
设计策划	规划容量与开发强度策划,是为加强发展强度的可行性、可操作性、可实施性而准备的	规划部门、开发商	规划设计单位	修建性详细规划、城市设计
项目策划	任何创意、策划、战略、谋略、设计在规划、操作过程中具体化、对象化而成为针对项目的策划,一切思想、创意、设计都落实在项目上,为具体的项目设计服务	开发机构	开发机构	项目单体设计

3.6 城市开发策划的性质

首先，城市开发策划不仅包含为后续的城市规划设计及城市规划管理"出点子"的含义，还包括进行策划的过程和具体的实施过程，有些时候还可以作为单独的城市规划咨询工作的一部分而独立存在。就像英文中"Plan"（规划方案）表达的是一种名词性的意念，而"Planning"（规划）表述的是具体思考、研究以及得出规划结论的过程，"Strategic Planning"（规划策划）不仅是结果（某些时候就是一系列的"点子"集合），还包括形成这一结果的动态过程，以及对这一过程的组织。

其次，开发策划也不是决策。"决策"一般被理解为个人和群体为实现其目的、改变环境状况而进行的一种设计、选择和决定其结果，它必须建立在方案设计的基础上，或者还必须有细化方案以便操作执行。如果将规划设计方案的制订与规划管理方略视为决策的话，城市开发策划工作就是城市开发活动决策的前奏和决策后的具体补充与实施方案。

最后，开发策划也不仅仅是建议。建议一般是决策层之外的人士向决策者提出的建设性意见，起一种对决策思维施加影响的作用。因此，建议只要求新颖、有针对性、有一定的可行性即可，而不必很具体和缜密。城市开发策划则要比建议更加完备和具体，更具有可操作性。它是策划的委托者（策划的主体），可以直接应用于决策过程，以及决策后的行动中可以依照的行动指南，是具有可行性、可操作性、对建设活动具有指导性的行动方案。

城市开发策划的实践不仅是规划师和规划机构编制规划、管理部门进行建设管理的技术操作过程，还应包括规划师与城市建设和发展的社会、经济、政治环境之间发生的作用与反作用过程（能动过程）。

好的规划既可以为城市经济发展创造条件，同样也能提高城市经营性开发活动的成效。我国规划界过去往往只注意到经济发展对城市规划的制约，或者是规划对开发活动的一些管制，而没有充分认识到城市规划对经济发展可以起到的能动性推动作用。特别是在市场经济体制下，规划师的决策有可能在促进公共建设的同时，对经营性开发项目（私人项目）带来重大影响。例如，在城市郊区建设一条高速公路（用政府投资，或通过民间资金投资建设）的决策，如果规划时没有考虑周边地区的发展需要，在该地区没有规划出入口，这个决策将会剥夺公路两侧地区的发展机会。如果适当考虑了公路沿线地区的需要，高速公路的计划可能会吸引开发公司（民间投资）蜂拥而上，建造住宅、购物中心和办公楼。随着新居民渐渐迁入，商店、餐厅及各种服务行业（均是民间投资）会相随而至。新的公司为了就近吸引高质量的员工也会设在该地区，而就业机会又吸引更多居民迁入……这种滚雪球的方式将使这个地区充满发展机会。因此，规划决策直接影响城市经济的发展，甚至会间接影响到一些上市公司股票的涨跌，这是我们的规划师在传统计划经济体制下难以想象的新的课题。规划师的职责正是力求增加正面的发展机会，减少负面的消极影响。

3.7　城市开发策划的程序与步骤

策划，从现代意义上讲，是一个综合性的系统工程。由于策划以智慧为灵魂、以解惑为生命、以创新为精神、以应变为策略，所以，原则上并不应该有完全固定的步骤和完全规范的程序和框架。为了叙述的简明，可以根据系统分析的基本步骤，将策划工作划分为图 3-2 所示的几个基本程序。

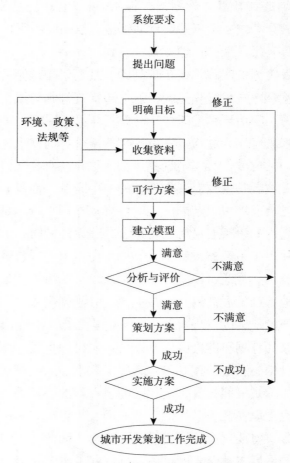

图 3-2　城市开发策划的基本程序示意图 ❶

---

❶　陈秉钊. 城市规划系统工程学 [M]. 上海：同济大学出版社，1996. 本书整理。

图 3-3 是某一规划的系统流程示意图，从中可以看出很明显的策划手法的痕迹。❶

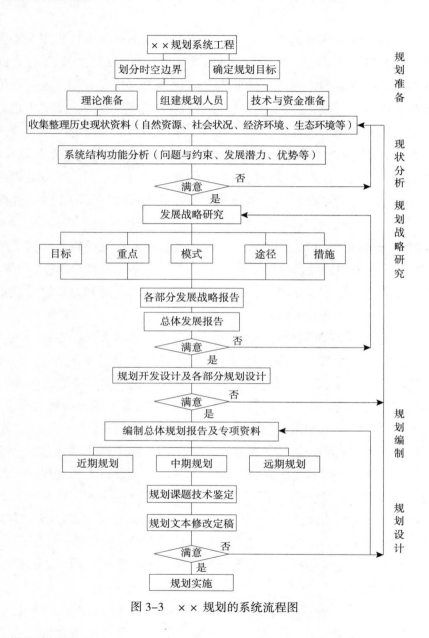

图 3-3 ××规划的系统流程图

---

❶ 周珂. "软系统思想"在风景区总体规划中的应用 [J]. 城市规划汇刊，1998（3）.

3.8　城市开发策划涉及的相关理论及理论架构

策划是顺应激烈的竞争环境而产生的，城市开发策划工作也不例外。由于市场资源的有限性和发展机会稍纵即逝，城市规划工作者既需要面对参与激烈市场竞争的城市政府领导者、开发商，又要努力维护社会资源与发展机会的公正性；既要追求经济的发展，又要实现可持续发展的战略。因此，在城市规划工作中必然涉及市场因素、政治因素、社会因素以及环境因素，以及这些因素的相互作用关系和规律。我国城市规划工作者曾经进行了艰苦的努力，引入了相关领域的理论与方法，以完善城市规划、城市规划设计及城市规划管理工作，并取得了很大的成就。如陈秉钊教授借鉴系统分析和评价的方法而创立和发展了城市规划系统工程学，吴良镛教授提出的广义建筑学和人类聚居学说，其他引入的理论包括社会心理学、环境心理学、文化人类学、城市经济学、工程经济学等，这些理论的引入为发展和完善城市规划学科建设起到了积极的作用。

但是，随着我国建设社会主义市场经济体制的深入，在社会主义基本制度下运用市场经济的基本规律进行建设成为当务之急。面对市场环境的日益复杂化，面对城市建设投资主体的日益多元化，城市规划工作再也不能回避市场的供求关系，不能回避各市场参与者的需求，因此必须尽快了解城市开发与建设市场的变化规律，了解城市中土地、劳动力、生产资料、资本等要素市场的规律。除了继续加强过去注重的物质性规划、设计外，还需要特别重视对宏观经济、市场供求、规划实施以及项目建设的研究。著者认为，城市开发策划工作涉及的相关理论包括了城市经济学（含城市土地经济学、城市房地产经济学等）、市场营销理论（含市场调查理论、项目评估理论、产品设计理论等）、有关实施的理论（包括行政管理理论、项目管理理论、项目融资理论、公私合作理论等）。

另一方面，确定的规划将对城市发展与建设格局产生决定性的影响，并改变城市内居民的居住与每日出行的方式，作为公共服务行为的城市规划以及从事城市规划的人员完全有必要充分了解用户的需求。

因此，城市开发策划的理论架构应该是：以用户的根本需求为中心，以市场营销理论为核心，以系统分析与评价理论和方法为基本工作思路，以经济分析和项目评估理论（可行性研究）为基本工作方法，以行政管理和项目管理理论为实施的指南，见图 3–4。

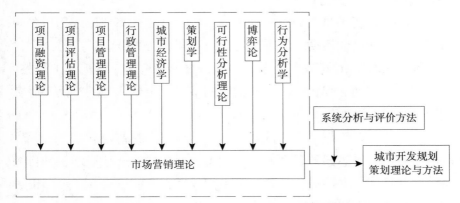

图 3–4   大规模开发项目规划策划的理论架构示意图

3.9　城市开发策划涉及的相关理论

3.9.1　市场营销理论

社会主义市场经济的建立促进了城市多元化的建设与经营，企业经营的理念被不断引入，其中最重要的就是市场营销的理念。由于所有的城市建设与开发活动都必须满足用户的需要，并吸引足够的消费者以获得市场的认可，因此需要将营销的理念贯穿于项目筹备、策划、建设、销售的全过程。以下通过简述市场营销的基本概念和理论，试图将其应用于城市开发策划的理论与方法中。

关于市场营销 ❶ 的定义有很多，这里摘引几种：

（1）市场营销是个人和集体通过创造并同别人交换产品和价值以

---

❶　为了避免混淆,本书中定义"营销"（Marketing）为包括产品设计、生产、销售及营运管理、售后服务在内的一系列活动；而将项目从生产者转移到消费者的过程称为"销售"（Selling）；将为加快销售活动、提高销售成绩而进行的活动称为"促销"（Promoting）。

获得其所需所欲的东西的一种社会过程。

（2）市场营销是传递生活标准给社会（美国经济学家保罗·马祖）。

（3）市场营销是创造和传递新的生活标准给社会（美国哈佛大学教授马尔康·麦克内）。

（4）市场营销是一种人类活动，通过交易而导致满足消费者的需求和欲望（W.J.史丹顿）。

（5）市场营销是引导产品和劳务从生产者到达消费者或用户手中所进行的一切企业活动（美国市场营销学会定义委员会，1960）。

（6）市场营销就是在适当的时间、适当的地方，以适当的价格、适当的信息沟通和促销手段，向适当的消费者提供适当的产品和服务（菲利浦·科特勒）。

（7）市场营销作为一种计划及执行活动，其过程包括对一个产品、一项服务或一种思想的开发制作、定价、促销和流通等活动，其目的是经由交换或交易的过程达到满足组织或个人的需求目标（美国市场营销学会的最新定义 ❶）。

3.9.1.1　市场营销学的基本概念——需要、欲望、需求、产品、交换

人类的各种需要和欲望是市场营销学的出发点，人们常说的衣、食、住、行以及空气、阳光和水就是人类生存的最基本需要，此外，人们还对娱乐、教育等有着强烈的欲望。同时，随着社会经济发展水平的不断提高，人们追求的层次也越来越高，要求衣着除了基本的遮体和保暖功能外，还要美观；食物除了果腹外，还要可口和有益健康；住房除了睡觉以外还要能找到日常家居的乐趣；出行不仅要到达目的地，还要舒适、快捷；还要沐浴在阳光下呼吸新鲜的空气，饮用健康无害的水，等等。这些在市场营销理论里被视为人类的需要（Needs）。欲望（Wants）则是为了得到满足这些需要的具体物品的愿望，如需要进食时可能想吃到一顿饺子或是西餐，需要衣服时想要一件某某品牌的上衣等。而真正在经济学和市场营销学理论中讨论的则是有能力

---

❶　菲利普·科特勒，加利·阿姆斯特朗著.市场营销管理：理论与策略 [M].邓胜梁，许邵李，张庚森译.上海：上海人民出版社，1999.

并愿意支付金钱或其他资源以购买或交换某个具体产品的欲望，即需求（Demands）。

产品（Products）则被用来描述任何可用来满足人类某种需要或欲望的东西。狭义地说，产品指某种具有功能的实物，而广义的含义则包括其他的形式，如艺术家的表演令人愉悦，旅游胜地的景色让人流连忘返等，也就是说它还包括无形的服务。本书使用"产品"的广义含义，即产品不仅包括具有功能的事物，还包括与之联系的服务。

人们获得产品的方式主要有三种，第一种是自行生产，第二种是依靠暴力剥夺或别人施舍获得产品，第三种是通过交换的方式获得。按照马克思主义关于社会化大生产及社会分工的理论，交换（Exchange）是现代人获得所需要产品的最主要方式，也就是通过提供某种东西作为回报而从别人那里获得所需要产品的行为。按照菲利普·科特勒的观点 ❶，交换的发生必须符合五个条件：

（1）至少有两方存在；

（2）每一方都有被对方认为有价值的东西；

（3）每一方都有能够获得产品的信息及交换的渠道；

（4）每一方都可以自由接受或拒绝对方的产品；

（5）每一方都认为与另一方进行交易是适当的或称心如意的。

具备这些条件就有可能发生交换行为，而最后能否真正产生，取决于双方能否通过交换实现比交换前更好的状态。

大量的产品交换行为形成了市场，市场（Market）是由那些具有特定需要或欲望，而且愿意并能够通过交换来满足这种需要或欲望的全部顾客所构成。因此，市场的大小取决于那些表示有某种需要，并拥有使别人感兴趣的资源而且愿意以这种资源来换取其需要产品的人数。

有了产品、产品的交换、产品交换所形成的市场后，人们开始为了实现交换而在市场中进行的活动，即营销活动（Marketing）。

3.9.1.2　营销观念的演化

经过人类生产和交换活动的不断发展，人们对待市场的态度经历

---

❶　菲利普·科特勒，Prentice-Hall. 营销管理 [M]. 上海：上海人民出版社，2003.

了不同的阶段，即使现在在产品生产和营销观念方面，企业或其他的机构无一不是在以下某一种观念的指导下从事生产活动：

（1）生产导向（Production Concept），即认为消费者喜爱价格低廉、可以随处见到的产品，因此他们尽量提高生产效率，并努力扩大销售活动覆盖的范围。在短缺经济的条件下，持这种观念的生产者占主导地位。法国经济学家萨伊（Say）提出的"萨伊定律"（Say's Law of Markets），即"Supply creates its own demand"（"供给会自己给自己创造需求"）就是对这一观念的典型描述。❶

（2）产品导向（Product Concept），即认为消费者最喜欢高质量、多功能和具有某些特色的产品，他们致力于生产精致的产品并不断使产品日臻完善。但在这种观念指导下可能会使生产者过分迷恋于产品本身而忽略完整地观察事物相互关系的能力，使他们陷入"捕鼠器谬误"❷之中，幻想着只要造出一个质量更好的捕鼠器，人们就会踏平自己的门槛前来购买自己的产品。不仅是个人会产生如此的失误，著名的大公司同样可能犯这种错误（例3-2）。

例3-2　杜邦公司产品"凯佛拉"案例 ❸

1972年，杜邦公司发明了凯佛拉，该公司认为它是继尼龙后又一种最重要的新型纤维。凯佛拉具有钢一般的硬度，而重量只是钢的1/5。杜邦公司电话通知其所属的各事业部寻求这种新奇纤维的用途。杜邦公司的经理们设想了大量的用途和一个10亿美元的巨大市场。然而，10年过去了，杜邦公司却依然在等待这个致富奇迹的出现。凯佛拉是制造防弹背心的理想纤维，但迄今为止，实际并未出现一个庞大的防弹背心市场。凯佛拉也是制造船帆、绳索和轮船的大有前途的纤维，制造商也开始啃起它来了。最终，凯佛拉可能会被证明确实

---

❶　保罗·萨缪尔森，威廉·诺德豪斯著.宏观经济学[M].萧琛等译.北京：华夏出版社，1999.

❷　艾默生最早提出这个建议，"如果一个人发明了一只更好的捕鼠器，这个世界便会踩出一条路来，直至他的门口。"有些公司已经发明了效果更好的捕鼠器，其中还有激光的，价值1500美元（但是没有多少人会花费如此昂贵的价格购买捕鼠器），他们大多数却失败了，因为人们并不会主动去了解某种新产品。要令其相信产品的优点，并愿意出高价购买，就不能被动地等待客户上门，而应该"酒香也要勤吆喝"。

❸　菲利普·科特勒，Prentice-Hall.营销管理[M].上海：上海人民出版社，2003.

是一种神奇的纤维，然而这一时刻的来临比杜邦公司所预料的要长得多。

　　事实说明，新技术与新产品要想发挥效益，必须适应消费者的需求，才能形成市场接受的商品，实现价值。这一过程谓之为"发掘使用价值→找到 / 培养需求→实现利润 / 价值"。

　　（3）推销诱导观念（Selling Concept），很多企业持有这种观念。他们一方面依据原有的经验"埋头大量生产"，另一方面认为消费者通常不会主动去大量购买某一企业的产品，因此必须依靠推销人员的积极推销和大量的促销活动来实现销售目标。这种方式被大量地应用于推销"非渴求商品"❶，例如汽车、住房在脱离基本的代步、居住的功能后，即成为非渴求商品，其销售者经常会采用高压式的推销技巧（High Pressure Selling，即强力推销法）来实施推销活动（例3-3）。

例3-3　高压式的推销技巧

　　当顾客步入某住宅房地产项目的售楼中心时，销售人员便开始揣摩来者的心思，如果有一位顾客喜欢某种式样的房型，推销人员马上会告诉他，另外也有很多客户喜欢这种房型，现在已经不多了，只剩内部保留的楼层、公司马上会调高价格等，因此要当机立断。如果顾客因为对小区环境、物业管理、交通条件、配套服务等表示疑问时，销售人员会百般承诺，我们是颇有实力的开发商，信誉卓著，保证没有这些方面的问题，或许还会有报纸上整版的报道作为明证。如果顾客因为价格而犹豫不决，销售人员可能会提出他可以去找经理商谈，给予一定的优惠。在顾客等候了几分钟后，销售人员满面春风地出来说："老板起初不愿意，但我好歹说服了他。"这样做的目的就是为了刺激顾客的购买欲望，最好马上付定金购买。

　　这是目前在房地产项目销售中（特别是台湾的销售代理商经常采用的手法）经常碰到的情景，有时候销售商甚至会通过"员工鼓掌庆祝新的合同签订、亲信充当购房者现身说法来褒奖项目"等手段营造

---

　　❶　非渴求商品（unwanted or unneeded things），即消费者在并不迫在眉睫的情况下一般不会想到购买的商品，如汽车、住房、保险、墓地、百科全书等，这些产品通常是由推销人员推销的，而不是消费者主动购买的。

出销售状况极佳、项目质量极好的假象，诱使顾客作出决定。

事实上，建立在强力推销基础上的销售有很大风险，因为这种做法通过类似花言巧语的推销手段，其前提是顾客听了几句好话就会购买产品并且喜欢这种产品；即使不喜欢，他们也不会在朋友面前说产品的坏话，或者向消费者权益组织投诉。在消费者的维权意识日益强烈的今日，这些假设无疑是站不住脚的。

（4）营销导向（Marketing Concept），营销导向的观念是对上述几种观念挑战而出现的一种企业经营哲学。持这种观念的人认为：实现多种目标的关键在于正确确定目标市场 ❶（Marketing Target）的需要和欲望，并且比竞争对手更有效、更有利地传送目标市场所期望满足的东西。

（5）社会营销导向观念（Societal Marketing Concept），由于生存环境的恶化、资源短缺、人口爆炸，最近几年里要求人类可持续发展的呼声越来越高，反映在营销领域，就是社会营销观念的出现，即营销组织的任务是确定诸多目标市场的需要、欲望和利益，并以保护和提高消费者与社会公共利益的方式，比竞争者更有效、更有利地向目标市场提供所期待的满足。

最初公司进行销售决策的主要依据是本公司当前的利润状况，后来他们认识到满足顾客需要的长远意义，从而产生了市场营销的观念。如今，随着公民社会公益意识的不断提高，社会利益正在开始成为公司决策的一个因素，社会营销导向要求营销者在制定营销政策时能权衡公司利润的完成、消费者需要的满足和社会长期利益的实现这三个方面的利益，并以此作为满足组织目标和履行社会职责的关键。近些年来市场上无磷洗衣粉、节水型洗衣机等环保型产品热销的现象就说明消费者关注环境质量和保护环境的心愿，生产者正是抓住了这些趋势，在社会营销的观念指导下取得了佳绩。

推销诱导观念、营销导向观念以及社会营销导向观念的对比见表3–2。

---

❶ 目标市场，即对某一公司来说具有相同需要或需求特征的客户群。

推销诱导观念、营销导向观念以及社会营销导向观念的对比　　表 3-2

－	社会营销导向观念 （Societal Marketing Concept）	营销观念 （Marketing Concept）	推销诱导观念 （Promotion Concept）
起点	社会	工厂	市场
重点	强调社会公共利益和人类的可持续发展	强调消费者的需求	强调现有产品
手段	确认符合持续发展理念的消费者需求，或是有利于社会公众利益同时具有消费者亲和力（价格不太高）的产品	先确认消费者的需要，然后再考虑如何开发、制造与销售产品，以满足消费者需要的整体营销	制造产品后推销和促销出去
目的	通过培养消费者尊重公众利益的理念实现销售和利润	通过顾客的满意获得利润	通过销售获得利润
结果	在营销的观念基础上赋予产品消费者以社会责任感，实现社会长期利益	营销计划是长期导向的结果，即基于新产品的开发、明日的市场和未来的成长	推销计划是短期导向的结果，即基于今日的产品和市场
典型产品	无磷洗衣粉、可降解一次性餐具	电子宠物、跳舞机	白酒、一次性木筷
城市房地产开发中的应用	强调生态居住、邻里关系、新型建材、装修平易化，从繁琐的装饰转向返璞归真，即"了解并引导市场需求尊重可持续发展的要求"	强调了解用户需求后开发，开发强度要适宜，不再片面追求容积率，出现大量所谓欧陆风情、繁琐装修的项目，即"市场需要什么就造什么"	设计者按照自己的理念设计、开发者按照自己的理念开发，片面追求高容积率，不顾历史、传统及绿化等要求，即"造好住房卖出去"
适应的开发项目	政府大规模宏观发展项目	公私合作等项目	私营机构项目

　　从营销观念在产品生产过程中的演变，可以看出市场竞争直接导致了产品生产者从产品创造、推广等方面不断改善服务质量，从而贴近市场消费者。而城市的规划设计、规划策划都是为其产品——城市空间和城市资源的最佳利用而服务的，在实际的产品创造过程中无疑要利用社会营销的观念与手法，体现消费者（市民）、委托者（开发机构）的需求。例如，在城市新的社区开发活动中，应该提倡多功能的空间利用（复式、错层等），新型环保建材、返璞归真的立面与装修，利用公共交通，增加城市郊区环境质量良好地区的交通可达性，这样既有助其项目开发、土地与房产升值，也能够更好地保持劳动力就业岗位的空间平衡，从而完成交通方便、环境舒适、就业方便的社区项目开发。

3.9.1.3 营销管理与营销环境

营销管理是为了实现各种营销的目标，创造、建立和保持与目标市场之间的有益交换和联系而设计的方案分析、计划、执行和控制，其任务是按照一种帮助企业达到自己目标的方式来影响需求的水平、时机和构成，从这种意义上说，营销管理就是一种需求管理。实际运用中，营销管理通过营销研究、营销计划、营销执行和营销控制来贯彻这些任务，营销管理的过程就是分析市场机会、研究和选择目标市场、制订营销战略及战术以及实施和控制营销的努力（图3-5）。

图 3-5 营销管理过程

营销环境可以分为微观环境和宏观环境。微观环境包括影响机构市场服务能力的直接环境行动者，具体地说包括机构本身、原材料供应商、市场中介、目标市场、竞争对手和公众。其中，目标市场包括可能的国内外消费者、其他生产者、转售商或政府机构。公司在实现自身营销任务的过程中，会遇到几个方面的竞争因素：欲望竞争、类别竞争、产品形式竞争和品牌竞争等，此外还有可能对实现自身目标产生影响的各种公众团体，包括金融界、各种宣传媒介、政府、公民活动以及一般公众等，所有这些力量一起构成了机构的微观环境。宏观环境则包括人口、自然、经济、物质、技术、政治、法律，以及社会、文化等因素。

通过对环境因素的调查、分析、了解，项目策划的目的是发现市场需求（机会），寻找针对宏观及微观因素的对策（利用、诱导、影响、排除干扰和阻碍），从微观环境中发掘和剥离出有利于项目目标形成的因素，并形成推进项目进行与发展的动力，即"发掘项目自身的魅力、利用外在环境的活力、形成推动项目前进的动力"。

3.9.1.4 产品与定位

前文已经提到了产品的广义及狭义的含义，这里对产品的定义如下，产品（Products）是指人们为留意、获取、使用或消费而提供给市场的一切东西，以满足某种欲望和需要。有形的物体、服务、人员、场所、组织和构思都可以成为产品。如青年女演员吴琼就曾经因为在北京地铁里自费做形象广告而轰动一时，广告公司就是将她及她的形象作为产品予以包装，并且收到了不错的效果，吴琼的形象认知度（即一般所说的人气）急剧上升，并为她带来了许多拍片的合约。再如中国著名的环境卫生示范城市——山东省威海市就在中央电视台购买了广告时间，宣传威海的城市形象及良好的旅游资源，成为我国首个进行场所营销活动的城市。

定位（Positioning），是为了适应消费者心目中的某一特定地位而设计公司的产品和营销组合的行为。公司需要为它所追求的每一细分市场制订和传送其产品定位战略。

在开发某一产品时，设计者需要从三个层次上考虑该产品。第一层是核心产品，它回答"购买者真正要购买的是什么？"这一问题。每一产品实质上是为解决问题而提供的服务。就像购买唇膏的妇女不只是为了买到涂嘴唇的颜色，购买住宅的顾客希望得到的可能还有事业成功的满足、身份地位的彰显、对亲人的关怀、对自然的向往等多种要素。设计者要努力揭示出隐藏于每一产品内的各种需要，并出售其给顾客带来的利益，而不是出售产品的特点。核心产品位于产品整体的中心，见图3-6。

产品设计者考虑好核心产品后，接下来就要考虑产品的第二层次——有形产品。有形产品至少有五个特征：质量水平、特点、式样、品牌名称以及包装。即使是服务，可能也有五个特征：服务的质量水平、特色服务、特定的形式、正式的名称以及提供服务的系列位置、分支等。

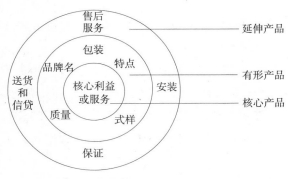

图3-6 产品的三个层次示意图

延伸产品则是最后一个层次，产品设计者通过有形产品提供的附加服务和附加利益，就像 IBM 公司在提供有形核心产品——计算机的同时，还擅长于提供延伸的产品，包括计算机运行的程序、指令、编制程序的服务、快速修理、质量保证等。他们出售的不只是一台计算机，而是整个系统，这是因为他们意识到顾客的主要兴趣在于计算机解决实际问题的能力，而不是计算机的外壳所容纳的物质。同样以品牌和服务著称的万科房地产公司就在深圳、上海、北京、天津、沈阳等城市提供有形核心产品"万科城市花园"的同时，将优秀而富有个性的房型及小区设计、优质物业管理的经验融会其中，住户享受到的除了日常生活中必要的子女教育、购物、娱乐、餐饮、运动、休憩、安保等多种服务外，还有"绝版"的户型产品、优美整洁的小区环境以及丰富多彩、富有亲和力的社区生活氛围。因此，万科城市花园成了优质居住生活的代名词，其提供的延伸产品也成为住户的物业得以保值的保证（例 3–4）。

例 3–4　万科地产天景花园二手房出让案例 [1]

万科地产曾经在深圳建设了一个天景花园，一条马路之隔处还有另外一个小区，1989、1990 年两个项目出售时的售价都是每平方米 2600~3000 元。到了 1996 年时，旁边那个小区有居民要卖房子，在交易市场挂牌出售，一个开价每平方米 6000 元，一个开价每平方米 6500 元，可是牌子挂了几个月没有成交。同样 1996 年，有两个客户要买万科天景花园的房子，一个出价每平方米 9500 元，另一个出价每平方米 12000 元，也是挂了几个月的牌子，却没有买到，因为，根本没有出卖的。

两个项目二手房出让时候的境遇，说明了延伸产品价值创造的重要性。

营销观念的引入赋予产品设计与生产更加富有生命力的机制，反映在城市大规模开发项目的建设中，也给了项目以提高效益的可能性。在当前建设社会主义市场经济的宏观环境下，城市的建设与管理从粗放型转向集约型，政府不仅是城市建设活动的管理者，而且和各种公

---

[1]　陈玉明.北京青年报，1998–05–13.

有、私有部门及企业一起成为城市建设项目的投资者，并且开始以企业化经营的方式经营城市的建设。因此，在城市大规模开发项目的规划策划中，借鉴营销观念的思想，应用产品营销的设计理念和方法，将对城市大规模开发项目的成功建设带来深远的影响。城市大规模开发项目是城市物质性建设中最为重要的活动，对城市经济、社会、环境等方面的影响也最为巨大，这些大规模项目的成功建设必然将更好地贯彻与落实城市规划思想，城市也更有可能在城市规划的指导下健康发展。

3.9.2 系统分析和评价理论

系统分析和评价的理论从 20 世纪 30 年代开始酝酿，随着运筹学、控制论理论的产生、计算机的出现，特别是人类建设科技水平迅速发展、经济实力成倍增加的当今世界，在涉及巨大和复杂系统的计划与项目（如美国研制原子弹的曼哈顿计划、载人登月的阿波罗计划等）大量出现的现代社会，系统分析和评价的理论与方法深入到社会、经济、政治等各个领域，同时也广泛地应用于城市研究的各个方面，如住房、交通、人口、土地使用、就业分布等城市发展要素都被全部或部分地纳入城市空间系统分析的范围，并从静态的分析向动态的监控和研究发展。

3.9.2.1 系统分析与评价的定义

系统，"是由若干相互作用和相互依赖的组成部分结合而成的，具有特定功能的有机整体"[1]，具有集合性、相关性、目的性以及环境适应性的特性。系统分析和评价就是要求从整体而全面的角度出发，以相互联系的观念对研究对象进行综合分析和评价。系统分析和评价的方法应用于实际对象系统的工作，被称为系统工程（System Engineering），即"系统工程是组织管理系统的规划、研究、设计、制造、试验和使用的科学方法，是一种包括所有系统都具有普遍意义的科学方法"[2]，是"解决社会、经济、政治等领域问题时需要的一

---

[1] 陈秉钊. 城市规划系统工程学 [M]. 上海：同济大学出版社，1996.
[2] 钱学森，王寿云. 系统思想和系统工程 [Z]，1980.

种横向的技术，是研制系统所需要的思想、技术、方法、理论等体系化的总成"。[1]

3.9.2.2　系统分析和评价的方法

系统分析和评价的方法出现是以有机整体的观念为思想基础，以大规模、高速度电子计算机的出现为技术支撑的，不仅对系统进行定性的分析，而且要求进行定量的分析，以实现对系统的模拟和系统优化。

在系统分析的定量分析过程中必须建立模型[2]并进行测试和评价，通过对系统的描述和抽象来把握系统的本质及主要特征，常用的模型有回归分析、动态模型、空间引力模型、线性规划模型、结构分析模型等。对系统模型测试和评价的方法包括多目标分析法（Multi-Objective Analysis）、模糊评定法（Fuzzy Analysis Process）、层次分析法（Analytic Hierachy Process）等。[3]

3.9.2.3　"SWOT 分析"理论和方法

SWOT（Strengths——企业优势，Weakness——企业劣势，Opportunities——市场机会，Threats——市场威胁）分析是企业管理及市场营销理论中用于环境分析的主要策略分析方法，即从市场环境的发展机会与竞争威胁调查和分析着手，探求委托者（通常是企业）在市场上的整体优势与劣势——企业发展整体战略分析（Total Strategic Analysis）以及局部发展的优势与劣势——项目发展分析（Project Development Analysis），然后制订与选择各种策略方案。由于环境分析中涉及的环境要素繁多，影响能力各不相同，因此需要在分析中对调查取得的数据进行定性和定量处理。SWOT 的分析方法中包括竞争态势矩阵分析法、策略矩阵分析法、成长—份额矩阵法等。

竞争态势矩阵分析法用于确认企业的主要竞争者相对于该企业的市场战略地位，以及这些主要竞争者的特定优势与弱点（表 3-3）。

---

[1]　三浦武雄 . 现代系统工程学概论 [M]. 北京：中国社会科学出版社，1983.

[2]　模型：是指出于某种特殊目的而对系统本质和主要特征的描述、模仿和抽象化 . 陈秉钊 . 城市规划系统工程学 [M]. 上海：同济大学出版社，1996.

[3]　陈秉钊 . 城市规划系统工程学 [M]. 上海：同济大学出版社，1996.

一个竞争态势矩阵 ❶   表 3-3

关键因素	权重	被分析的公司		竞争者 A		竞争者 B	
		评分	加权得分	评分	加权得分	评分	加权得分
市场份额	0.20	3	0.6	2	0.4	2	0.4
价格竞争力	0.20	1	0.2	4	0.8	1	0.2
财务状况	0.40	2	0.8	1	0.4	4	1.6
产品质量	0.10	4	0.4	3	0.3	3	0.3
用户忠诚度	0.10	3	0.3	3	0.3	3	0.3
总计	1.00		2.3		2.2		2.8

注：1. 评分值含义为：1= 弱，2= 次弱，3= 次强，4= 强；2. 竞争者 B 的总加权得分为 2.8，说明它是最强的；3. 为了简化，这里仅包括了 5 个关键因素，这比实际矩阵中的因素要少得多。

策略矩阵分析法则是一个非常具有包容力的整体观念模式。环境因素是关系到决策正确与否的前提，策略前提或假设以是否真是需要通过环境分析来验证，从这种角度看，策略选择就是一次检验环境前提的过程。

与事业发展策略有关的许多分析都可以在此观念指导下进行，使用中需要针对与策略分析有关的重要主体加以说明，包括产业与竞争分析、策略的描述、组织与策略的配合，以及与政策策略点的配合等（表 3-4）。

策略矩阵分析产业特色——以房地产开发行业为例 ❷   表 3-4

土地拥有	土地资料	土地获取	原料制造	产品定位	建筑设计	建筑许可	房屋销售	施工规划	施工管理	采购	施工	监督	资金	交房	品牌	商场经营	客户服务	产品	
(1)			(8)	(10)									(14)						产品面广度与特色
(2)	(5)							(12)		(13)									目标市场的划分方式与选择
																			垂直整合程度的取决
(3)	(6)						(11)												相对规模与规模经济
(4)			(9)																地理涵盖范围
	(7)																		竞争武器

❶ David F.R. 战略管理 [M]. 北京：经济科学出版社，2001.

❷ 司徒达贤. 策略管理 [M]. 台北：远流出版公司，1995.

表 3-4 中共有 19×6=114 个策略点，表 3-5 从中选择了部分策略点逐一举例说明。

房地产开发产业的策略点说明举例　　　　　　表 3-5

序号	策略点内容
策略（1）	项目用地有哪些层面的特色？地形（山坡地、平地）、区位（市中心、市郊）、地块面积（面积大、面积小）、地块形状（规则、不规则）等，对今后推出的产品特色有何影响
策略（2）	项目用地目前都是由哪些单位或个人使用？规模如何？谈判的能力和难易如何
策略（3）	土地的拥有是否符合规模经济的要求？拥有大面积的土地有什么好处
策略（4）	土地使用权的分布如何？各种用途的土地分布如何
策略（5）	土地的资料与信息由谁掌握？如何获取这些信息
策略（6）	在取得土地信息时，规模较大的开发商能得到怎样的优势与规模利益
策略（7）	何以判断土地信息的及时与准确会帮助形成竞争优势
策略（8）	本行业中产品定位的概念与运用如何
策略（9）	不同的区域所强调的产品定位有何不同
策略（10）	项目的设计方案对产品有何重要性
策略（11）	在建筑材料的运用中，怎样产生及利用规模效应的优势
策略（12）	负责施工的承包商，其产业结构如何？可能找到的承包商是哪些？通常如何与他们取得良好的关系
策略（13）	开发与建设的资金来自何处？资金的供需情况如何？应如何取得投资商的合作与支持
策略（14）	拥有自有品牌形象有何裨益？产业中哪些同行取得了良好的品牌形象？形象定位如何

这种环境分析的方式是根据"先有策略构思，再验证其环境前提"的思维模式，结合策略矩阵和决策要素的架构而形成的。如果掌握了上述这些策略点的特性，对决策所需要的环境资料就大致有所了解。

SWOT 分析方法虽然与一般的环境分析方法相近，但系统化的程度更高，帮助分析者在探讨发展的背景环境（Context）问题时，了解问题的答案与各项决策的关系，并针对各种不同的答案对于决策可能产生的影响做好准备。

3.9.3　城市大规模开发项目的规划可行性研究

3.9.3.1　概述

可行性研究（Feasibility Study）工作发展至今已有 60 多年的历史，而今在一些发达国家已成为一门专门的科学，并有专门从事可行性研究的机构为开发建设单位和开发商提供服务，工作内容、工作程序及深度要求相当规范。我国在 20 世纪 80 年代以前，由于国家经济基础相对薄弱，为了确保重工业的优先发展地位，除去生产性项目外，城市大规模开发建设并不多见。另一方面，由于当时实行的是完全国有制的计划经济，大中型建设项目都是由国家、省、直辖市计划部门按照统筹平衡的原则自上而下地下达投资计划，地方建设部门只负责组织实施，因此较长一段时期里，项目的可行性工作没有得到应有的重视，许多项目未经审慎的可行性研究就草率上马，结果造成建设项目经济效益低下和社会资源极大浪费。

自 20 世纪 80 年代开始，世界银行在向我国苏州、沙市等城市发放基础设施建设贷款时，要求必须对项目进行可行性研究，并经其专家评估通过后方能立项。我国在研究了西方国家在投资决策中充分进行可行性研究的方法后，逐步将这种研究方法纳入我国的基本建设程序。1981 年 1 月，国务院在《技术引进和设备进口工作暂行条例》中明确规定，"所有技术引进和设备进口项目，都要编制项目建议书和可行性研究报告"。次年 9 月，国家计委在《关于编制建设前期工作计划》通知中，进一步扩大了需要进行可行性研究工作建设项目的范围，包括了所有列入"六五"计划的大中型项目。1983 年 2 月，国家计委制定和颁发了《关于建设项目可行性研究的实行管理办法》。1987 年，国家计委发布了《建设项目经济评价方法和参数》、《中外合资项目经济评价方法》，进一步对可行性研究中的经济评价部分作了更为详细的规定和提出了更加具体的要求。因此，不仅大中型项目，一些有条件的小型项目也都开展了可行性研究，使在项目决策以前，以更多的时间和力量来预测市场趋势，研究外部协作配合的条件，从事多方案比较，进行项目投资财务效益分析和投资经济效益分析，以便对拟建项目在工程技术和经济上的可行性进行更充分的技术经济论

证和评价。^❶

近年来，随着改革开放和市场经济的发展，可行性研究被广泛地应用到各类投资主体进行的建设开发项目前期策划以及金融机构对建设项目的贷款核发等方面，对保证项目决策更客观、更科学，避免主观和失误，提高项目投资的经济效益起到了重要的作用。1981~1982年，建设银行曾组织全行力量，对1788个大中型项目和1001个大中型企业的更新改造项目作了可行性研究。根据调查结果，对1981年不具备建设条件的27个建设项目向全国计划会议提出了停建或缓建的建议，1982年分别向国家计委和国家经委对102个基建项目和97个大中型企业提出了1983年固定资产投资计划的安排建议。^❷

指导我国进行可行性研究的主要文献有联合国工业发展组织（UNICO）在1978、1980年分别编写的《工业可行性研究手册》和《工业项目评价手册》，国内的相关文献中，既有将它归入评估学研究范围的，如《投资项目评估学》（1995，王国玉）、《投资项目评估》（1993，卢石泉、周惠珍）；也有归入项目管理学的，如《投资项目管理学》（1991，曹尔阶）、《投资项目管理学》（1998，俞文青）；还有直接称可行性研究的，如《房地产开发经营与管理》（1995，刘洪玉），但研究的方法、内容及阐述的理论大同小异，使用的方法多是按建设项目经济评价方法和相应的参数进行财务评价和国民经济评价，即使认为项目有社会效益和环境效益也是试图将之量化后作经济分析，具体内容都包括了投资项目的可行性研究、市场预测、项目的技术方案分析、财务分析与评价、国民经济评价、项目管理等，有些还包括了不确定性分析的内容。从行文中可以看到，投资项目的可行性分析技术在我国经过了20多年的发展，已经在技术方面趋向成熟，对提高项目投资效益、提供项目决策依据起到了良好的作用，并为建设项目的后续工作奠定了基础，形成了较完整的市场预测、财务分析与评价、国民经济评价及不确定性分析理论和方法。

对于涉及基础性、公益性投资项目的经济评价方法，一些文献中

---

❶ 俞文青著. 投资项目管理学 [M]. 北京：立信会计出版社，1998.
❷ 王国玉. 投资项目评估学 [M]. 武汉：武汉大学出版社，2000.

有相关的论述，如《投资项目管理学》中介绍的收入成本分析法、成本效用分析法。当项目产生的受益收入可以用货币量化时，通过将投资项目的受益收入与投资支出、经营成本对比，用净收入和收入成本率来评价这些投资项目的经济效益；当受益内容无法用货币计量时，采用受益效用来计量。

但是，正像许多文献中指出的那样，由于种种原因的干扰和影响，在项目实际评价中存在一些问题，如：①对项目进行经济评价时往往只对一个方案进行分析论证而缺少其他备选方案；②经济评价的深度不够，一般对项目评价只作了财务评价，而较少进行国民经济评价；③有些可行性研究报告由于种种原因（如主管部门为了多上项目、争取投资、树立政绩，设计咨询部门为了拿到项目，抑或是为了满足建设项目主管部门的要求），人为地降低预算投资额、少计成本、无根据地多算效益，以保证项目通过决策审批，从而使可行性研究成了"可批性"研究。同时，许多项目，特别是一些由多种投资主体参与的城市开发项目，所编制的可行性研究内容深度极不规范，在市场研究方面缺乏深度，影响到预测的准确性，并由此造成项目建设失误。此外，虽然可行性研究需要以开发项目的规划设计管理条件及备选规划设计方案作为依据，但实际的可行性研究过程中规划设计及管理人员往往参与不多，准确程度很难保证；另一方面，可行性研究的成果要作为编制下阶段规划设计的依据，因此提供的依据往往深度不足，难以对后续的规划设计起到指导作用，有时甚至会影响城市规划管理工作的实施，给城市规划选址管理和用地规划管理工作带来隐患。

所以，研究并规范大规模城市开发项目建设可行性研究的编制方法、程序以及内容深度仍然十分必要，规划人员也需要尽早参与到项目的可行性研究工作中，并在研究活动中为制定更为可行的规划寻找依据，为可行性研究提供依据。著者认为在城市开发策划中，应该结合这些项目的特点（因为它们既不是一般的开发项目，也不是生产性项目），从多个方面着手进行城市大规模开发项目的可行性分析。

3.9.3.2　可行性研究的依据

（1）国家和地区经济建设的方针、政策和长远规划；

（2）批准的项目建议书和同等效力的文件；

（3）已获批准的城市总体规划、详细规划、交通等市政基础设施规划等；

（4）自然、地理、气象、水文地质、经济、社会等基础资料；

（5）有关工程技术方面的标准、规范、指标、要求等资料；

（6）国家所规定的经济参数和指标；

（7）开发项目备选方案的土地利用条件、规划设计条件以及备选规划设计方案等。

3.9.3.3 可行性研究的工作阶段

一般大型开发建设项目的可行性研究可以分为意向性研究、预可行性研究、可行性研究三个阶段。对于小型项目由于规模小、涉及面不大，直接编制可行性研究报告即可。

（1）意向性研究

意向性研究包括一般投资意向研究和特定项目的意向性研究。前者以地区研究、部门研究及资源研究为主，目的是明确具体的投资开发方向。后者是城市政府或开发机构在初步选定开发建设项目前，为了判断该项目是否具备投资建设机会而事先对项目的市场和社会需求、发展趋势、现状条件、国家产业政策导向等方面进行研究，以期鉴定项目建设的必要性和可行性。

意向性研究阶段的主要内容有：地区情况、经济政策、资源条件、劳动力状况、社会条件、地理环境、国内外市场情况、工程项目建成后对社会的影响等。要根据城市社会经济发展战略和总体规划、控制性规划的安排与要求，结合市场预测和开发设想提出意向性的投资开发建议，供投资者决策。特别是与城市建设、房地产有关的城市大规模开发项目，还要编制项目的初步规划与设计方案以满足对项目投资进行粗略估计的要求，并形成项目建议书报主管部门审批。意向性研究阶段要求的深度可以浅一些，对投资估算的精度要求控制在 ±30% 以内，研究费用一般占总投资的 0.2%~0.8%。

（2）预可行性研究

预可行性研究也可称为初步可行性研究。在意向性研究形成的项目建议书经主管部门认可的基础上，即可进一步对项目建设的可能性与潜在效益进行论证和分析。预可行性研究的工作内容与意向性研究基本上是一致的，只是深度要求更精确，譬如投资和成本的估算精度要求在 ±20% 以内。这一阶段需要审核以下的内容：市场需求与供应、所在地区社会经济情况、项目区位及周围环境、规划设计方案、项目进度、销售收入与投资估算、日常运营管理开支、项目财务分析等，这些资料来自市场调查与环境研究分析的成果。预可行性研究需要着重解决两方面的问题。一是该项目建设的必要性和可行性。城市大规模开发项目建设的必要性主要体现在：该项目对推动城市经济社会发展是否有利；对满足和提高城市居民的生活需求是否有利；对城市的可持续发展是否有利。项目的可行性主要体现在：该项目实施的经济效益如何；实施建设的人力、物力、技术条件是否可行；项目风险是否可以预计及应对。预可行性研究要着重解决的第二个问题是该项目有哪些关键性问题需要专门调查和研究。对于一个城市大规模开发项目来说，即使总体上是必要而且切实可行的，在实施过程中仍会有许多问题需要专门研究解决，因此需要深入地调查研究，取得充分的资料和较准确的数据进行分析论证。经过对多方案的比选优化，提出可行的推荐方案，并将整个研究过程编制成预可行性报告。这一阶段所需的费用约占总投资的 0.25%~1.5%。

（3）详细可行性研究

对于城市大规模开发项目，在预可行性研究被批准后，还要进行详细可行性研究，使各项调查资料和整个研究报告可以作为具体工程设计的基础资料和依据。详细可行性研究与预可行性研究阶段一样，研究结论可以推荐一个最佳方案；当存在两个以上可供选择的方案时，研究报告应分别说明不同方案各自的利弊和相应采取的措施。如果可行性研究得出了"不可行"的结论，研究报告也应该如实反映，以供主管部门最终决策。详细可行性研究的工作深度和详细程度方面要求更加深入具体，投资和成本的计算精度要求在 ±10% 以内。所需的费用方面，小型项目约占总投资的 1.0%~3.0%，大型项目占 0.2%~1.0%。

（4）项目评估与决策

按照国家有关规定，对于大中型和限额以上的项目及重要的小型项目，必须经有权审批单位委托有资格的咨询评估单位就项目可行性研究报告进行评估论证。项目评估是由决策部门组织或授权于建设银行、投资银行、咨询公司或有关专家，代表国家对上报的建设项目可行性研究报告进行全面的审核和再评估，这也是项目可行性研究的一个重要阶段。

3.9.3.4 城市大规模开发项目可行性研究的内容

城市大规模开发项目建设是否能够成功，取决于许多制约因素，这些因素有的是客观的，有的是主观的；有的是白色的（确定的），有的是灰色或黑色的（不确定的）。可行性研究的目标就是要通过调查、分析、论证等方法，搞清楚这些制约因素的现状及发展趋势，从而判断它们将对我们计划实施的项目造成何种结果。所以在拟定项目可行性研究内容时，应尽量全面、详细一些，以避免因漏项而影响研究结论的真实可靠性。但是为了节省时间和人力、物力，研究内容也应力求精简，要抓住主要矛盾（具有决定意义的因素），做到既深入细致，又精简得当。

另外，在拟定项目可行性研究内容时，还要考虑到与国际接轨的需要。由于改革开放的深入和即将加入世界贸易组织，我国已经成为世界经济共同体的组成部分，既可以参与面向国外的建设项目投标，也可以在国际范围内就自己的建设项目招标，如长江三峡水利枢纽工程、上海浦东小陆家嘴地区城市设计、上海浦东世纪大道景观设计等项目，都曾在国际上进行了公开招标。所以，像大规模开发建设项目可行性研究这类技术工作，都应该做到能与国际接轨。

根据上述原则，参照国外发达国家的案例，归纳总结近十年来我国部分大型项目可行性研究的实例，并结合著者与中国台湾、中国香港专业机构合作进行的多项可行性研究的实践体会，建议城市大规模开发建设项目的详细可行性研究中必须包括表 3-6 所示内容。

城市大规模开发建设项目详细可行性研究的内容　　　　表 3-6

序号	类别	具体内容
1	项目概况	项目名称、开发建设单位
		项目的地理位置
		项目所在地周围的环境状况
		项目的性质及主要特点
		项目开发建设的社会、经济意义

续表

序号	类别	具体内容
2	用地现状	用地调查，包括开发项目范围内及沿线各类土地面积及使用单位等
		人口调查，包括开发项目用地范围内、沿线及服务半径内的总人口、户数、需要动迁的人口、户数
		各种管线调查，包括供水、排水、雨水、供热、供气、电力、电信管线的现状及规划
		制订动迁及安置计划
		拆迁、安置、补偿等费用估算
3	市场分析和建设规模确定	市场供给现状分析及预测
		市场需求现状分析及预测
		市场交易的数量与价格
		服务对象分析
		市场推广及租售计划
		拟建项目建设规模的确定
4	规划设计方案选择	市政规划方案选择
		交通预测与组织
		项目总平面规划
		建筑规划方案选择
5	基础设施提供及建设资源供给	建设期间及运营后的基础设施提供条件及费用
		建设期间材料需要及供应方式
		施工的组织计划
6	环境影响及环境保护	建设区域环境现状
		主要污染源、污染物
		项目开发可能带来的生态变化
		项目规划及设计采用的环境保护标准
		控制生态变化及污染的初步方案
		环境保护投资估算
		环境影响评价和环境影响分析
		存在问题及建议
7	项目开发组织机构组成及管理费用	开发项目的管理体制和机构设置选择
		管理人员的配备方案
		延聘的专业设计与咨询机构的建议

序号	类别	具体内容
8	开发建设计划	前期开发计划，包括项目从立项、可行性研究、下达规划任务、征地拆迁、委托规划设计、取得开工许可证直至完成开工前准备等一系列工作计划
		工程建设计划，包括各个单项工程的开、竣工时间，进度安排，市政工程的配套建设计划等
		建设场地的布置
		承建商的选择
9	项目经济及社会效益分析	项目总投资估算，包括固定资产投资和流动资金
		项目投资来源、筹措方式的确定
		开发成本估算
		销售成本、经营成本估算
		销售收入、租金收入、经营收入和其他营业收入估算
		财务评估，包括静态和动态分析方法计算项目投资回收期、净现值、内部收益率和投资利润率、借款偿还期等技术经济指标
		国民经济评价，对于大规模开发项目，还特别需要计算项目的经济净现值、经济内部收益率等指标
		风险分析，一方面采用盈亏平衡分析、敏感性分析、概率分析等定量分析方法进行风险分析，另一方面从政治形势、国家方针政策、经济发展状况、市场周期、自然等方面进行定性风险分析
		项目环境效益、社会效益及综合效益评价
10	结论与建议	运用各种数据从技术、经济、财务等诸方面论述开发项目的可行性，并推荐最佳方案
		存在的问题及相应的建议

在实际的操作过程中，由于研究时间及预算的限制，难以要求所有的可行性研究报告都达到如此深度，研究人员需要根据实际的研究用途、目标，确定每一项研究的内容深度和研究方法（例 3-5～例 3-7）。

例 3-5　上海南京西路某商业开发项目的市场调查及可行性研究报告纲要 ❶

1　研究目的

2　场地描述

3　上海的经济和人口

---

❶　香港某测量师行。

4　主要的基础设施

5　项目所有权与规划管理

6　上海的房地产市场

7　零售业市场

8　写字楼市场

9　项目开发原则与功能定位

10　项目规模策划

11　建议的发展方案

12　总结与结论

13　附表

13.1　现金流量分析

13.2　可行性研究数据假设

13.3　规划设计参数

13.4　现金支出状况表

13.5　现金收入状况表

13.6　净现金流量分析

13.7　敏感性分析

13.8　现金流量概况表

例 3-6　某示范居住区一组团开发项目可行性研究报告的内容纲要 ❶

1　项目概况

1.1　项目编制依据

1.1.1　项目建议书批准文件

上海市计划委员会沪计投（1997）第 119 号文《关于 ×× 示范居住区 ×× 村地块项目建议书的批复》，见附件。

1.1.2　规划选址意见书

1.2　项目法人单位

1.3　项目建设地点

1.4　建设内容

---

❶　上海投资咨询公司。

1994 年全年住宅竣工面积为 880 万 m²，1995 年全年住宅竣工面积为 1015 万 m²，1996 年上海全年住宅竣工面积达 1230 万 m²，按近几年的土地开发量、市政配套能力、资金供应情况预测，到 20 世纪末，每年竣工面积可达 1000 万 m² 左右，总供应量约为 5000 万 m²。

2.3 2000 年本市居民住宅应达到的标准

1995 年上海市区人口约为 810 万人，人均住房面积 8m²（使用面积），根据 1993 年市第六次党代会提出的目标，到 20 世纪末，上海市区人均住房面积应达到 10m²，需增加 1620 万 m²；此外，到 20 世纪末，上海市区常住人口预计净增约 25 万，需增加住宅 250 万 m²，合计需增加 1870 万 m²。据有关资料统计，使用面积平均为建筑面积的 51.8%，则上述两项共需新建住宅建筑面积达 3610 万 m² 左右。同时根据市党代会的要求，上海要在 20 世纪末完成 365 万 m² 的危房简屋的改造任务。到 1995 年年底拆除危旧房约 1/3，还剩约 2/3。根据以往经验，拆除的住宅中危房简屋占 1/4 左右，因此预计将拆除住宅面积达 950 万 m²。而据有关部门测算，在此期间因市政基础建设至少需兴建动迁房面积 450 万 m²，即使市政基础建设带动了部分危房改造，上述两项合计也在 1250 万 m² 以上。考虑到旧房的 K 值系数较大，需新建的住宅建筑面积约为 1540 万 m²。另外，为使市区住宅的成套率在 2000 年提高到 70%，必须对大面积的旧区进行成套化的改建，大量人口由此疏散出去，还需要为这些人建造约 130 万 m² 的住宅。因此，要达到市第六次党代会提出的要求，自 1995 年年底到 20 世纪末，上海至少还需兴建内销住宅面积 5280 万 m²，这一目标的实现，是房地产市场上的一种潜在需求。

2.4 供求平衡情况

从供应量与需求量来看，供应量每年约 1000 多万 m²，需要量每年约 1000 万 m²，需要量与供应量基本平衡。

从住宅建设性质看，商品房的比例逐年上升，目前约占年住宅竣工面积的 40%，由于商品房价格过高，造成了部分商品房滞销，职工解困房也难以到位，市场上需要微利房和平价房。

从供求时间衔接上看，前两年大规模开发的商品住宅（如莘庄、浦东等地区）目前正上市销售，因开发成本及价格较高，要消化这部分商品住宅需要一定的时间。

从住宅配套情况看，现已竣工的住宅，基本配套条件不足的就有 304 万 m²，建好的住宅不能及时交付使用。

从住宅所处的地段看，同等档次的住宅，尽管市区的价格较高，但仍比郊区的住宅好销，存在着郊区的住宅积压比市区严重的现象。随着上海交通的进一步改善，地段之间的差别也将随之变小。

从住宅房型看，越早竣工的住宅，由于房型较陈旧，不能满足现在的居住要求，积压也相对较严重。

2.5 本项目的市场前景

在目前竞争日趋激烈的情况下，内销住宅商品房竞争主要体现在价格、地段、房型和周边环境上，价格适中、地段好、房型新、周边环境好、配套建设好的住宅具有吸引力。

本项目地处内环线外，配套齐全，设计优良，各户型设计均符合"四明"设计要求，具有合适的厨房和卫生间，以及大客厅、小卧室，建设地块自成小区、环境和谐，建成后其自身环境和条件是有吸引力的。

本报告参考类似地段的成交价、本项目商品房的设施以及装修程度，确定其预售价为 3400 元 /m²，现房价为 3600 元 /m²，价格定位适宜于工薪阶层，并辅以条件优惠的银行按揭销售手段，预计是具有一定的竞争能力的。

3 规划方案（略）

4 经营方案（略）

5 设计方案

5.1 设计指导思想

本项目在进行总体构思时，着眼于未来。在临近 21 世纪时，住宅设计在立足于国家小康住宅标准的基础上，按《九五住宅设计标准》

设计，具有一定的超前性，构造一个宁静、舒适、安全、和谐的居住空间。

本项目建筑物外立面着意与周围环境相协调，同时具有现代特色，注重××示范居住区的整体规划思路和空间景观的协调关系，创造舒适的自然环境和优美的建筑外观。

5.2 总体布局

本项目为××示范居住区（一期）工程的商品房，工程基地位于××示范居住区内，A-1-I组团南邻居住区内主要道路新村路，北邻规划拟建公建配套设施区及规划道路，东邻真金路，西邻居住区规划道路。

本项目为A-1-I组团，地处××住宅中心地带，沿新村路，近中央公园，组团内布置6幢多层住宅，并设物业管理用房、配电房、泵房、垃圾站。

组团内道路两侧为硬地绿化停车。

住宅入口处设可供残疾人使用的坡道。

××示范居住区内集中绿地分为东西两部分，与组团内住宅楼周边绿地遥相呼应。室外机动车停车以硬地绿化辅之，集中绿化率高。

为了保持组团内空间环境的完整与整洁，组团内不设零星的单体小建筑，少量社区服务或管理用房设于D型单元底层。

5.3 建筑结构

5.3.1 上部结构

本项目以6~7层的多层住宅为主，其间分布少量8~10层的小高层住宅。部分多层住宅及小高层住宅设有一层地下室，作为非机动车停车库及设备用房。

多层住宅采用砖混结构，按《建筑抗震设计规范》要求设置圈梁、构造柱。楼层采用预应力多孔板和部分现浇板。

承重墙采用多孔黏土砖，地下室外墙采用钢筋混凝土墙。

小高层住宅采用小柱距框架剪力墙结构，利用电梯井道做剪力墙，楼层采用现浇梁板体系。

5.3.2 基础结构

多层住宅和小高层住宅均采用沉降控制复合桩基，多层住宅桩型采用 25cm×25cm 的钢筋混凝土预制桩，小高层住宅桩型采用 30cm×30cm 的钢筋混凝土预制桩。多层住宅采用条基，小高层住宅采用梁式筏板基础。

根据上海市《建筑抗震设计规程》（DJB08-9-92）进行抗震设计，按 7 度设防。

5.4　建筑设计

5.4.1　立面设计

××示范居住区内住宅立面设计充分体现城市文脉，吸收欧洲古典建筑的造型处理手段，注重细部的刻划，同时由组团空间组合体形来体现建筑的整体造型，从而使小区成为城市中一个新的建筑景观。

A-1-I 组团内的建筑，借鉴公共建筑的设计手法，打破住宅常用的同种单元重复立面的单调性。

A-1-I 组团内的建筑，通过高低不同的层次单元竖向组合，丰富群体的天际轮廓线，尤其是沿新村路的空间形体。

A-1-I 组团内的建筑，充分利用单体构件加阳台、栏板、院落柱廊、过街通道、顶层复式等实施多样化的细部处理，使之成为立面造型的有效元素。

A-1-I 组团内的建筑外墙色彩与材料的运用将给人最直观的视觉感受，根据建筑总体格调，拟采用明快而高贵的基调，既有大手笔的整体感觉，又不失耐人回味的细部处理，深浅暖色与灰色的背景上以白色框架穿针引线，成为画龙点睛之笔，住宅外墙装饰以涂料为主，面砖石材为辅。

5.4.2　户型设计

从使用功能和城市规划景观等角度出发，参照了市示范小区领导办公室关于 4 个示范小区住宅设计标准及有关专家的意见，本项目为 A-1-I 组团，由 6 幢单体建筑组成，有 7 种住宅单元，其中：

A、B、G 型为 1 梯 2 户 7 层，顶层复式；

C 型为 1 梯 2 户 9 层；

D 型为 1 梯 2 户 9 层；

E 型为 1 梯 2 户 9 层，顶层复式；

F 型为 1 梯 3 户 8 层；

共有 25 种户型。

单体设计中在满足"三明"、"三大一小"的基本条件外，还特别强调了室内功能的完善和视觉环境的净化，每户无论面积大小均设有带壁柜的小门厅，以利更衣、换鞋等要求，还设有贮藏室、卫生间、浴厕与盥洗洗衣机的分设。室内空间设计充分考虑到以人为本，户内以厅为中心，动静分区、食寝分区，许多户型可分可合，极具灵活性。

除 A 型住宅外，南北 2 栋建筑设有地下室，可停放自行车及一些设备，B、E 单元下部设 2~3 层高的南北过街通道，既满足规范要求，又丰富了组团的空间形态。本组团内暂不设机动车室内泊位。D、E、F 型单元各设 1 部电梯由地下自行车库通往上部 8 层楼面，每个单元底层出入口均开向组团内院。住宅单元指标如下：

住宅类型	户型	户数（户）	每户建筑面积（m²）	楼层（层）	备注
A	一室二厅一卫	40	74	1~5	底层 70m² 复式
	二室二厅一卫	8	85	1	
	三室二厅二卫	40	119	2~6	
	三室二厅三卫	8	168	6~7	
B	三室一厅二卫	4	104	1~2	复式
	二室一厅一卫	14	82	3~6	
	五室二厅三卫	2	183	6~7	
C	二室一厅一卫	24	82	1~6	底层 77m²
D	二室一厅一卫	34	99	1~9	底层 95m²
E	三室一厅二卫	6	127	1~3	复式
	二室一厅一卫	18	99	4~8	
	五室二厅二卫	2	206	8~9	
F	三室一厅一卫	2	112	1	北套 南套
	三室一厅二卫	2	118	1	
	二室一厅一卫	14	89	2~8	
	二室一厅一卫	14	99	2~8	
	二室一厅二卫	14	73	2~8	
G	三室一厅二卫	10	111	1~5	南套底层 106m² 北套底层 114m²
	三室一厅二卫	10	119	1~5	
	四室一厅三卫	2	177	6~7	
	五室二厅三卫	2	197	6~7	
合计		270			

各平面图、立面图详见附件。

5.5 给水排水设计

5.5.1 给水

本项目水源取自市政给水管网，设置室外调节池，组团有居民270户，按每户3.5人、每人生活用水标准取350L/（人·日），则生活用水量为330m³/日。

5.5.2 消防用水

根据《建筑设计防火规范》（GB 50016—2006），超过7层的住宅，室内消防用水量按5L/s设计；室外按15L/s设计。

地下车库内消火栓用水量按5L/s设计，自动喷淋用水量按30L/s设计。

在住宅屋顶或电梯房上部设置消防水箱，保证10min的消防储水，并配以2台消防稳压泵（1用1备），室外泵房内设置2台消防增压泵。

5.5.3 排水

生活污水量按生活用水量的80%计，生活污水总量为265m³/日。

室内污废水分流，室外雨污水分流，依据小区市政规划，××居住区污水管网最终纳入宝杨污水处理厂集中处理，达标后接入市政污水管网。

依据上海市雨水系统总体规划及居住小区规划，在××示范居住区西南角拟建雨水泵站，故本项目雨水纳入××示范居住区雨水总管网。

5.6 煤气

根据居住小区规划，本项目煤气气源来自周围市政煤气管道。

本组团住宅每户安装1只6m³/h的煤气表，270户居民煤气耗量331m³/h。

5.7 电气设计

5.7.1 供电电源

供电电源由居住小区内就近的Ⅲ型变电所引来，供电方式均为电缆埋地敷设，分别引至各单元，进入各单元的供电电压为三相四线380/220V，进入每户的供电电压为单相220V。进入跃层住宅的电压为三相四线380/220V。

5.7.2　供电负荷

小区住宅用电负荷一般每户按5kW计算，跃层每户按10kW计算，小区4个组团的总负荷如下：

单元装机容量	A型	B型	C型	D型	E型	F型	G型	合计
	65kW	55kW	60kW	80kW	70kW	110kW	70kW	520kW
单元数（个）	8	2	2	2	2	2	2	16
小计	520kW	110kW	120kW	160kW	140kW	220kW	140kW	1410kW

考虑到同时系数为0.52，功率因素补偿为0.9，本项目实际功率设计为815kW。

5.7.3　敷线

住宅用电电源采用三相四线制，导线采用塑料绝缘铜芯导线。

消防电梯、消防泵、喷淋泵、排水泵等均提供双电源，并在末端自行切换。

由变配电所向住宅各单元供电采用放射—树干式，根据各单元的负荷，每2~3单元由变配电所供1条线路。

各户电表集中放置，多层的表箱集中在1层内，小高层的表箱分层放置。

住宅楼的公共照明采用单独设表计量。

地下车库单独供电，在车库适当的位置设插座。

5.8　弱电设计

5.8.1　通信

每户设1只直线电话，为方便住户，在厅及每间卧室均安装出线盒，每层设电话分线箱1只，墙上明装电话分线箱，至用户线穿管暗敷。

5.8.2　有线电视

住宅每户设1只电视用户终端盒，每层设置1只放大分配器，与区域有线电视网联网。

5.8.3　Internet网络

根据发展的需要，小区内设置Internet网络，各户均配1只网络终端，区内网络干线与城市网络相连。

5.9 避雷

按防雷要求设计，屋面四周设避雷带，所有高出屋面的金属物均需与避雷带可靠连接，引下线沿墙、柱暗敷，与接地极可靠连接。

6 市政配套、环保及节能（略）

7 项目法人及其职责（略）

8 建设进度（略）

9 投资估算和资金筹措（略）

10 财务效益分析（略）

11 结论与建议

11.1 结论

××示范居住区是上海市政府规划建设的四个示范居住区之一，同时也符合普陀区城区改造的总体规划，因此项目的建设是必要的。

本项目是××示范居住区（一期）A-1-I组团商品房，住宅房型结构设计合理，售房价格适合工薪阶层。经测算，本项目的全部投资财务内部收益率为13.39%，按12%折现率测算的财务净现值为64万元，静态投资回收期为1.88年（含建设期）；动态投资回收期为1.99年（含建设期），因此本项目是可行的。

11.2 建议

××示范居住区（一期）采用边建设边销售的方法滚动开发，施工单位应保证尽量不影响已入住居民的生活。

12 附表

13 附件

上海市计划委员会对该项目的项目建议书的批复

上海市规划管理局对该地区控制性详细规划的批复

上海市××区规划土地管理局核发建设用地规划许可证的通知

上海市人民政府批准上海××公司牵头办理工程用地的通知

上海××投资开发（集团）公司的营业执照

上海××投资开发（集团）公司房地产开发资质证书

出资承诺书

融资协议书

项目规划总平面图

A、B、C、D、E、F、G 型住宅单元平面户型图

沿街南北立面图

项目区位图

例 3-7　上海不夜城天目广场开发项目的评估报告纲要 ❶

第一部分　项目概况

第一节　"天目广场"项目的由来

为了加速实施大上海发展战略，上海市提出了"不夜城"发展计划。"不夜城"总体规划面积为 1.42km²，规划建设总量为 280 万 m²，其中交通设施 12 万 m²，商业服务、娱乐 88 万 m²，办公、贸易、信息服务 115 万 m²，住宅及配套设施 52 万 m²，规划居住人口 2 万人。

位于上海市不夜城范围内，上海市陆上门户上海市火车站中轴线南端的 133 号地块，目前仍为棚户区，市民的居住条件极其恶劣，上海市的有关部门已经将其列入旧城改造计划，以便尽早使该地区的发展显现上海陆上门户的气势，赶上上海总体发展的步伐。但由于资金始终没有得到落实，该计划一直没有得到实施。

上海市的房地产市场的蓬勃发展，使该地区的发展变得更加迫在眉睫，在上海市及闸北区人民政府有关领导的直接关心和支持下，上海市的 A 公司、B 公司、C 公司经过友好协商，决定联合开发不夜城 133 号地块，以使该地块的面貌得到根本的改观，使该地区居民的居住条件得到根本改善，为上海市城市发展和经济建设作出贡献。

经过协商并广泛征求意见，将此发展项目定名为"天目广场"。

第二节　项目的内容

天目广场发展项目，拟在 25540m² 的规划建设用地范围内建设 150m 高的办公楼 1 幢，130m 高的商住楼 2 栋，底部建设 5 层连通式裙房，用作商业用途。地下两层用于停车库、设备等用途。

项目总计建筑面积 181437m²，其中地上建筑面积 146318m²，地下建筑面积 35119m²，全部建筑面积中，办公用房 55450m²，商住用房 37682m²，商业零售及服务用房 59531m²。汽车库房 16734m²，自行车库房 1250m²，设备用房 10281m²，锅炉房 500m²。

---

❶　北京清华大学房产评估公司。

项目建设方案中充分考虑和满足了公共绿化、人流疏导、道路交通、城市消防、环境保护、节约能源、安全防护等方面的要求。

由于该项目已经纳入上海不夜城总体发展规划，各项市政配套基本落实。此外，在上海新客站的建设过程中，该地区的市政建设条件已经得到了较大的改善。

整个项目总投资 140245 万元，分两期实施，其中第一期投资约80000 万元，第二期投资 60245 万元，全部投资均通过联营各方按比例自筹（或吸收参建单位集资）。

预计"天目广场"发展项目建成后，能为投资者带来 80667 万元的税后利润，为国家上交工商统一税 9381 万元，上缴所得税 39731万元。整个项目全部投资的内部投资收益率为 31.23%，投资回收期为3.64 年，项目的抗风险能力较强。除了较好的经济效益外，通过该项目的实施，还改变了当地城市面貌，大大改善了 1100 余户城市居民的居住条件。

第三节 建设"天目广场"的必要性

第四节 本项目评估报告的编制说明与依据

上海 A 公司"关于上报建设不夜城 133 号地块工程项目建议书的请示"和上海市计委批复；

上海市城市规划设计研究院的"上海浦安世界详细规划"和"上海不夜城总体规划"；

"上海天目广场联合有限公司联营合同"。

第二部分 联营公司概况

第三部分 市场分析

第一节 上海市总体社会经济情况

第二节 上海市土地供应与价格

上海是我国实行土地有偿使用制度较早的城市，自 1988 年 8 月上海市土地局推出虹桥经济技术开发区第 26 号地块，第一次以国际招标方式出让土地使用权以来，到 1991 年年底止，共出让土地 13 块，出让土地面积 980.95 万 m^2。

自 1992 年年初以来土地批租迅猛发展，据统计，1992 年年初至 1993 年年底，共出让土地 289 幅，出让土地面积 2257.6 万 m^2，政府获得土地出让金收入 34.3 亿美元和 15.2 亿人民币，批出可建房屋建筑面积 1157.4 万 m^2（不含成片开发），其中住宅公寓别墅 474.7 万 m^2，商业办公综合楼 623.7 万 m^2，商业用房 0.6 万 m^2，工业厂房 57.6 万 m^2。

从总地价水平来看，居住用途熟地楼面价为 200~400 美元 /m^2，商业、办公、居住综合用途熟地楼面价为 300~900 美元 /m^2，旧区改造项目毛地批租楼面地价为 20~100 美元 /m^2，旧区改造项目毛地批租楼面地价 20~100 美元 /m^2。其中与本项目毗邻的上海火车站地区（不夜城）批租地价摘要如下：

地块名称	面积（m^2）	毛地楼面价（美元 /m^2）	用途	容积率	发展商
天目西路公共中心 130-2	5772	64.1	综合楼	7.1	恒基兆业
天目西路公共中心 146A-3	5657	62.6	综合楼	7.0	恒基兆业
天目西路公共中心 147-1，147-3	6024	62.6	综合楼	6.5	恒基兆业
天目西路公共中心 135-1，136-1	11278	64.1	综合楼	6.5	加拿大
天目路国庆路（熟地）	4893	499.9	综合楼	7.0	上海金马建设
天目西路（熟地）135-1，136-2，136-3，136-4，136-5，143-1，144-2，145-5，145-6，145-7	57809	404.3	综合楼	5.6	港沪发展

第三节　上海市居住物业市场

上海市居住物业市场分外销和内销两部分。通过批租方式获得土地使用权的地块，其商业开发建设的房屋一般可以外销，而通过行政划拨方式获得的土地，其商业开发建设的房屋一般只能内销。外销和内销商品房在租金售价水平上有较大的差异。

自 1991 年以来，上海市共推出外销商品房 29 处，房屋建筑面积 5346 万 m^2，其中 1991 年为 2.98 万 m^2，1992 年为 20.4 万 m^2，1993 年 1~2 月为 30.08 万 m^2。其中，锦明公寓、玉兰花苑两处现房推出后不久便销售一空，其他外销房预售势头也看好。

第四节　上海市写字楼物业市场

第五节　上海市商业物业市场

由于上海市主要商铺物业均由国营公司拥有，导致零售商业用房出租市场未见成熟。据资料显示，目前上海零售商业用房租金约为每月 200~500 元人民币 /m²，约合 30~90 美元 /m²。

随着上海南京路、淮海路、西藏路、外滩、上海新客站地区（不夜城）等外商参与的旧城改造批租项目的实施，上海商业物业市场将进一步活跃。国家开放零售市场后即有多家香港百货公司进军上海，即可见投资者对上海的零售商业十分看好，对商铺物业有一定的需求。

预计今后几年中高档零售商业用房每年新增供应面积 20 万 ~30 万 m²。

第六节　近期开工建设的竞争性发展项目

第七节　市场分析结果

综上分析，建议本项目的开发选择中档、面向国内市场的战略。商住楼和写字楼建成后出售，售价分别为人民币 12000 元 /m² 和 13500 元 /m²。商业用房用于出租，月租金为 240 元 /m²。汽车停车位也用于出租经营，每个车位租金水平为白天人民币 5 元 /h，夜间人民币 1 元 /h，折合 72 元 /（天·车位）。

第四部分　项目选址

第一节　项目地址

第二节　地块现状及拆迁安置计划

第三节　项目发展构想

第五部分　规划方案及建设条件

第一节　规划方案

第二节　市政建设条件

第六部分　项目设计方案及建设内容——建筑设计、结构设计、给水排水设计、暖通设计、电气设计

第七部分　建设方式及进度安排——建设方式、建设进度安排、物料供应

第八部分　环境保护

第九部分　市政配套及节能措施——市政配套容量估算、节能措施

第十部分　公司组织机构

第十一部分　投资估算及资金筹措——项目总投资估算、资金筹措计划

第十二部分　项目经济效益评价——项目租售收入估算、成本及税金、利润分配、现金流量分析、财务平衡表、贷款偿还分析

第十三部分　风险分析（不确定性分析）——盈亏平衡分析、敏感性分析

第十四部分　结论与建议——评估结论、有关建议

附表

3.9.3.5　可行性研究的步骤

城市开发策划中的可行性研究可以按照以下几个步骤进行。

（1）接受委托

在项目建议通过后，开发机构可以委托咨询公司对拟开发的项目进行可行性研究，明确规定可行性研究的工作范围、目标意图、进度安排、费用及支付办法、双方协作方式等内容。然后咨询机构根据开发项目的类型、规模，根据提供的项目建议书等背景资料，根据委托方的目的与要求，明确研究内容，制定需要调查的有关基础资料、基本参数、指标、规范、标准等基本数据清单，确定调查与研究的方法。

（2）调查研究

主要从市场调查和资源调查两方面进行，市场调查应查明和预测市场的供给和需求量、价格、竞争能力等，以便确定项目的经济规模和项目构成。资源调查包括建设地点的场地调查、开发项目用地现状、交通运输条件、外围基础设施、环境保护、水文地质、气象等方面的调查，为下一步的规划方案设计、技术经济分析提供准确的资料。

（3）方案选择和优化

根据项目建议书的要求，结合市场和资源调查，在收集到的资料和数据的基础上，建立若干可供选择的开发方案，进行反复的方案论证和比较，会同委托方明确方案选择的重大原则问题和优选准则，采用技术经济分析的方法，评选出较优的方案。研究论证项目在技术上的可行性，进一步确定项目规模、构成和开发进度。

（4）财务评价和国民经济评价

对经过上述分析后确定的最优方案，在估算项目投资、成本、价格、收入等的基础上，对方案进行详细的财务评价和国民经济评价，研究论证项目在经济上的合理性与盈利能力，进一步提出资金筹措建议和

项目实施总进度计划。

（5）编制可行性研究报告

根据上述分析和评价的结论，编制详细的可行性研究报告，推荐一个以上的可行方案和实施计划，提出结论性的意见与建议，作为决策者决策的依据。上述步骤见图3-7。

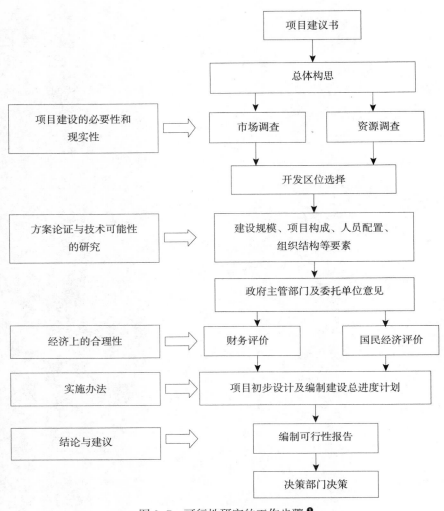

图 3-7 可行性研究的工作步骤 ❶

❶ 刘洪玉 . 房地产开发经营与管理 [M]. 北京：中国物价出版社，2001.

4

城市开发策划的理论与方法

4.1 城市开发策划的理论基础

大规模城市开发项目的规划策划理论是对城市建设与规划理论的完善，需要整合经济、社会、环境、规划、营销、政策、设计、管理等多领域的成果。

4.1.1 城市开发策划的性质

所谓城市开发策划，正如本书前面所述，是为了达到城市大规模开发者的开发目的所进行的目标定位，以及为实现既定目标而进行的项目总体构思、建议等一系列的谋划行为，项目策划的成果则是城市政府和投资者选择项目及实施决策的依据。

由于城市大规模开发项目不可避免地涉及城市、经济、土地、开发以及房地产市场这几大要素，其策划的性质相应地表现为前瞻性、动态性、效益性、法规性、缜密性及综合性。

（1）项目策划的前瞻性与动态性

无论何种形式的项目策划，其最基本的特性之一就是它的前瞻性与动态性，即策划的目的是为了实现开发者预期的某种开发愿望，策划的内容是为实现该愿望的行动纲领和指导原则。这种行动纲领和指导原则与具体的实施行动是理论与实践的关系，需要在实践的过程中不断地进行修改和补充，以便达到最终目标。

对项目筹备建设周期特别长的城市大规模开发项目来说更是如此，经济、社会、环境的变动极有可能对整个项目的实施带来根本影响。上海浦东国际机场的建设，就是城市总体规划中确定的大型基础设施项目之一，仅一期工程的投资就达到 130 亿元，占地 $1500hm^2$。按照浦东开发初期的规划，该机场的第一条跑道建设应是在 21 世纪初的事情了，但由于浦东开发的实际需要，同时也是由于客流量的迅速增长使原有的浦西虹桥国际机场的容量难以从根本上满足需要，从而使浦东机场的建设需要提前进行，其一期建设于 1999 年 9 月完成并投入使用，这时对该机场项目的策划必须作相应的动态调整。随着上海与周边的江浙二省城市间竞争的加剧，浦东机场二期工程的建设进度又再次提前，2002 年 10 月，上海虹桥国际机场所有国际及港澳地区的航班全部东移至浦东国际机场，这一举措无疑令苏州等城市外资企业的产品及人员的交通时间成倍增加，相应地提高了上海的城市竞争能力。

（2）项目策划的效益性

任何投资行为的最终目的都是为了实现一定的效益，对于城市大规模开发来说，其效益可能不仅表现为经济效益，还表现为社会效益和环境效益，有的时候间接的效益远远大于项目本身财务报表中体现的效益（例 4-1）。

例 4-1　轨道交通项目建设的整体效益 ❶

上海大力建设的轨道交通项目产生的整体效益就远远不只是财务报表中可以见到的客运车票收益。据专家测算，当平均运营速度达到每小时 35km 时，市民出行每人每公里可节省 0.05476h，相当于为社会产生价值 5.25 元，按照 1995 年上海进行交通调查时的数据，上海市每天居民出行约 2600 万次，仅这一项每天就可以带来社会价值数亿元。此外，每年还可以减少 500~600 辆公交车的投入，地面道路机动车的速度每小时可以提高 1.58km，减少大量的汽车废气排放和道路堵塞现象，其带来的社会效益与环境效益远远大于项目自身的财务收益。

因此，需要在确定项目的最终目标后对项目进行综合评价。另一方面，由于我们现在的整体经济实力还相当有限，并非所有能够带来综合效益的项目都能够立即筹划上马，还应该通过环境分析阶段的研究，确认最有效益、应该尽快上马的项目进行建设。因此，项目的策划不应只局限于项目本身。

特别是以政府为主体的、社会公益性的项目，通常会在项目策划分析中权衡项目的各种效益，将政府的资金用于真正能够促进城市功能全面发展的项目。而私营机构投资项目的规划策划中，如何在项目建设为社会带来效益的同时使开发投资者获取必要的经济效益则更为重要，因为这关系到今后继续吸引私营机构参与城市大规模开发项目的目标。

（3）项目策划的法规性和缜密性

虽然人类发展的经济利益、社会利益以及环境利益从总体上来说

---

❶　上海市第二次综合交通调查结果 [N]. 文汇报，2000-12-26.

是相互一致的，但具体到某个团体、企业或个人时，个体或小团体在投资开发中对经济效益的关注程度会大大超过对其他两方面效益的关注，其期望实现的个体效益有时会与社会整体的经济效益、社会效益及环境效益不一致，甚至有时相矛盾，因此需要相应的法律、法规来规范和约束个体行为。当个体的城市大规模开发行为符合社会整体的综合利益时，其开发计划才能被政府主管部门批准；反之，就会被主管部门所否定。所以，成功的开发策划必须全面考虑到个体与社会利益的综合平衡，才能使项目开发计划最终获得通过。

特别是许多大规模开发项目需要通过上市、海外融筹资，以及BOT（即建设—运营—移交，Build-Operate-Transfer）等方式募集项目建设资金，这些程序都要求项目恪守严格的法律、法规程序及内容要求，由具有相当专业资质、独立承担法律责任的专业机构，承担从立项、论证、融资及上市协调、发包建设、专业技术顾问（规划师、设计师、工程师、评估师、会计师、证券销售、商业银行人员等）到项目经营的各种活动。相应地，大规模开发项目的策划工作在项目审核、实施的各个环节都要遵循一定的法规程序和缜密的专业程序。

（4）项目策划手段的综合性

城市大规模开发活动本身是一个几乎涉及城市的所有科学的综合性系统工程，其复杂性与困难性不仅表现在其具体实施过程中，而且还表现在对现状的客观分析与对未来发展的准确预测上，这就要求策划者必须运用最先进的科学技术手段与方法，整合各方面专家、学者的专业意见和建议，对所收集的资料信息进行综合归纳、整理和分析，最后通过策划者的构思、设想以及建议，制订出完整的实施方案和计划。

4.1.2　城市开发策划的层次

城市问题错综复杂，城市发展中遭遇的挑战也是千差万别，其中有关乎全局的城市发展方向问题，也有具体的项目开发问题。根据开发问题的层次，可以将策划分为战略策划、管理策划、项目策划、设计策划。而根据投资建设主体的性质、组织形式、项目建设产生的效益，可以将城市大规模开发项目作以下分类：

（1）按照项目投资主体的性质和项目组织形式，可以将项目分为政府投资项目、私人投资项目以及公私合作投资项目。

（2）按照项目建设产生的效益，可以分为公益性项目、半公益性项目以及市场化运作项目。

过去在计划经济体制下，城市建设的投资主体是政府，因此项目的计划、立项、筹建等工作都是由政府各相关部门完成，城市规划部门主要是在计划部门制定的国民经济计划基础上进行项目的选址、设计方案的审批等。由于确定上马的项目资金来源有保证，且不存在项目建成后的销售问题，因此项目建设中主要需要解决的问题集中在建设工艺与技术等方面，城市开发策划没有体现出其应有的必要性。

城市建设引入市场机制后，形成了投资主体以政府为主，社会各界多方参与的局面，一些地方还出现了私人集资建设城市道路、桥梁、铁路等基础设施的现象，城市建设进入新一轮快速发展时期。不同投资主体的利益取向不同，反映在项目建成后的效益体现方面就有公益性项目（如城市文明建设、城市整体形象创造等城市宏观发展项目和城市环境污染综合治理、城市公共绿地系统建设等自身难以产生经济效益、建成后无法收取费用来偿还建设资金的项目）、半公益性项目（如自来水、电力等建成后可以收费维持运营的项目）及经营性项目（如一些市场化运作的旧城改造、新区开发项目）的差异，并且项目的运作方式日益向市场化的方向发展。

4.1.3　城市开发策划的原则

应该说不同地区、不同城市，由于其规模、性质、人口、经济和社会发展水平不同，它的发展方向、发展目标及实现目标的手段必然不同，其城市开发策划的重点也不尽相同，即便在同一城市，由于位置、功能区开发的种类不同，其项目策划的内容也会大相径庭。然而，由于我国城市所处的社会机制相同，各城市中经济、社会、土地、开发活动、市场机制等状况相近，其大规模开发活动的策划原则大同小异，大致包括如下六类原则。

（1）合理超前的原则

城市大规模开发活动是城市经济发展、城市化发展、城市建设的客观要求和必然结果，是人类认识自然和改造自然的具体行动。而城市土地使用性质难以改变的困难性和开发建设的长期性，要求开发建设的项目必须在建成后的几十年甚至上百年里都能基本适应城市经济、社会、环境发展的需要。这就促使策划者在策划时要充分收集开发项目涉及地区和城市宏观及微观的数据资料，并借鉴发达国家、城市的开发建设经验，根据社会发展的趋势，尽量科学地预测城市未来几十年内的发展变化程度，使整套开发策划文件具有合理的超前性。

（2）系统控制的原则

城市大规模开发活动是一项涉及面广、制约因素复杂、项目规模庞大的系统工程，它的开发建设不仅会给城市景观带来显著的变化，而且将对城市的社会、经济、文化产生深远的影响。因此，必须用系统的方法和手段去分析它内在的矛盾本质，将各种城市现象，包括社会、经济、文化、环境的因素看做为一个复杂而又相互作用的系统，然后引入适当的控制机制，促使系统和系统的行为向着特定的方向转化，以实现开发者的建设目标。

（3）优化、可行的原则

本书所讨论的项目策划是为实现特定目标而进行的一系列分析和制订行动方案的行为，是具体开发实践的行动指南。面对一个规模庞大的系统工程，必须考虑实现目标所需的人力、物力、财力以及科学技术水平。计划经济体制下只重视人力、物力，不考虑财力与科学技术的建设，给我们带来的教训是深刻的。因此，要求策划者对这种建设周期长、耗资巨大的开发项目进行充分的研究，针对目标市场的需求，确定开发建设的成本需要，用费用效益分析、敏感性分析等方法，对可能的方案进行分析和优化，选择成本最低、效益最好、操作性强的方案。

（4）可应变、具有弹性的原则

城市大规模开发活动是一个连续、漫长的过程，在此过程中，当一些潜在的不利因素出现时，会影响整个项目的顺利实施。而有些有利因素的呈现也可能大大加快建设的进程。这就要求策划者在策划时针对可能出现或无法预料的情况，建立良好的反馈渠道，制订多种应变措施，面对重大调整因素的出现而及时调整、修改既定方案，使之能够适应情况的变化。同时，尽管项目的策划过程中对未来可能发生的情况做过预测，但是在实施的过程中，大规模开发项目经常会碰到意料不到的新情况，因此必须确定具有弹性的应变机制。

（5）市场化的原则

市场经济条件下的城市大规模项目的开发行为要求开发者无论是个人、集体或是政府的机构，都要考虑项目实现其价值的可能性。而价值的实现只能通过市场行为，这就要求开发者和策划者必须详细调查、分析市场需求与潜在的客户需求，然后根据这些调查分析的结果制订出一套包括项目融资、项目营销、整体形象策划的一系列方案和措施，促使项目在市场上能够尽快地实现开发价值。

（6）法律规范化原则

人类的一切行为都是在一定的规范下进行的，作为涉及城市发展方向、影响到城市发展进程的城市开发策划，更要受到法律和规范的制约。任何一个开发者都必须在服从国家整体利益、服从城市全体市民利益的前提下，在法律和法规限定的范围内进行自己的开发行为，策划者也只能在同样的范围内进行项目的策划。另一方面，由于大规模开发项目的特点使得政府的参与或配合成为必要，需要策划者了解政府机构的运营及政策制定程序，熟悉与政府谈判合作的方式与手段，从而帮助投资开发者同政府达成针对项目的特殊政策和优惠条件并灵活地利用，使项目的投资开发者获得最大的成功。

4.1.4　城市开发策划的内容及步骤

城市开发策划是根据对项目开发机构开发意图的深入理解，对与项目建设相关的宏观环境（包括经济形势、市场状况等多个方面）以及项目涉及的微观环境（如涉及的区域及地块资料、建设条件）进行系统全面的调查和分析，结合城市的总体规划和控制性详细规划、修建性详细规划的要求，探寻项目的建设可行性、项目的构成、性质等多个方面的要素，为项目的规划和设计方案的制订提供依据，并制订方案实施的步骤。

具体地说，城市开发策划的内容大致可分为总体构思、环境分析、可行性分析、融资策划、运营实施管理分析、规划及设计策划等几个部分，见图4-1。

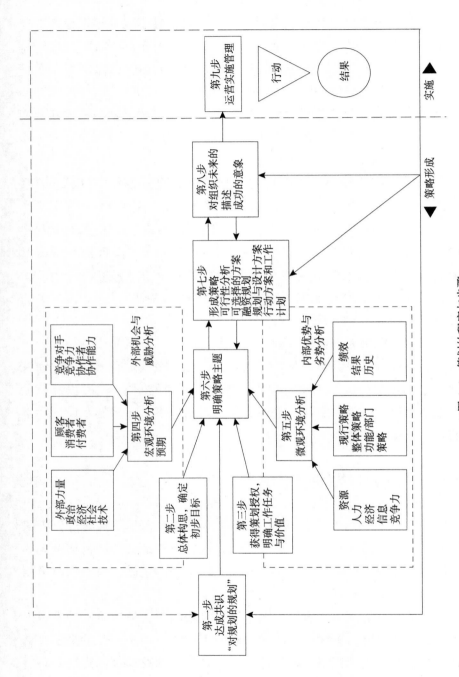

图 4-1 策划的程序与步骤
（资料来源：Bryson，Freeman，Roering，1986）

151

（1）项目可行性分析

规划策划中的可行性研究就是从开发方角度出发，根据设定的项目开发概念与定位，探求可能的开发方式，以及不同方式下开发所需要的投入与收益分析。这里比较的主要是财务方面的指标。

（2）项目的融资策划

项目的融资策划包括对项目融资原则、内容的策划和不同开发策略状况下融资方案的选择。

（3）运营实施管理分析

项目的运营管理是对项目的生产和提供的主要产品和服务的系统进行设计、运行、评价和改进。运营过程是一个投入、转换、产出的过程，城市开发项目运营全过程从项目的论证、取得用地到建设完成投入使用也是一个从资源投入到实现项目产出目标的价值增值管理过程，运营管理考虑的是如何对整个活动过程进行计划、组织和控制，是对整个城市开发项目进行设计、运行、评价和改进的过程，见图4-2。

（4）项目规划与设计策划

项目规划与设计策划是指对项目建设相关政策配套（包括规划管理、公私协调与合作以及财政扶持等优惠政策的制定等），以及对项目整体形象及视觉、空间、平面、建筑风格等多方面规划及设计要素的策划（图4-3）。

4.2 项目规划策划的总体构思

城市开发项目的总体构思是在项目前期对整个项目进行分析研究，并据此进行项目描述，对项目可行性进行论证，为项目实施尤其是规划设计提供依据。它是整个开发项目策划的基础，对于项目策划的成功实施非常关键。

城市开发活动多种多样，城市开发策划的层次从战略性的宏观谋划到具体项目的实施建议不断深入，但不论哪一层次的开发策划，其总体构思都是关于策划对象的总构想，是对策划总体目标描绘和对后续各策划组成部分基本思路的描述。

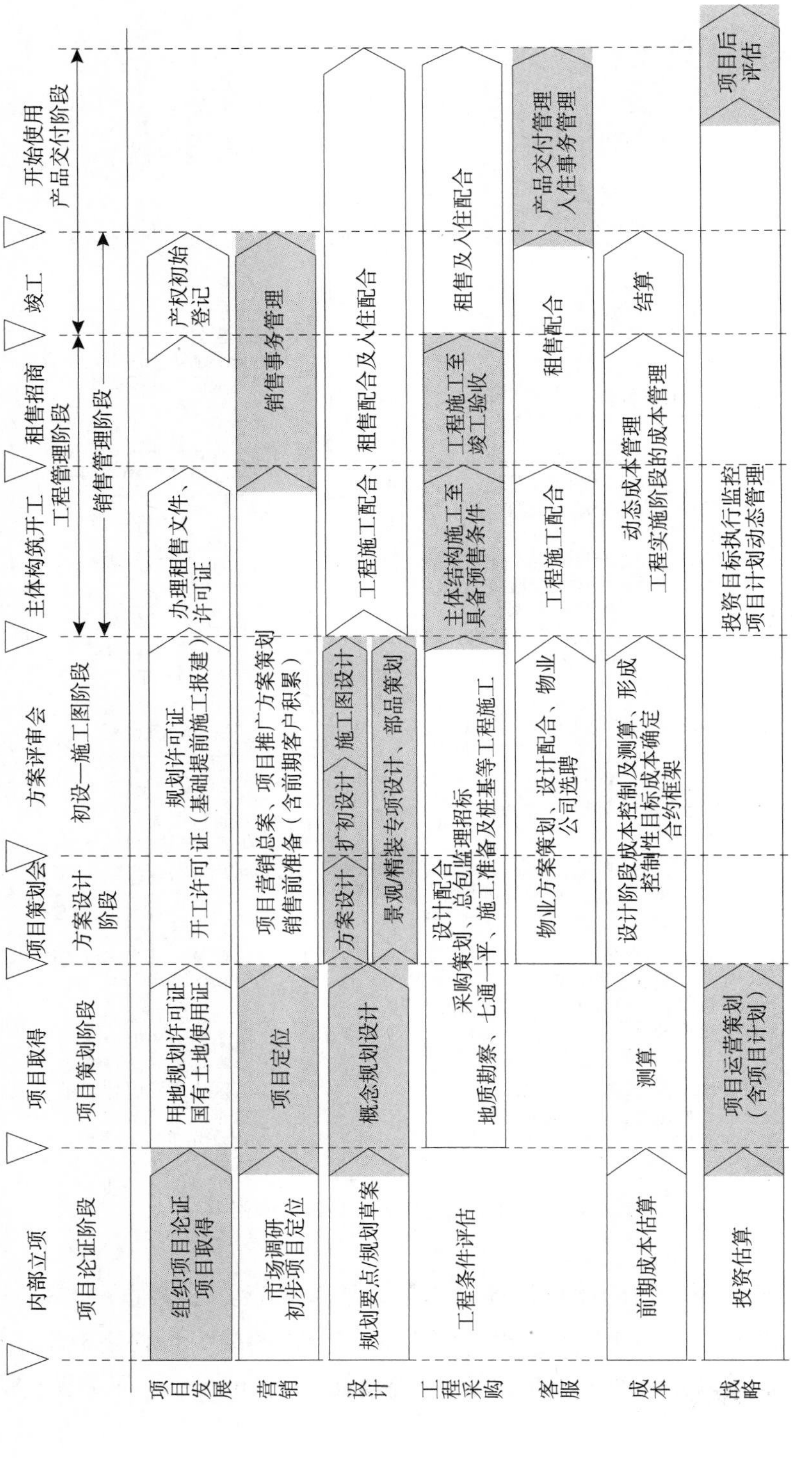

项目发展	项目论证阶段	项目取得	项目策划会	方案评审会	主体构筑开工	租售招商	竣工	开始使用
	内部立项	项目取得	项目策划	方案评审会	工程管理阶段			产品交付阶段
			方案设计阶段	初设—施工图阶段		销售管理阶段		

图 4-2　某项目开发的运营管理流程示意图

153

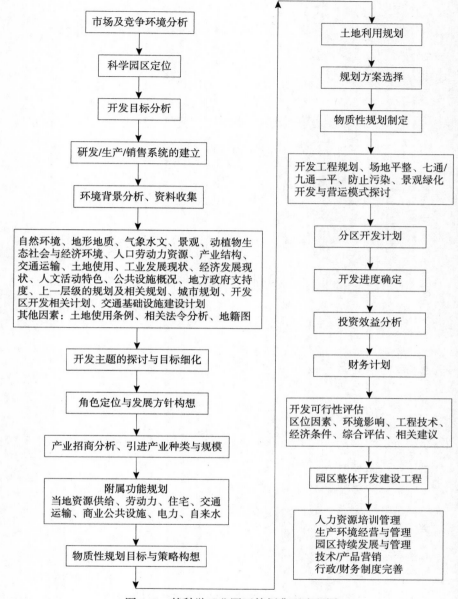

图 4-3　某科学工业园区策划典型流程图

　　总体构思方案的制订过程是一个不断深入的动态过程，一般要按
照总体构思所涉及的内容和程序，分期、分批地组织各利益相关方进
行分析，通过各专业人士与决策者对其讨论、分析和批评而逐渐形成。

内容主要涉及城市开发建设过程中的重点任务，着重突出对城市、土地、开发、市场等几大基本要素的描述和设想。出于对商业机密的保护，这些咨询活动一般不涉及项目具体的任务、组成和指标，并且要求各专家恪守保密原则。最后在城市人民政府及开发者的参与下，根据专家的意见，修订城市开发项目的总体构思方案，使开发项目突出自身的优势，并根据这种优势，实施集约化经营，追求适当的建设规模，分散风险，争取获得最大的综合效益。

4.2.1　项目总体构思的作用

目前，我国建设项目的前期工作可以称为"三步曲"，即可行性研究、项目立项、规划设计。而开发者往往对整个项目缺乏全面的考虑，主要表现在：

① 开发者对整个项目缺乏整体构思，对项目组成、项目总投资、总进度缺乏规划，使项目实施带有较大的随意性，很难对项目投资、进度和质量进行有效的控制。

② 对整个项目的经济效益、社会效益及对周围环境的影响缺乏系统的评价，项目盲目上马，导致项目由于经济效益或社会效益不佳而失败。

③ 项目规划设计缺乏依据。由于开发者的建设意图不明确，规划设计任务书含糊不清，规划设计方依据猜测的开发者意图进行设计，往往由于开发者意图的改变造成设计工作不断返工，甚至规划设计方案失去可行性而被束之高阁，见例4-2。

例4-2　被束之高阁的规划方案

我国东部某沿海城市的一个数平方公里的开发项目由于开发者开发建设意图不够明确，感觉听说什么能赚钱就想搞什么，前后向规划设计者提出了规划工业区（图4-4）、商贸城（图4-5）、休闲度假区、国际产业加工展示中心（图4-6）等多种不同的建设主题，以及综合多种主题的规划要求（图4-7），规划设计机构也因此反复修改规划设计方案，不仅浪费了自己和规划机构大量的精力与资源，还因为在漫长的准备周期里适逢国家土地利用和管理政策导向发生改变而被迫停顿，最后甚至面临完全流产的危险。

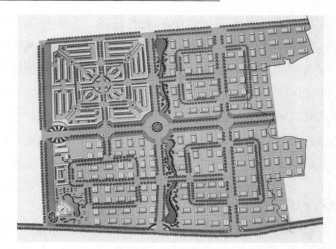

图 4-4　工业区主题下的规划方案

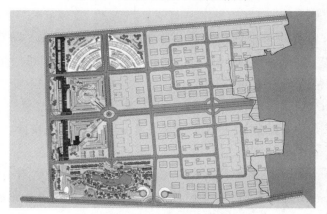

图 4-5　商贸城主题下的规划方案

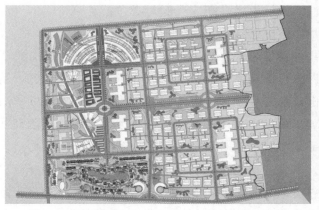

图 4-6　国际产业加工展示中心主题下的规划方案

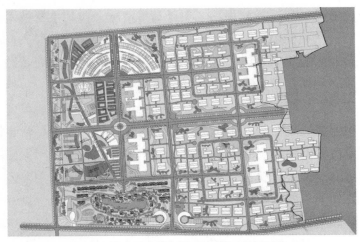

图 4-7　综合了多种主题（国际加工展示中心、
假日商贸休闲中心）的最后修改方案

因此，在大规模城市开发项目前期，有必要对整个项目进行全面的、系统的构思，对项目进行明确定义，将开发商的建设意图和社会需求反映到项目产品设计及项目结构中去，并提出投资融资规划、建设进度规划，为设计工作及以后的项目实施提供依据和目标。

大规模城市开发项目的总体构思，包括有：

① 明确大规模城市开发项目的目标；

② 分析大规模城市开发项目建设的可行性；

③ 明确大规模城市开发项目的项目结构；

④ 对投资、融资以及建设进度提出初步规划；

⑤ 为项目的规划设计、产品设计提供依据。

4.2.2　项目总体构思的内容

项目总体构思的内容有项目背景条件研究、环境调查分析、项目定位设想、项目架构设想、项目总投资设想、项目总进度设想等，涉及的内容包括工程技术、经济、管理组织、市场营销等方面。

4.2.3　项目背景条件研究

项目背景条件研究包括拟开发建设项目的由来及发展过程；投资

建设单位情况；利益分配关系；项目基本情况（包括主要技术经济指标）；可行性研究的依据及工作范围；需要特别说明的问题等方面内容。这部分研究内容属于总体情况的介绍，报告叙述时要言简意赅，力求准确可靠。例如，项目产生及发展过程的有关文件依据，包括上级主管部门的批文，有关协议、合同等应真实可靠，投资建设单位要交待清楚是国家投资还是私人投资，是独资还是合资。对于私营建设单位应阐明单位的资信情况和发展潜力，对于多方联合投资项目要落实投资方利益分配关系。项目基本情况应包括项目的性质和主要经济技术指标，譬如项目属于基础设施还是生产性设施，其规模、投资、基本财务效益等是什么情况。如果有两个以上方案，则应分别介绍各方案的情况，并提出推荐方案意见。

4.2.4 项目产品定位

按照市场营销学上的定义，产品定位（Product Positioning）是指"为了适应消费者心目中的某一特定需求而设计产品以及营销组合的行为"[1]，随着社会的不断进步，人类的各种需要和欲望层次也越来越高，对产品的认识不断深入。一方面产品的范围越来越广，各种无形的服务也成为产品，另一方面，产品的内涵也逐渐拓展，除了形体的产品层次——"有形的产品"外，还有核心产品——"消费者实际上购买的产品的服务与功用"，以及延伸产品——"附加在有形产品上的各种服务"。城市大规模开发项目不论其开发建设方式是何种形式，不论开发方是公共机构或是私营企业，它们提供的依然是满足人们需要的产品和服务。但另一方面，城市大规模开发项目也有不同于一般产品的特点，它的载体（城市土地）数量有限，具有异质性、边际效益递减等特性，因此产品无法大量生产；它所提供的产品与服务的规划与设计既受到政策、法规的限制，又牵涉到复杂的专业知识，因此无法作标准化的设计；它的投资巨大，享用其产品或服务的层次多样，某些有形的产品如房地产具有自用、保值、投资收益的特性，而城市

---

❶ 菲利普·科特勒著 . 市场营销管理：理论与策略 [M]. 邓胜梁，许邵李，张庚淼译 . 上海：上海人民出版社，1997.

交通项目、绿化休闲项目则提供无形的交通便捷服务以及舒适、休闲的生活享受，因此，产品价值很难找到统一的衡量标准；再加上某些项目建设与交易动机多样化，消费者的需求不仅多样，而且多变，这些都增加了城市大规模开发项目定位的复杂性。

城市大规模开发项目的定位，主要应该包括以下几个方面：

（1）以投资兴建者的立场，针对特定目标市场的潜在消费者，决定其开发的项目应该在何时，以何种方式，提供何种产品及服务，以满足潜在消费者的需求，并符合投资兴建者的利益。也就是说：①以投资者或者政府公共机构的立场为出发点，满足其利益目的；②以目标市场潜在消费者需求为导向，满足其对产品的期望；③以土地特性及环境设施条件为基础，创造较高的产品附加价值；④同时兼顾"规划"、"市场"、"财务"三方面的可行性原则，设计具有有效需求的产品。

（2）从时机方面讲，产品的定位应该在项目相关的重大决策前后。比如：①获取开发地块以前，以土地开发为产品，通过定位来寻求开发的可能性，确定土地的开发方向；②取得项目建设许可以及开发地块后，需要进一步进行产品定位，以确定项目建设的规划方向，为产品设计提供依据；③大规模开发项目的时间跨度较大，市场状况的改变会影响到项目定位的依据，因此项目定位工作需要在项目的生命周期里随着市场状况而应变。

（3）就目的而言，大规模开发项目定位可以帮助开发者：①降低市场风险，避免供过于求、时机不当或者不符合目标市场需求等可能带来的损失；②增加获得效益的能力，如通过提升水准而提高销售单价、通过项目组合提高整体利润、通过规模降低成本等；③发挥整体作业的优势，防止开发、建设、销售、规划设计、财务运作等方面的冲突，兼顾成本、收益、品质以及时效；④既作为项目审批、核准的依据，又给规划设计方提供依据，减少方案修改甚至落空的可能性。

4.2.4.1 项目定位流程

项目定位可以分为两个阶段，见图4-8、图4-9。

第一阶段重点在于确定项目的使用方向，即决定项目"做什么"（开发种类）、"何时做"（开发时机），这是实现"基本价值"的必要条件。

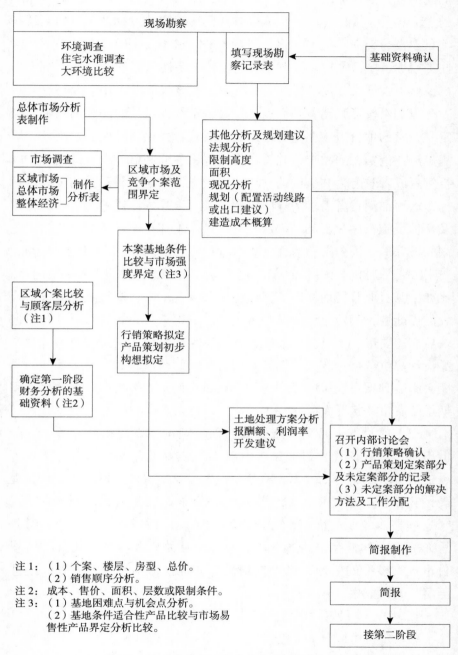

注 1：（1）个案、楼层、房型、总价。
（2）销售顺序分析。
注 2：成本、售价、面积、层数或限制条件。
注 3：（1）基地困难点与机会点分析。
（2）基地条件适合性产品比较与市场易
售性产品界定分析比较。

图 4-8　产品定位的两个阶段流程图（第一阶段）

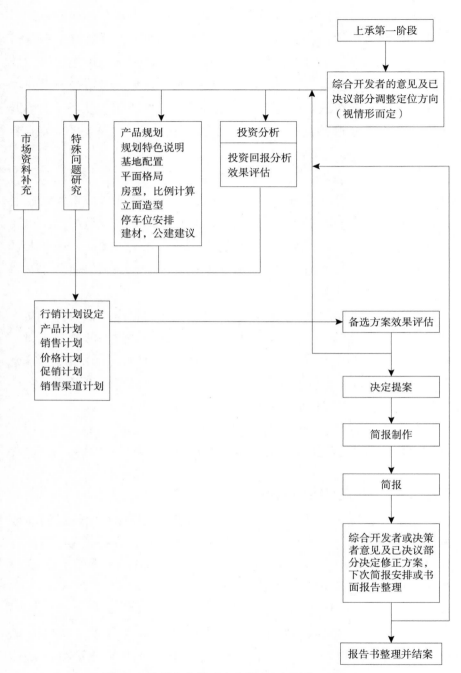

图 4-9 产品定位的两个阶段流程图（第二阶段）

通常城市大规模开发项目由公共部门组织实施，但由于筹融资方式多元化和公私合作的日益增加，因此，即使许多时候并非以完全市场需求为目标，但是除了提供公共服务以外，可能还包括以市场销售为目的的部分，以实现偿还投资和经济上的回报（例如，城市交通设施项目建设，除了要考虑交通运输的功能，并通过售票回收投资、维持运营外，还可能通过相关联的房地产项目开发得到收益）。这时候需要把握开发的方向，发掘最佳用途。

第二阶段的重点是规划与设计的方向，即决定项目"是什么"（产品形态与结构）及"如何做"（收益实现方式）。例如，城市大型住宅社区项目开发中顾客层面、目标价格、容积率分配、户型配比、建设档次、设施配套标准等要素，需要通过对政府相关政策、市场需求以及多种住宅形式特点的了解和把握才能合理确定，并确保项目"附加价值"实现的可行性。

当前城市房地产市场竞争日益激烈，土地价格高昂，项目开发的收益多数来自项目合理定位与规划设计所创造的"附加价值"，因此，对于城市大规模开发项目而言，通过合理的项目定位一方面可以避免不当开发的风险，确立合理开发的条件，另一方面可以积极地掌握开发的良机，创造开发的附加价值。

4.2.4.2　项目定位的步骤与内容

项目定位的步骤与内容见图 4-10。

4.2.5　项目类型与结构构思

城市大规模开发项目的类型与结构构思就是在项目定位已经确定的项目基本性质、发展方向和功能划分的基础上，对项目目标进行具体和深化，分析项目的组成及各组成部分之间的合理比例，作为下一步的项目初步设计和投资估算的基础。

4.2.5.1　项目类型与结构

项目的类型划分有多种形式，内容可以多种多样。城市大规模开发项目涉及城市生活的许多方面，不同种类的开发项目，其组成不同，项目结构也不尽相同，在确定结构的时候，应注意使项目的结构均衡、重点突出、层次多样，全面满足消费者的需求。

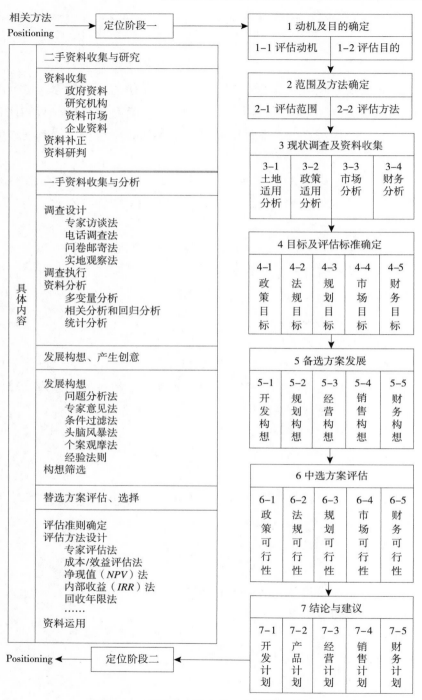

图4-10　项目定位的步骤、内容及相关方法

例如，住宅社区项目的结构可以由以下几个部分组成（表4-1、表4-2）。

（1）住宅

按照建筑形式可以分为：多层住宅、高层住宅、别墅等。

按照用途分为：普通公寓房、单身宿舍、老年公寓房。有的地方有外销房、内销房之分。此外还有经济适用房、平价房、微利房、安居房等分法。

按照户型分为：一室户、两室户、三室户等（两房一厅（2B/1L），三房一厅一卫（3B/1L/1W），三房两厅两卫（3B/2L/2W））。

（2）商业服务设施

居民购物中心（包括超级市场、购物中心、菜场等）；

餐饮设施（餐厅、饮食点等）；

综合服务设施（理发店、浴室、摄影中心等）。

（3）休憩娱乐体育设施

儿童游戏场、老年俱乐部；

残疾人之家；

综合娱乐活动中心（影院、录像、歌舞厅、棋牌室、茶室、咖啡室等）；

公园；

花园、绿地、水面等。

（4）文教体育设施

学校及托幼设施（中、小学、托儿所、幼儿园、继续教育中、高等学校等）；

文化馆、图书馆；

书店；

体育设施（游泳池、健身中心、网球场、体育馆等）。

（5）卫生服务设施

医院；

养老院等。

（6）市政公用设施

变电站所、供水站、煤气站、雨污水泵站、环卫所、公交站点等。

（7）行政管理设施

社区行政中心、警署、居委会等；

银行、邮局等。

（8）工业设施

某社区项目结构　　　　　　　　　　　表 4-1

大类	项目	小类	项目
01	住宅	011	多层住宅
		012	小高层住宅
02	商业服务设施	021	超市、便利店
		022	菜场
03	休憩娱乐设施	031	儿童游戏场
		032	老年俱乐部
		033	娱乐中心
04	文教体育设施	041	中学
		042	小学
		043	托幼
		044	文化馆
		……	……
05	卫生服务设施	051	医院
		052	养老院
06	市政公用设施	061	变电站
		062	煤气站
		……	……
07	行政管理设施	071	居委会
		072	警署
08	工业设施	081	工艺品厂

城市大规模住宅社区项目开发的面积分配表　　表 4-2

编码	名称	面积（m²）	备注
01	住宅		
011	多层住宅		
012	高层住宅		
02	商业服务设施		
021	购物设施		
0211	购物中心		

续表

编码	名称	面积（m^2）	备注
0212	集市农贸市场		
022	餐饮设施		
03	休憩娱乐设施		
031	儿童游戏场		
032	老年俱乐部		
033	公园		
04	市政公用设施		
05	卫生服务设施		
……			

根据项目的类型与结构，可以进行项目各部分建筑面积的估算和分配，表 4–3 是我国现行城市居住区规划设计规范中规定的公共服务设施千人指标。

我国城市公共服务设施控制指标（m^2/ 千人）[1] **表 4–3**

类别 \ 居住规模		居住区		小区		组团	
		建筑面积	用地面积	建筑面积	用地面积	建筑面积	用地面积
总指标（含医院等）		1605~2700（2165~3620）	2065~4680（2655~5450）	1176~2102（1546~2682）	1282~3334（1682~4084）	363~854（704~1354）	502~1070（882~1590）
其中	教育	600~1200	1000~2400	600~1200	1000~2400	160~400	300~500
	医疗卫生（含医院）	60~80（160~280）	100~190（260~360）	20~80	40~190	6~20	12~40
	文化	100~200	200~600	20~30	40~60	18~24	40~60
	商业服务	700~910	600~940	450~570	100~600	150~370	100~400
	金融邮电（含银行、邮电局）	20~30（60~80）	25~50	16~22	22~34	—	—
	市政公用（含自行车存车处）	40~130（460~800）	70~300（500~900）	30~120（400~700）	50~80（450~700）	9~10（350~510）	20~30（400~550）
	行政管理	85~150	70~200	40~80	30~100	20~30	30~40
	其他	—	—	—	—	—	—

[1] 城市居住区规划设计规范 [M]// 周俭 . 城市住宅区规划原理 [M]. 上海：同济大学出版社，1999.

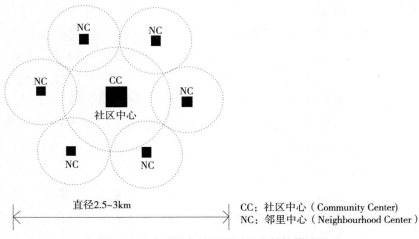

直径2.5~3km

CC：社区中心（Community Center)
NC：邻里中心（Neighbourhood Center）

图 4-11　大型居住社区项目概念结构模式图

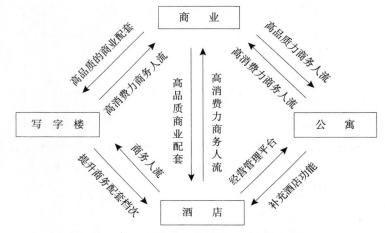

图 4-12　某城市综合体项目概念模式图

概念结构模式见图 4-11、图 4-12。

4.2.5.2　项目开发量的分配

开发量的分配涉及资金、建设定位、管理运营等多个关键性要素，是根据城市大规模项目开发周期长、投资大的特点而进行的关键性技术工作，它要求策划及规划人员具有相当丰富的建设设计经验和市场开发经验，它的确定不仅为首期建设开发成本的估算和招商融资计划打下基础，而且能够为后续的建设方案提供重要的参考依据。因此，需要遵循以下原则。

（1）满足国家及城市战略需求，满足社会需求

无论是否是公共性开发项目，其开发建设与实施运营都应该满足国家、城市乃至社会发展的战略需求，借此项目才能得以顺利实施，并实现项目开发的目标。特别是大规模开发项目，由于其社会影响大、建设周期长、风险大，是否能够获得来自各方的支持与理解，将是项目能否取得成功的重要条件。

（2）满足市场需求

首先，市场是开发方实现其经济效益的唯一途径，同时也是产生良好社会效益和环境效益的重要途径，因此，任何项目的开发建设都要将市场因素放在重要的地位来考虑。开发机构既要争取投资者参与项目融资、参建商参与到项目的开发中来，又要使开发活动的产品和服务有最终的用户，以实现效益。此外，很多时候还需要对开发地区、项目的持续发展予以考虑，以保证大规模开发项目的后期进一步发展得到市场的认可。

（3）效益最大化

通常开发方都希望项目结构中的主要部分所占的面积比例尽可能大一些，以便其实现最大投资收益，但项目组织中各部分都必须满足城市总体规划及控制性详细规划制定的技术指标，如容积率、建筑高度控制等。因此，要在满足城市建设总体规划控制性技术指标的前提下，尽量满足开发方的要求。

（4）土地集约化、立体化利用

由于城市土地价格高昂、供应量日益紧张以及城市土地集约化利用标准的提高，需要从多样化、立体化、高强度的角度出发，加强对城市土地空间的利用。

（5）产品结构合理

城市大规模开发是综合性的开发活动，首先要突出项目主体，并协调其他各种辅助设施的分配，最终形成一个完整的城市区域结构功能体系。

（6）多方案比较

多方案比较是项目策划与规划设计的工作手段和原则，它能充分

发挥人的创造性思维成果，对项目开发量的分配，需要从不同角度、层次上加以研究和考虑，形成不同的方案供开发方决策参考，并寻找更为经济的开发方案。

4.2.6 城市大规模开发项目的投资估算

项目的投资估算是在项目结构的基础上进行的，根据项目初步定位、组成以及项目实施的初步设想，参照相关项目的工程造价和投资数据，对大规模开发项目的投资情况作出综合判断。

这一阶段的投资估算是粗略的、判断性的，但是作为决策层领导、政府有关部门进行决策与审核的依据，对于整个项目的投资控制具有很大的影响，甚至是决定项目启动与否、何时启动的重要因素。

城市大规模开发项目的投资估算可以分为静态和动态两种。

（1）静态投资估算

静态投资估算是在以下数据和资料的基础上，不考虑通货膨胀、利率变化等因素而得到的项目投资数据：

① 项目功能空间划分和面积分配；

② 通过调查所获得的项目基本情况；

③ 有关专家所提供的比较全面的数据和咨询意见；

④ 市场上同类项目的基本数据。

项目规划策划过程中的静态投资估算如表 4-4 所示。

城市开发策划中的静态投资估算表 表 4-4

序号	项目名称	单位	数量	单价（元）	投资	占总造价的比重（%）	备注
1	土地费用						
2	居住建筑费用						
3	公共建筑费用 其中：休憩娱乐设施 　　　商业服务设施 　　　文化体育设施 　　　卫生服务设施 　　　行政办公设施 　　　……						其中各种设施的投资估算应根据面积分配进一步细化

序号	项目名称	单位	数量	单价（元）	投资	占总造价的比重（%）	备注
4	室外工程设施费用 其中：土石方工程 　　　车行道和人行道 　　　水、电等室外线路 　　　……						
5	绿化费用						
6	其他（消防等）						
7	项目总投资（万元）						
8	人均投资（元／人）						
9	单位建筑用地投资（元／hm²）						
10	单位建筑面积投资（元／m²）						

（2）动态投资估算

由于资金所具有的时间价值，对于时间跨度大的项目通常需要考虑物价上涨和资金利息等因素对项目总投资的影响，称为大规模城市开发项目的动态投资，见表4-5。

城市开发策划中的动态投资估算表　　　　表4-5

序号	项目	数量	单位
1	项目静态投资额		万元
2	项目建设期		年
3	平均年投资额		万元
4	假定年利率		%
5	融资费用		万元
6	预计物价上涨幅度		%
7	考虑物价上涨因素预计投资增加幅度		万元
8	项目动态投资（不计资金利息）（1）+（7）		万元
9	项目动态投资（包括资金利息）（1）+（5）+（7）		万元

具体运用见后文案例❶（表4-6~表4-16）。

---

❶ 本书整理。

表 4-6

上海市复兴东路东路改造规划设计地块财务估算

数据假设一

一、工程项目资料			
工程项目名称	复兴东路改造		
分析范围	现金流量分析		
项目发展地点	复兴东路 2-1 地块		
发展商			
土地使用年期			
项目分析时点	1995 年 10 月		
二、项目发展面积			
土地面积 (m²)	31000		
容积率	5.0		
项目发展种类			
商铺建筑面积 (m²)	23250		
居住建筑面积 (m²)	131750		
总面积 (m²)	155000		
三、财务分析假设		售价 (元/m²)	
土地楼面价	美元 400/m²		
汇率	美元 1=人民币 8.3		
建筑费用增长率	每年增加 10%		
商铺售价	按 1996 年 1 月价格计	RMB10000 元/m²	
居住售价	2 年后价格按年增幅 15%	RMB7000 元/m²	
四、税收			
销售税率	销售税率包括营业税 5%，印花税 0.03%，城市建设维护税 0.35%，教育附加 0.15%，其他 0.03%，合计 5.56%，不可预见费计 2.44%，共 8%		
盈利税	33%		
五、工程进度		由	至
开始时间		1996 年 4 月	1996 年 9 月
动迁时间		1996 年 10 月	1998 年 7 月
建筑期			
建筑完工交接期限		1998 年 12 月 31 日	

数据假设二

一、土地费用			总计费用 (元)
土地受让费用			
第一期 (1996 年 4 月)		15%	7719000
第二期 (1996 年 6 月)		50%	257300000
第三期 (1997 年 6 月)		35%	180110000
总计			514600000
土地使用费		1 元/(m²·年)	31000
二、建筑费用（建筑费用增长率每年增加 10%）	建筑面积	建筑费用	总计费用 (元)
物业发展			
商铺	23250	2500	58125000
居住	131750	2000	263500000
总计	（按季分八次投入）		321625000
三、动迁费用			无
四、专业设计及顾问费用		占建筑成本	总计费用 (元)
建筑及结构设计		5%	16081250
监理		3%	9648750
其他		2%	6432500
总计		10%	32162500
五、其他费用			
市场推广及法律费用	按物业售价的 3% 计	3%	34642500
六、不可预见费			按建筑费用的 5% 计
不可预见费	不可预见费	5%	16081250
七、收入	建筑面积 (m²)	单价 (元/m²)	销售额 (元)
商铺	23250	10000	232500000
居住	131750	7000	922250000
总计			1154750000
每年计息次数 (m)	4	每次计息系数	1.02745
年利率 (j)	10.98%		

表 4–7

每季现金支出状况表（元）

项目		季	2	3	4	1	2	3	4	1	2	3	4	1
		年份	1996 年			1997 年				1998 年				1999 年
	净现值	总票面值	0	1	2	3	4	5	6	7	8	9	10	11
动迁														
土地受让费用	484917847	514600000	77190000	257300000				180110000						
土地使用费用	54228	62000				31000				31000				
建筑费用	321625000	354281043	40203125	41306701	42440570	43605563	44802536	46032366	47295954	48594228				
专业设计费用	31732863	32162500	16081250	16081250										
其他费用	28329550	34642500					4330313	4330313	4330313	4330313	4330313	4330313	4330313	4330313
							3885764	3781950	3680909	3582567	3486853	3393696	3303028	3214782
不可预见费	16081250	17714052	2010156	2065335	2122028	2180278	2240127	2301618	2364798	2429711				
每季现金支出	882740739	953462095												
S 形缴费表		季	2	3	4	1	2	3	4	1	2	3	4	
		年份	1996 年			1997 年				1998 年				
比率														

每年现金支出状况表（元）　　　　　　　表 4-8

项目	净现值	总票面值	1	2	3	4
			1996 年	1997 年	1998 年	1999 年
动迁						
土地受让费用	484917847	514600000	327615811	157302036		
土地使用费用	54228	62000		31000	31000	
建筑费用	321625000	354281043	123950395	181736419	48594228	
专业设计费用	31732863	32162500	32162500			
其他费用	28329550	34642500		11348623	13766145	3214782
不可预见费	16081250	17714052	6197520	9086821	2429711	
每年现金支出	882740739	953462095	489926227	359504899	64821084	3214782

每季现金收入状况表（元）　　　　　　　表 4-9

项目	净现值	总票面值	0	1	2	3	4	5	6	7	8	9	10	11
季			2	3	4	1	2	3	4	1	2	3	4	1
年份			1996 年	1997 年					1998 年					1999 年
商铺	232500000	284988418							68379693	70256715	72185262	74166748		
居住	922250000	1162194802							180826298	185789980	190889915	196129844	201513608	207045156
总计	1154750000	1447183219												

每年现金收入状况表（元）　　　　　　　表 4-10

项目	净现值	总票面值	1	2	3	4
			1996 年	1997 年	1998 年	1999 年
商铺	232500000	284988418		68379693	216608725	
居住	922250000	1162194802		180826298	774323347	207045156
总计	1154750000	1447183219		249205991	990932072	207045156

净现金流量分析（元）   表 4-11

项目	净现值	总票面值	期	1	2	3	4
			年份	1996 年	1997 年	1998 年	1999 年
税前总共现金支出	882740739	953462095		489926227	359504899	64821084	3214782
税前现金收入	1154750000	1447183219			249205991	990932072	207045156
税前利润	272009261	493721124		（489926227）	（110298908）	926110987	203830374
税前内部收益率	30.81%						
销售税率	8%						
	92380000						
总利润	179629261						
利税税率	33%						
	59277656						
税后利润	120351605						
税后利润率	13.63%						

敏感性分析一（地价及税前利润）   表 4-12

地价	美元 300 人民币 2490	美元 350 人民币 2905	美元 400❶ 人民币 3320	美元 450 人民币 3735	美元 500 人民币 4150
税前利润（元）	393238723	332623992	272009261	211394530	150779799
税后利润（元）	201575344	160963475	120351605	79739735	39127865
税后利润率	26.50%	19.60%	13.6%	8.50%	3.90%

敏感性分析二（商铺、住宅售价及税前利润）（元）   表 4-13

税前利润		商铺售价						
		8000 元 /m²	8500 元 /m²	9000 元 /m²	9500 元 /m²	10000 元 /m²	10500 元 /m²	11000 元 /m²
住宅售价	6000 元 /m²	98132279	109472082	120811885	132151688	143491492	154831295	166171098
	6500 元 /m²	162391163	173730967	185070770	196410573	207750376	219090179	230429983
	7000 元 /m²	226650048	237989851	249329655	260669458	272009261	283349064	294688867
	7500 元 /m²	290908933	302248736	313588539	324928342	336268146	347607949	358947752
	8000 元 /m²	355167818	366507621	377847424	389187227	400527030	411866834	423206637
	8500 元 /m²	419426702	430766506	442106309	453446112	464785915	476125718	487465521
	9000 元 /m²	483685587	495025390	506365193	517704997	529044800	540384603	551724406

❶ 此处有色栏表示进行敏感性分析的基准数据，下同。

敏感性分析三（商铺售价及利率）（元）　　　表4-14

税前利润	利率	商铺售价								
		8000 元/m²	8500 元/m²	9000 元/m²	9500 元/m²	10000 元/m²	10500 元/m²	11000 元/m²	11500 元/m²	12000 元/m²
10.98%	1.02745	226650048	237989851	249329655	260669458	272009261	283349064	294688867	306028670	317368474
12%	1.03000	229737972	241082925	252427878	263772831	275117785	286462738	297807691	309152644	320497597
15%	1.03750	238575468	249934917	261294367	272653816	284013265	295372715	306732164	318091614	329451063
18%	1.04500	247063124	258436154	269809184	281182214	292555245	303928275	315301305	326674335	338047365
20%	1.05000	252536407	263918016	275299625	286681234	298062842	309444451	320826060	332207669	343589278

敏感性分析四（住宅售价及利率）（元）　　　表4-15

税前利润	利率	住宅售价								
		6000 元/m²	6500 元/m²	7000 元/m²	7500 元/m²	8000 元/m²	8500 元/m²	9000 元/m²	9500 元/m²	10000 元/m²
10.98%	1.02745	143491492	207750376	272009261	336268146	400527030	464785915	529044800	593303685	657562569
12%	1.03000	146296082	210568337	274840592	339112847	403385102	467657357	531929612	596201867	660474123
15%	1.03750	154345023	218655490	282965957	347276425	411586892	475897359	540207827	604518294	668828761
18%	1.04500	162106660	226453747	290800834	355147922	419495009	483842096	548189183	612536271	676883358
20%	1.05000	167128135	231498792	295869449	360240106	424610763	488981421	553352078	617722735	682093392

175

表 4-16

某市新型文化中心区项目投资与收益估算

用地代码	功能分区	现状概况	征地面积（hm²）	拆迁面积（hm²）	征地拆迁估算（收储费用）（亿元）	规划占地面积（hm²）	规划容积率（可建部分）	可出让用地（hm²）	每亩出让金（万元）	出让金估算（亿元）
R1	一类居住用地	民宅、工业、宗教	25.9	56.22		82.12（其中保留现状别墅用地 5.06）	1	77.06	600	69.354
R2	二类居住用地	民宅、工业、宗教、小学	14.79	40.15	住宅征地拆迁安置用地 0.5 亿	54.94（其中安置区 33.3）	1.2	25.07	600	22.563
R22	服务设施用地	民宅、工业	2.55	0.88	元/hm²，拆迁安置用地 46.6hm²。	3.43	—	—	—	—
A31	高等院校用地	民宅、工业	30.65	17.62	工厂征地拆迁安置费用 0.2 亿	48.27（其中保留用地 17.92）	1	30.35	200	9.105
A33	中小学用地	民宅、工业	0	1.28	元/hm²，拆迁安置用地 67hm²。	1.28	1.2	—	—	—
A35	科研用地（产品研发）	民宅、工业、宗教	3.06	35.22	土地收储费用 24.81 亿元	38.28	1.5	38.28	300	17.226
A6	社会福利用地	民宅、工业	7.47	—		7.47	1.2	—	—	—
B1	商业用地	民宅、工业	15.73	28.45		44.18	1.2	44.18	400	26.508
	总计		100.15	179.82	61.51	179.97		216.22		144.756

4.2.7　项目建设分期

4.2.7.1　项目开发周期分析

如前文所述，城市大规模项目开发的过程一般可分为以下几个阶段。

（1）项目前期阶段

项目前期阶段一般包括项目立项、选址、成立项目公司（或开发筹建办）、前期融资、规划设计、动拆迁、场地平整等过程，有时还需要进行项目的招标与子项目的招商工作。在市场经济的条件下，越来越多的项目开发建设或生产都要求在项目前期投入大量的资金和人力、物力，以保证项目产品最终实现经济价值。作为综合开发建设的城市大规模开发项目更需要在项目的前期阶段进行大量的投入，这是因为在开发项目的前期阶段中，不仅包括项目的总体市场调查、融资准备和经济评价，而且还包括对项目涉及地区规划方案的确定、项目发展大纲，以及对大规模开发项目价值的最初市场验证——即项目吸引投资的招商工作。

（2）项目开发的阶段与形式

项目开发阶段包括项目的设计、建设及营销，具体开发形式须根据项目前期阶段确定的结构划分来决定，主要有以下几种方式：

① 对于纯粹的公益性项目，由公共机构利用城市政府财政投资的形式开发；

② 对于具有一定回收和盈利能力的项目，开发机构可以利用多种融资自行开发，或者在项目的市场前景得到其他投资商及开发商接受时，由其他投资开发商参与部分开发活动；

③ 对于建成运营后具有收益能力且市场风险较小、市场前景看好的项目，可以采用 BOT、ABS（即项目资产—赎回—证券化，Asset-Backed-Securitisation）等形式，选择新的开发商自行开发建设，并按照约定运营一定时期后移交公共机构；

④ 对于一些能够明显带来效益的基础设施项目，例如城市轨道交通项目，由于能够显著地改变沿线地区的交通可达性、改善其相对区位条件而给这些地块带来土地的升值，应该采取包容性的开发方式，

通过与项目建设同时进行与之相联系的房地产开发活动（联合开发），获取基础设施开发带来的合理增值。❶

无论由何种开发机构、以何种形式进行项目开发，都包括规划设计、施工建设、市场营销及运营管理阶段。

（3）项目的市场营销阶段

包括项目所提供产品和服务的市场营销，以及相联系的房地产产品的租售活动。

（4）项目运行和经营阶段

包括整个项目的产品及服务的运行，以及相关房地产产品的物业管理和经营。

4.2.7.2　影响项目进度的因素分析

涉及城市大规模开发项目前期工作的单位主要是政府方、开发方和策划方，这三方从各自不同的角度，通过技术因素、经济因素和管理因素等，直接或间接地对城市大规模开发项目的进度施加影响。

下面分别从政府方、开发方和策划方的角度，就技术、经济、管理等三个方面因素对城市大规模开发项目进度的影响进行分析，见表4-17。

城市大规模开发项目进度的影响因素分析　　　　表4-17

	政府方	开发方	策划方
技术因素	如《中华人民共和国土地管理法》、《中华人民共和国城市房地产管理法》，各城市的《城市总体规划》、《城市土地利用总体规划》、《城市土地利用规划》、《城市土地年度使用计划》等相关的法律、法规、政策、规范对项目进度，特别是项目前期工作进度有很大影响	是否深入了解市场需求、了解项目规划的思路和方法，是否了解融资技术和手段，是否了解设计施工技术，是否了解风险管理等，对项目的进度，尤其是对工程建设过程的进度有很大影响	策划方以业主的利益为主要出发点，策划出遵守政府有关法律法规要求，满足开发方主要建设和开发意图，符合社会效益、环境效益，顺应市场需求的开发行为及行动措施，对项目的进度通常有积极的促进作用。需要专业策划人才与技术，尤其是定位、融资、风险管理、规划设计等方面的专业人才，了解政府规划审批单位的工作程序及意图，能够熟练地将开发方的开发构想运用专业手段具体、详细地表现出来，其工作直接影响项目开发的进度

❶　ULI Research Division. Joint Development : Making the Real Estate – Transit Connection[Z].

	政府方	开发方	策划方
经济因素	政府通常从宏观经济的角度出发，引导城市大规模开发项目的建设步伐	开发方的项目启动资金、工程建设资金是否充足和及时到位是影响项目总体进度的直接和关键因素，其中启动资金最为重要	策划费用是否充足是策划方案能否实现高质量、高水平以及高速度的关键因素
管理因素	设置相应的政府专门机构和制度，审批和管理城市大规模项目开发全过程的立项、审批和监督。如规划管理局、土地管理局、计划委员会、建设委员会等机构对项目立项、公司成立、规划审批、土地批租方案审批以及对建筑物、构筑物单体方案设计的审批	开发方有无大规模开发城市建设及土地的管理经验，是否愿意委托专业机构为其工程服务，对工程进度的影响相当重要	策划方需要了解、精通有关法律法规、熟悉政府各有关机构的职能，其自身管理制度和针对具体策划项目设定的项目策划组织是主要的管理因素之一

4.2.7.3　项目进度目标的制订

（1）项目进度目标制订的手段

可以借助计算机及相应的智能化辅助设备，现在比较知名的分析软件有微软公司的 Project for Windows 等，可以制作如横道图一类的进度计划。

（2）项目进度目标的制订

项目进度目标的制订就是找出项目开发全过程中各个阶段的关键事件，然后以关键事件为"里程碑"，制订出完成各关键事件的具体时间。只是在"里程碑"制订的时候，不能忽视质量等其他因素，盲目地追求进度目标。

根据城市大规模开发项目的实际特点，其前期工作阶段的各里程碑事件如图4-13、图4-14所示，其中各关键事件的起始日期和工作流程构成了城市大规模开发项目的进度构想。

序号	内容	建设前期	建设期		
		1996 年	1997 年	1998 年	1999 年
1	基地动迁				
2	初步图设计				
3	施工图设计				
4	土建工程				
5	设备工程				
6	市政配套				
7	收尾工程				

图 4-13　某示范居住区项目建设的形象进度横道图（季度）

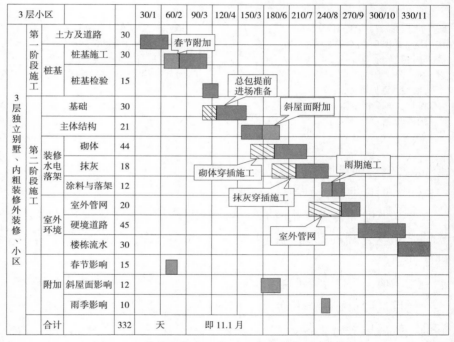

图 4-14　某公司住宅开发项目建设进度图（天 / 月）

4.3　城市开发策划的环境调查与诊断

　　城市大规模开发项目作为城市大系统中的一个子系统，在项目的生命周期中，直接或间接参与及影响项目前期策划、实施及运营的各种因素，构成了城市大规模开发项目的项目环境。在项目的前期策划、实施、运营过程中，不断地和城市大系统（社会、经济、文化、政策、社会心理、科技、生态环境等）进行资金、技术、材料、人力等方面的交流，必然受到城市大系统构成要素变化的影响，即城市大规模开发项目建设的环境。为进一步分析城市大规模开发项目的环境组成，前文曾经摘引了对国内外城市大规模开发项目的调查研究资料。由相关资料可以看出，即使在西方发达国家，城市的大规模开发项目也不总是十分成功，有些项目由于种种原因在建设过程中夭折，有些在建成后达不到项目的预期目标而失败。这都源自于项目对环境的不适应，为了减少失败，需要对项目环境作深入的了解，了解其组成要素及相互关系。

作为规划策划过程的第一步，首先需要对开发项目的宏观环境、项目的物质性环境、微观环境进行调查与分析（例4-3）。

例4-3 台湾某商业中心开发策划纲要（表4-18）❶

台湾某商业中心开发策划纲要　　　　　　　　表4-18

类别	内容
1. 总体环境分析	该市城市特性与环境分析
	该市人口成长预测
2. 产业环境分析	人口与消费活动分析
	商圈观察记录与分析
3. 市场分析	该市未来消费支出结构预测
	相邻区域现有商业的业种业态概况
	厂商访问调查
	消费者调查
	受访者基本资料
	日常生活中的重要购物需求
	逛街频度与平均花费
	日常居家购物使用交通工具、花费时间、购物频度
4. 微观分析	本案周边道路现况分析
	未来交通系统发展分析
	消费者购物种类及对应消费支出结构关系
	受访者对各项商品习惯性的购买地点
	消费者对公共设施的需求
	该市购物中心的营业面积与营业额关联分析
	本案生活圈之竞争概况

❶ 板桥文化路——摩天板桥商业空间开发企划 [Z]. 新格鑫企划有限公司 .

类别	内容
5. 可行性分析	开发概念
	本案开发定位
	商圈范围之设定
	目标客层设定
	本案之商业业态与业种构成系统
6. 财务分析及融资规划	本案可行方案之财务分析
	融资规划
7. 规划与设计策划	本案之规划与设计建议
	规划设计方案

4.3.1 项目的环境组成

在城市开发项目的实施过程中，项目宏观环境因素的作用是间接的、抽象的，研究分析宏观环境的目的是为了从外部环境中发现机会、规避威胁和风险，找出自身行为的特点与变化的趋势，避免决策上的重大失误。项目宏观因素对项目目标的影响是通过项目微观环境来实现的。

项目微观环境因素的作用是直接的、具体的，它以项目的宏观环境为基础，针对项目自身开发能力而做，通常是指 SWOT 分析中的优势与劣势分析，包括调查开发者自身拥有的资源、限制条件和拟建设项目需要的人力、物力、财力，并与主要的竞争项目及获得成功的相关实例进行比较，成为直接影响项目进行时机、区域、种类、性质等具体因素的关键。

实现项目目标所需的人力、资金、材料、技术、信息等要素从项目宏观环境中获得，并受到项目宏观环境因素的制约，然后在项目微观环境中实现交换、流动，达到实现项目目标的目的。城市大规模开发项目的项目宏观环境、项目微观环境与城市大规模开发项目的目标之间的关系如图 4-15 所示。

项目的宏观环境包括与项目有关的城市乃至国家的政治、经济、社会、文化背景以及相关产业的产业环境分析，除了要在策划报告总论中予以简明扼要的阐述外，还要具体在项目策划各部分之中予以详述。因此，宏观环境分析包含总体环境分析、产业环境分析以及市场分析 3 个层次，可以应用 SWOT 分析中的机会与优势分析方法：

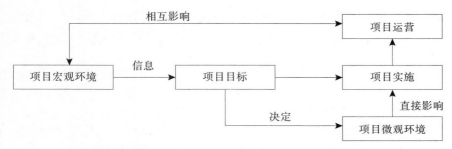

图 4-15 项目宏观环境、微观环境与项目目标的关系

① 总体环境分析，即分析由城市经济、社会、文化、法规、科技等方面组成，开发者可以识别和观察，但不能左右的外部因素。

② 产业环境分析，即针对行业情况进行分析，包括国内外主要发达国家和城市大规模项目开发的经验、现状及发展趋势；产业结构分析，即探讨分析影响产业内部竞争的各种动力，以及影响这些动力的主要要素；项目产品内容分析，即探讨低成本、差异化、专门化和产业结构的关系，评估相同方案所具有的风险。

③ 市场环境分析，包括探讨市场实现供求平衡的经济过程，包括供需曲线的分析、价格的形成、调整及影响等；竞争环境分析，即竞争对手的情况调查和分析。除此之外，还有消费者调查与分析以及开发者与项目建成后的使用者之间的关系等。

研究分析宏观环境的目的是为了从外部环境中发现机会、规避威胁和风险，找出自身行为的特点与变化的趋势，避免决策上的重大失误。

项目的物质性环境分析则包括项目区位及用地周围的物质性环境（包括自然、地貌、人口、居住、绿化环境、设施配套等），以及项目用地内的地形、地貌和房屋动迁情况等。物质性环境的分析有别于一般的企业市场环境分析，更加偏重于对物质性空间的分析。

项目的微观环境分析则是针对项目自身开发能力而做，包括调查和分析项目自身的构成、开发者自身拥有的资源、限制条件和拟建设项目需要的人力、物力、财力，并与主要的竞争项目及获得成功的相关实例进行比较。然后根据项目涉及的地块资料，结合城市的总体规划和详细规划的要求，探寻项目建设的合适时机、规模、区位、组成等多个方面的要素，形成规划策划的环境分析报告，作为进一步的项目目标设定、开发策略选择以及产品规划设计的基础。可以应用SWOT分析中的优势与劣势分析方法。

4.3.2　项目的宏观环境

在城市大系统中，对大规模开发项目的目标产生、实施和运营产生影响的要素构成了项目的宏观环境，包括了社会、经济、文化、政策、社会心理、科技、生态环境等要素以及它们相互影响形成的交互关系。项目宏观环境要素在自身变化的同时，既影响着城市大规模开发项目的项目目标和实施，另外也会受到项目实施结果的影响。

城市大规模开发项目是为了顺应社会进步与发展的需要而组织兴建的，因此宏观环境要素是城市大规模开发项目目标产生的决定性因素。政府和投资商通过识别项目宏观环境的各种信息，根据这些信息反映出城市大系统的进一步需求及相互间的矛盾，决定兴建某项城市大规模开发项目，并依据各种项目宏观环境因素，确定项目目标。在城市大规模开发项目的目标实现后，项目所产生的作用既是城市大系统中各因素进步发展的力量，也是协调社会大环境各因素之间相互关系的重要因素。同时，变化了的项目环境又会影响项目功能的发挥。

4.3.2.1　政策环境研究

研究政策环境就是分析国家及城市对城市开发项目可能涉及的政策与产业影响因素，通过参考借鉴国内外的相关经验、现状、发展阶段及发展趋势，了解城市产业的构成及各产业之间的联系和比例关系，分析开发项目涉及产业与国家政策和城市资源与已有产业的契合度。各产业部门的构成及相互之间的联系与比例关系不尽相同，对项目的影响程度也不同。探讨分析影响产业内部的竞争力，以及它们的各个影响因素，研究产品内容、类型，探讨产业发展中可能涉及的差异化、低成本、专门化等策略，以及产业结构现状及未来目标的关系等，并评估不同方案的潜在风险。这些都会影响项目后续定位的品牌形象，如果分析合理，将帮助项目正确定位，提高项目的独特性。

4.3.2.2　城市环境研究

城市环境是与城市整体互相关联的人文条件和自然条件的总和，

包括社会环境和自然环境。前者由城市经济、社会、文化、法规、科技等外部因素构成；后者包括地质、地貌、水文、气候、动植物、土壤等诸要素。城市的形成、发展和布局一方面得益于城市环境条件，另一方面也受所在地域环境的制约。开发者与规划者在规划前要充分调研其内容，但不能左右这些外部因素。

4.3.2.3　市场环境研究

市场环境研究是项目策划过程中重点研究的内容之一。城市大规模开发项目的市场环境研究包括项目建设的必要性研究、供求现状与分析、未来需求趋势和竞争前景预测等。对于经过完善城市规划后确定的大规模开发项目一般都在近期建设规划中明确地提出了，但是由于不同工作阶段有不同目的与任务，当项目具体实施时仍应对其建设的必要性进行深入的论证。如项目对促进地区和城市经济、社会发展是否有利；是否符合国家政府有关的产业政策；能否有效地改善城市人民日益增长的物质、文化生活条件；对于城市当前正常运行和未来持续健康的发展是否有利。

市场现状供求状况调查与分析是项目立项建设的重要依据。如某用地布局呈跨江结构的特大城市在城区江段上规划要建设三座大桥，在第一座大桥建成通车后的第十个年头，有关部门鉴于一桥经常阻塞、市民要求改善过江交通状况而提出要兴建第二座大桥。为此，规划部门对一桥不同季节的交通流量进行了观测计算，发现一桥的现状车流量并未达到设计的饱和值，而通过调查分析得出了"一桥交通拥挤、堵塞的主要原因是道路系统不完善、交通管理不够科学"的结论。据此，城市政府作出了"进一步完善城市道路系统，加强交通管理，暂不兴建二桥"的决策，从而将有限的资金用于更急需建设的项目。

有些情况下则不仅要看到当前市场的需求状况，还要把握未来的发展趋势。由于城市是一个复杂的动态发展系统，有些大型建设项目虽然当前尚无迫切需要，但这些项目的建设对培育城市新的经济增长点、启动城市潜在的功能具有重要的意义，那么这些项目仍然有必要进行建设。如某拥有丰富优质铝矾土资源的小城市拟建 20 万 kW 规模的发电厂，从城市现状和未来较长一段发展时期的用电量预测计算，拟建电厂规模是适合的。但是为了促进优势资源的开发，满足市场进一步发展的需要和未来用电量的发展趋势，城市政府决定将电厂的设计规模定位为 60 万 kW。由于电力充沛了，很快便吸引了生产铝材的投资商前来。通过对市场环境的研究和正确的项目建设策划，城市发展的目标得以实现。

与其他商品不同，许多城市大规模开发项目的需求趋向与项目建设区位具有密切的关系，尤其是商业中心、居住区和某些工业区的开发建设，区位设施条件对市场需求具有决定性的影响：现状设施完善的地段，当前需求量就大；远期重点发展区，其潜在市场竞争力就强。尤其是在市场经济机制驱动下，由于优越的区位条件会给开发商赢得丰厚的回报，所以区位条件常常决定着大规模开发项目的成败，因此在市场环境研究中，要善于把握城市发展的格局和寻找发展的方向。

为了研究城市大规模开发项目的市场环境，除了深入的定性分析外，还要作科学的定量分析与预测。定量分析与预测的方法很多，目前经常采用的预测方法有：指数平滑推移法，回归分析法（线性、非线性回归），消费水平预测法，特尔菲预测法等。这些预测方法各有其适用条件，具体应用时取决于所掌握的相关因素资料的详细情况和准确度。❶

例如，对于城市新区的成片土地开发项目可行性研究来说，其市场环境研究和预测的内容涉及人口、经济、土地资源量和地价水平等，需要研究它们之间的内在联系。这里人口、经济发展预测是决定将来用地需求的最基本要素，可以运用城市国民经济统计资料和可比资料，建立计量经济模型，作出定量分析预测，作为指导土地开发建设的意向定量依据。城市人口发展取决于城市经济发展和产业结构的变化，各类产业用地净面积与所容纳的就业岗位数量有内在的比例关系，从而可以预测各产业用地需求情况；人口就业规模及平均家庭规模的预测可以转化为住房需求预测以及居住用地需求量预测；人均收入水平和消费水平、人均国民生产总值、全市商业零售额和社会商品零售额的发展预测与商业服务业用房及用地空间需求，可以指导商业用地规划中对新的购物中心的定量控制。在土地有偿使用机制下，地价的社会基础离不开房地产供求市场（图 4–16）。城市可利用的土地资源有

---

❶　陈秉钊 . 城市规划系统工程学 [M]. 上海：同济大学出版社，1996.

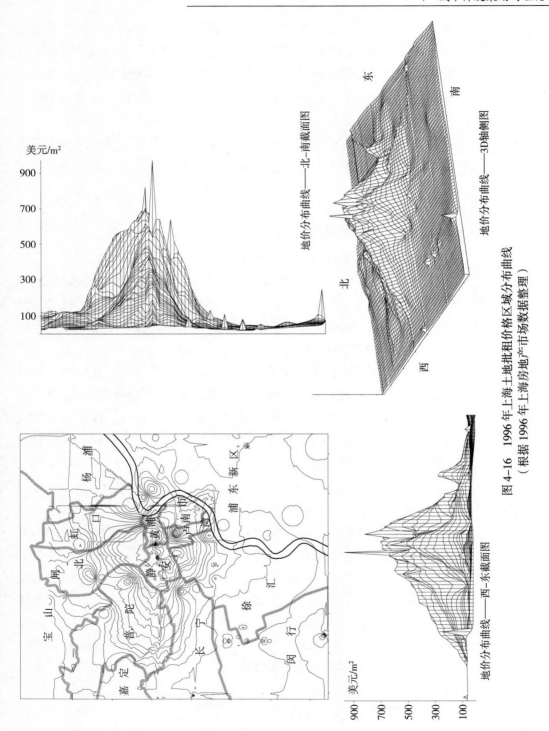

图 4-16 1996 年上海土地批租价格区域分布曲线
（根据 1996 年上海房地产市场数据整理）

限，土地区位的固定性和面积总量的有限性，决定了土地供给弹性很小，而随着经济的发展和人口的增长，对城市土地的需求日益增大，促使土地价格不断上涨。在土地供求预测中，必须注意的不仅是人口的增长，还有土地产品及劳务购买者的购买力，他们的购买心理以及市场行情。

通过上述对市场环境的定性与定量研究和预测，就可以在城市用地开发中取得比较科学的依据，确定与城市社会经济发展相协调的土地开发供应量及其开发时间和步骤。

4.3.3　项目的微观环境

项目的微观环境由项目所需的资金、技术、材料、人力、信息以及直接参与项目建设各单位的活动方式和活动内容组成。根据项目的建设过程及管理方式、途径，项目微观环境因素可以分为项目需求市场、政府行为、工程技术、资金市场、内部管理组织等几大类。

项目的微观环境分析主要针对项目开发者自身的开发能力，对项目的开发主体、开发条件等先天、后天资源条件，与主要的竞争项目及获得成功的相关案例进行比较。此外，还可以根据项目涉及的土地与空间资料，结合城市的总体规划和详细规划的要求，探寻项目建设的合适时机、规模、区位、组成等多个方面的要素，形成规划策划的环境分析报告，作为进一步的项目目标设定、开发策略选择以及产品规划设计的基础。

4.3.3.1　项目需求市场

项目需求市场是指对大规模开发项目提供的产品及服务之供求关系的总和，是项目微观环境与宏观环境实现交换的主要途径。由于对项目建设投入的所有资源都应有相应的合理回报（包括经济、社会、环境及社会综合效益），特别是在现今政府资金不足而大量采用社会资金及金融机构融资的情况下，对项目的资金投入需要偿付。因此，市场的供求关系机制要求我们在进行项目策划时，积极拓展项目功能，使大规模城市开发项目适应大多数市民抑或是企业、团体等用户的需求，从而使项目建成后有足够的消费者，并设法从受益于项目建设的个体手中征收因项目建设而带来的直接与间接收益，这些对于项目能

否上马、是否能够顺利实施有着重要影响。●

　　随着我国社会主义市场经济的逐步建立和城市发展水平的提高，人民的生活条件改善、经济承受能力提高，对社会所提供服务项目的需求层次也在不断提高、深化和多样化，基本建设也打破了计划经济体制下项目统一立项、统一投资的社会计划分配方式，这为城市开发策划和实施提供了宽松的需求市场环境。

4.3.3.2　政府行为

　　政府行为对任何项目的建设都有影响，对于城市大规模开发项目的影响更为直接和重要。政府作为城市大规模开发项目的支持者，需承担项目相当部分的技术和财务风险；作为项目的组织者，政府确定项目组织管理结构框架，并在项目的领导决策中担任重要角色，许多重大困难往往是通过行政手段来解决的；作为项目的业主，政府还要负责项目的运营管理工作。政府在项目的整体安排、居民流动、财政、安全保障、劳动力以及地区和社会团体利益协调等方面，对城市大规模开发项目通过行政手段、财政支持、政府担保、立法、舆论导向等形式产生重要影响。大量的项目实例表明，政府的支持和积极参与成为城市大规模开发项目成功的关键因素。

　　（1）政府作为国家和行政区域内的社会管理者及国有资产所有者，为实现其政治目的或经济目的而策划项目建设并推动项目实施。其中，政府的政治及经济目标直接影响着城市大规模开发项目项目目标的确定，并且政治及经济目标的稳定与否也直接影响着城市大规模开发项目能否顺利实施。从大的方面，如深圳等几大特区的开发开放、上海浦东新区的开发，到小的方面，如黄浦江上越江交通选择了建设南浦、杨浦大桥而非建设几条隧道的决策就绝不是单纯用经济目标或技术目标能够解释的。

　　（2）政府选择参与建设的开发者是否合适，并能否给有重要作用

---

　　❶　征收项目建设带来的直接与间接收益，国外一般是采用收取影响费 "impact fee" 的方法，但是由于影响费的计算复杂，实际操作中收取不易。也有些国家采用 "包容性开发"（inclusive development）的方法，特别是新开发的区域，即吸引那些从大规模基础建设项目中受益的相关项目开发者参与到基础建设项目中来，或者是通过一些法例要求其提供一定的公众福利，如廉价住房等。可以参见：芮爱丽，李晓全.美国促进廉价住房开发的创新：商住结合开发与包含性区划 [J]. 国外城市规划，1994（4）.

的开发者提供政治、经济等保障。城市大规模开发项目通常是由政府组织兴建的，但需要有整个社会集体的合作。政府建设资金的不足使得选择对项目有兴趣并具有雄厚实力的机构参与项目开发建设至关重要。另外，城市大规模开发项目规模巨大、风险大，政府应通过公私合作的方式积极地对项目提供政策支持、财政担保以及后勤保障，与各参建商共同分担项目风险。

（3）政府换届对项目的建设可能有很大影响。新政府能否继续上届政府对建设中的项目的态度决定了项目能否顺利实施。为了避免或减小政府变更的影响，政府应根据具体情况对一些重大问题通过立法的方式加以保护，以保证政府对项目政策上的连贯性。

（4）政府在城市大规模开发项目管理组织中的行为方式及地位。政府是国家及地方利益的代表者，采用的是行政手段，政府不是项目的专业管理者，它更主要的是项目各方利益的协调者。

（5）在项目前期策划阶段，政府应在广泛听取各方意见并进行细致周密的技术论证的基础上，决定项目是否立项建设。在项目各方合同签订后，政府应争取避免盲目地采取行政手段干预项目的实施，政府的工作内容主要是对重大问题的决策和项目各方利益的协调。

（6）城市大规模开发项目与其所在行政区域的关系是否协调。城市大规模开发项目布置在有限的行政区域内，在每个项目的背后，都有多层次的区域背景。城市大规模开发项目与区域背景之间的关系实质上是中央经济与地方经济之间、上级地方经济与次级地方经济之间的利益博弈关系，并同项目目标密切相关联，城市大规模开发项目与所在行政区域之间的关系是项目建设中的最实质性关系。❶

（7）政府协调社会团体利益的措施是否得力，也影响着项目的成败。大多数大规模项目是为了社会公共利益而兴建的，同时难免会牺牲局部利益，所以社会各界、各地区的群众对项目建设的反应也不同。协调好各方利益，搞好公众参与，有利于凝聚各方智力和财力推动项

---

❶ 有关此处提到的各级政府之间的关系问题见"博弈论"（Game Theory）。博弈论，又称为对策论或游戏论，是研究理性的决策主体之间发生冲突时的决策问题及均衡问题，也就是研究理性的决策者之间冲突及合作的理论。其分类包括合作博弈、非合作博弈，对抗性博弈、非对抗性博弈等。

目顺利实施。

4.3.3.3 项目建设工程技术

项目工程技术的研究内容包括：项目的建设规模和结构的拟定；项目选址研究；配套设施调查与评价；防灾条件和措施研究等。

（1）项目的建设规模及其结构拟定

主要取决于市场的需求，包括远期发展需求，需要强调的是如何将近远期发展目标结合起来，从而提出项目开发的最合理时间空间序列计划，进而最有效地利用资金和尽快获得回报。为此，我们应该积极地从城市规划部门取得本地区及整个城市近远期发展规划，掌握城市同类项目的市场占有率，据此制订本项目的规模和结构。项目建设规模还受到建设资金和国家基本地区产业政策的制约，同时还应根据项目的性质考虑其合理的规模效应。例如，研究表明居住区开发如果规模过小（特大城市小于 10 万 m^2，一般大中城市小于 5 万 m^2），便难以独立配套完善的公共设施，形成物业管理的合理规模，最后会导致产品缺乏吸引力。

（2）项目选址研究

主要内容包括：项目拟建设地段的交通条件是否能满足项目正常运行的要求，是否有足够的用地，用地的工程、水文地质条件与气象条件是否良好，周围环境条件是否适合本项目生存（如是否受到机场、污染等条件限制），拟选择用地是否符合城市规划要求等。根据这些内容对用地作全面评价。当有两处以上地址可供选择时，可对各用地进行比较评价，择优选用。

（3）配套设施研究

其主要工作是对项目建设用地现有基础设施和公共建筑情况进行调查和评价，并对远期城市政府将在本地区建设的配套设施进行落实。任何建设项目都是与周围设施协调发展的，某些部分建设的超前或滞后，均会影响项目的建设效率和实施效益。所以，基础设施条件的优劣，是影响项目选址的重要条件。

（4）灾害预防及安全性研究

地震、洪涝、潮汐、风暴等自然灾害对城市的威胁至今仍是不可抗拒的。1998 年大面积的洪水灾害给长江中下游和黑龙江中游的许多城市和乡村造成了重大的生命财产损失。因此，在进行城市大规模开发项目建设之前应对本地区的自然灾害进行全面的调查和评价，并提出防灾措施。当自然灾害威胁很严重、实行人工防治代价过大时，则应考虑是否需改变项目的选址。

安全性研究包括对航行净空、高压走廊、通信设施、危险品库等对安全性要求有影响的设施进行调查，并根据有关规范、规定提出处理措施和标准要求。防灾和安全性要求的研究内容要根据建设项目本身的性质要求和建设地区的灾害因素而定，对于本地区突出的灾害和安全性要求内容，要作重点调查研究。

4.3.3.4 资金市场因素

资金对项目实施具有特殊的重要性，因而，在此对资金市场因素单独进行讨论。资金市场因素分析及策划即通常所说的融资规划。

资金市场因素分析主要是通过对自有资金、贷款资金、销售回款等资金来源的了解和资金成本的估算，对资金市场的供应情况作出全面评价，并在此基础上根据项目实施的资金需求情况，拟定资金筹集方案，进行多方面的评价，最后确定合理的资金筹集计划。

最后形成的资金筹集计划——融资计划，对项目实施计划有着重要的影响。由于项目中、后期是资金投入的主要阶段，因而，资金筹集计划将成为这一阶段工作安排的主要依据。如果预先确定的工作计划与资金筹集计划之间有不一致的地方，有时还需要对工作计划重新进行调整。

宏观环境中，资金市场易于发生波动，银行利率、外汇汇率、国家投资政策等方面因素的变化都会使资金市场产生波动。资金市场的波动将会造成项目实施中、后期工作的全面调整，有时甚至不得不中止，这对于项目而言意味着巨大的风险。因而，在资金市场因素分析及策划中，每一个关键的步骤都应注意进行筹资的风险和评价，尽量避免其中的潜在风险，使资金因素成为项目实施的有力保障。

以上将这样一些环境因素分为宏观与微观环境两类进行分析，实际上两者之间并没有绝对的分界线，一般是将针对项目地区分布及项目开发类别选择的因素归于宏观环境因素，而将针对具体项目的开发时机、组成、性质等方面的因素归于微观环境因素。

4.3.3.5 内部管理组织

城市开发项目的性质不同，其承担的角色也不相同，有些项目偏重市场主导模式，其内部管理组织可以参考房地产开发企业设置（图4-17），而政府主导的开发项目在进行内部组织架构设置时，需要考虑到项目建设期间同时兼具的行政职能与市场职能，满足投资多元化、管理社会化、经营市场化的需要（图4-18）。

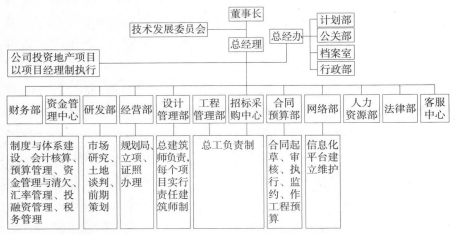

图 4-17　华润置地的组织架构图

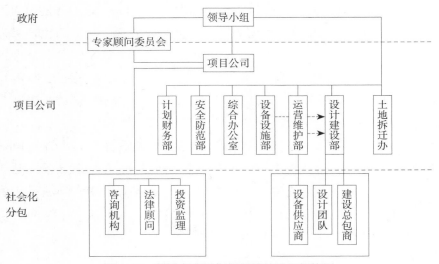

图 4-18　某城市交通枢纽项目的组织架构图
（其中项目建设及设备采购通过社会化分包实现）

4.3.4　项目内部与外部环境的相互关系分析

任何项目的建设都要受到来自项目外部环境的政治、经济、生态、市场状况、科技水平的影响。对所在的城市来说，由于单个中小型项目的建设只是城市大系统中极小的部分，它对城市的影响微乎其微，并不能打破城市的系统平衡，只是在某个行业或区域内产生有限的影响。而城市大规模开发项目则不同，由于它们规模巨大、市场风险及技术风险大、社会影响大，以及项目具有的浓厚政治及经济色彩，势必在项目的寿命周期中受到城市大系统制约的同时，也影响着城市大系统，从而推动社会进步发展。

在大规模开发项目的实施期间，项目往往给城市社会各方面带来严重的影响，并对原有城市大系统的结构、形态和运行带来重大的变化。按照协同论的理论，系统总是可以通过自身的组织过程，协调自身的结构与机制，使得原来的大协调能够"容忍"或"接纳"城市大规模开发项目的存在。这种协调过程，或者使城市大规模开发项目与城市大系统融为一体，或者是迫使这些大规模开发项目改变自己的结构和机制，以适应城市大系统的运行规律，否则可能使大规模开发项目被排斥在城市大系统之外（即意味着城市大规模开发项目的失败）。伦敦码头区的开发（London Dockland Development）就是因为没有得到政府的全力支持，当宏观的城市大系统改变，伦敦市出现另外一个类似的大型开发项目（伦敦金融城）时遇到恶性竞争，至今该项目还没有从衰退的市场中恢复过来，而其开发商奥林匹亚与约克公司（O&Y，曾经成功开发纽约的 Battery Park City，隶属地产巨头 Reichmann 家族）已经破产。❶

就中小型项目而言，项目与外部的城市大系统之间可以看做是相对封闭的关系。而大规模开发项目加入后与城市大系统形成开放式的关系，城市大系统内的诸多因素不仅是从项目孕育到项目实施投产的社会基础，而且是大规模开发项目上马、实施、运行的决定性因素。

---

❶　林行止. 闲读闲笔 [M]. 台北：远景出版事业公司，1996.

项目的环境因素相对于中小型项目来说是相对静止的，但对城市大规模开发项目，在项目的寿命周期中外部的环境因素是动态变化的。在项目的前期决策过程中，决策者不仅要分析项目的环境因素现状、相互关系，而且要预测项目上马及使用后对各环境因素以及相互间关系的影响。

4.3.4.1 对城市经济的影响

尽管有时也需要考虑经济效益（如为了偿还贷款及获取利润等），但兴建城市大规模开发项目的最终目的大多是为了推动城市或区域在经济、环境、社会等方面的进步发展，促进城市系统更有效、健康地运行，其项目建设依赖相应的社会经济条件，包括国家和地区的社会经济实力、经济结构、消费结构以及经济发展趋势、国家及区域经济发展政策等，因而城市经济影响因素是多数大规模建设项目建设的主要外部环境因素。例如，现在国家为大力推动西部地区的开发而立项建设大批大规模的基本建设项目，包括新建和改建20多个机场，新建8条高等级公路，总计投资超过1000亿元。

大规模开发项目与城市经济之间的影响是相互的，项目在建设及运营过程中都将对社会经济有较大的冲击。它的成功建成有可能为城市的产业结构调整创造条件，带动新产业和产业群的形成，改善城市布局、土地利用、人口分布、资源配置的现状，有利于提高社会经济的综合效益和环境质量。

大规模开发项目建设对城市经济的宏观影响可以从以下四个方面进行分析。

（1）对经济发展的影响

由于城市大规模开发项目的投入使用，势必改善城市及区域功能，带动城市经济发展，它提供的产出或服务满足社会的需求，进而推动其他产业的发展。

（2）对经济增长结构的影响

城市经济的增长反映着各产业部门与区域按照不同的比例增长，由于各种自然资源有限，各产业和区域的发展也受到相互限制。大规模开发项目需要占用大量的社会资源，要上马必然会使大量的社会人力、物力、财力偏向所在的产业或区域，从而限制其他部门的发展，影响到整个经济增长的空间结构和产业结构，需要注意的是这种经济偏向不应阻碍整个社会经济的增长。如三峡工程的新建预计耗资超过700亿元（静态投资），其建设将占用国家大量的财政储备，因此有相当多的项目会因为缺乏资金而推迟建设甚至取消。

（3）在城市经济发展中的替代影响

城市大规模开发项目采用先进的技术，实现先进的功能，其产品和服务投入市场将产生明显的社会替代效果，如已经在北京、天津、上海、广州建成以及正在其他城市筹划兴建的轨道交通系统，其运量大、效率高、污染低、安全性好、舒适性高，建成后能替代大量传统的地面交通，一方面充分利用了地上地下的空间，与常规交通构成高效的立体交通网络，另一方面可减少小汽车消耗的大量能源及排放出来的大量污染，缓解大城市交通阻塞现象，其替代影响是极其可观的，当然也会对出租车等行业发展带来反面的影响；现在的大型住宅社区项目的建设则创造了良好舒适的生活环境，替代了原有那些虽然地处市中心，却空间狭小、设施不全的旧房。

（4）对通货膨胀的影响

城市大规模开发项目一经上马，需要有大量的资金逐年投入；同时，项目运行后，为了消耗这些项目的产品或服务，需要市场中有足够的使用者来消费，如大型住宅项目建设后需要有大量的有效需求来消化，同时，会带动相关的设计、施工、装饰、家具、汽车等产业为了扩大生产而进行投资活动。这种连贯而广泛波及社会经济面的投资热，有可能引起一定程度的通货膨胀。而在某些时期，国家则希望通过对大规模基本建设项目的投资建设刺激全社会的投资和消费欲望，拉动整个社会经济的增长，特别是出现通货萎缩的时候。20世纪30年代的经济危机使美国等西方国家遭遇了空前的经济困难，罗斯福政府根据凯恩斯学派❶的理论，通过实行积极的货币与财政政策，大规模投资进行基本建设，从而创造了需求并带动了整个社会的投资活动，加快了整个经济复苏的步伐。

---

❶ 凯恩斯学派的理论认为，在小于充分就业的情况下，只要存在一定量的总需求，社会就会产生相应数量的供给。采取积极的货币与财政政策可以使总需求或国民收入增加到充分就业的水平。

4.3.4.2　社会政治及政策法规因素

城市大规模开发项目由于在城市大系统中处于宏观战略地位，政府的直接参与使得社会政治影响成为项目的一个敏感因素，而政府的政策法规则是规范项目建设的纲领。社会政治及政策法规影响因素，包括国际环境影响因素、国内政治环境影响因素以及政策法规环境因素三大部分。

（1）国际环境因素

当今世界，国与国之间发展极不平衡，国际政治、经济秩序对广大发展中国家明显不公平，国家间社会意识形态多样化。由此决定的国际环境状况影响着各国经济、社会、政治的发展，也会影响国内城市的大规模项目建设，尤其是外向性程度较高的城市中需要外资的项目。如上海、广州的地铁建设过程中，在选用哪一国家的技术与设备问题上，国际政治因素就曾经起到决定性的作用。❶

（2）国内政治环境因素

国内政治环境因素主要有以下几点：

① 国家领导层的施政方针。在不同的政治经济环境下，国家的大政方针在城市大系统的各要素之间有不同程度的偏重，如适时调整对私人购买小汽车的政策等。

② 社会政治局面是否安定。安定团结的政治局面是实施城市大规模开发项目重要的政治保障。如大规模支持"安居工程"的建设，以解决大多数人的住房问题。

③ 中央与地方，地方与地方之间的关系是否融洽。

④ 中央政府对各产业部门的宏观调控能力也十分重要。有一段时间，国家为了给我国城市轨道交通的发展以准备时间，出于扶持民族工业发展等原因，停止了除北京、上海、广州外其他所有城市轨道交通项目的审批，从而使各城市轨道交通发展受到影响，有的地方停止，有的地方即使继续进行也缩小了操作的规模。而随着国内厂家技术与设备的进步，以及城市综合实力的提高，国家放开了该项限制，

---

❶　由于当时美国、日本等国家利用人权等问题攻击我国的政策，所以当时考虑选择的设备主要来自法国和德国。后来由于法国向我国台湾省出售战斗机等军备，因此最终选择了德国的技术与设备。

目前天津、南京、深圳、重庆、大连、武汉、沈阳、苏州等城市的轨道交通项目已建成开通，青岛、长沙等城市的轨道交通项目也在积极建设中。

（3）政策法规环境因素

在策划中应该特别注意对宏观环境整体稳定性的分析和预测。稳定的政策、法规环境是项目得以顺利实施的基本保证，而不稳定性则对项目实施意味着巨大的风险。因而，对政策、法规因素的分析往往在项目的早期决策阶段受到格外的重视。特别对于吸引外资更为突出，所以我国改革开放以来一直把稳定作为头等大事来抓，西方国家与中国在人权问题上的分歧，除了他们在意识形态方面的图谋外，很大程度上也是基于各自对这一大局上的分歧。

在一个具备稳定的法律—权力体系的宏观环境中，政策、法规因素的分析研究趋于专业化，项目策划中的分析、策划工作一般由专业的咨询人员负责，如律师、会计师、评估师及其他有关方面的专家，他们所提供的咨询意见和服务往往成为项目实施中的决策依据。

在政策、法规因素不稳定的宏观环境中，有许多人为原因引起各种因素的变化，其变化的趋势难以预料，有关的分析、策划工作也具有较大的偶然性，并不足以作为项目决策的可靠依据。在这种情况下，项目实施难以避免政策、法规因素变化的威胁，在项目的早期决策中就要注意到这一点。我国一再强调政策的连贯性也正是基于这一原因。

4.3.4.3 社会心理

社会是一种集体生活的体制，人们在这种体制中，一般会在某个地理区域，为了相互的利益与共同防卫的心理，形成一个连续而受规章限制的团体，这些团体包括政府主管部门，也包括各种公共团体和机构。社会团体成员有着共同的利益，不同的社会利益集团则可能有不同的利益。大规模开发项目涉及区域广，因此必然会对不同的社会利益集团产生不同的影响，而社会生活要素对项目的影响也不容忽视。在项目的策划过程中如果予以充分重视和研究，可以帮助项目更加顺利地得以实施，实现更加长远的社会效益和避免社会冲突。

在一个地区兴建项目，特别是大规模项目，既可以使项目所在区域的人民成为项目的受益者、生产者、消费者，如大规模的居住生活环境整治与改善，会给涉及的相关人群带来利益，也可能影响他们既有的生活，损害其既有利益，如旧区改造将大量在市中心居住的人口动迁到基础设施配套相对较差的远郊，不仅可能带来生活上的不便，还可能由于其原有社会生活网络的断裂而影响其生存质素，使之成为项目建设的受害者。影响项目的社会心理要素包括：社会文化教育水平与条件、生活习惯、人口结构、卫生、生产的社会组织、家庭结构、劳动力就业状况、土地等各种资源以及各种设施的取得与控制，还包括社会的阶层认同等，它们都对项目的设计与实施产生程度不同的影响。

这种社会心理生活的影响要素以直接或间接的方式反映在项目的建设过程中，其中突出的方式包括了政府主管部门根据国家及城市的相关法规作出的行政指令，也包括社会舆论。在城市大规模开发项目决策与建设过程中，既需要满足政府各主管部门的要求，又要通过公众参与的渠道，认真观察和听取各社会团体、机构的意见以及来自所有居民的社会舆论，收集项目带给人民生活的影响，采取合理措施补救其中的不利影响，使项目建设与社会生活环境相协调。同时，项目的建设者也要积极地争取政府主管部门的支持，正确地引导社会舆论，尽量减少社会舆论的负面作用，使项目得以顺利进行，及时完成建设的目标。

社会心理承受能力一直都是改革时期许多新的政策、改革措施出台时必须考虑的重要因素，如上海浦东新区改用东海天然气工程的推行。相对于传统的液化气和管道煤气来说，天然气的燃烧值高、污染小，于国于民都有利，但是即使城市政府大量投资兴修工厂和管道，由于居民家中的灶具需要自费更换，在改用过程中依然遇到了部分居民的抵触。经过了政府部门和新闻媒体的广泛宣传，以及市政部门让利提供灶具后，项目才得以顺利进行。

4.3.4.4　政府主管部门

从原则上讲，政府各主管部门按照有关的法律、规定、政策，在各自的权限范围内对项目实施进行行政管理。但在现实中，这种理想的状况往往很少见，经常会有项目主管部门希望利用其行政管理的权力对项目施加影响，使项目实施能体现其意愿、符合其某方面的利益。

在这种情况下，行政权力往往会成为对项目实施影响很大的干扰因素。在一些大型的公共项目中，这种情况更为多见、更为严重，甚至成为影响项目实施的决定性因素。

项目的政府主管部门与项目实施协调的接口位于项目决策领导层，这是项目主管部门施加其影响的主要渠道。施加影响的方式一般是依靠行政权力，通过各种因素对项目决策过程的多个环节施加影响，从而对决策结果及项目实施产生影响。

因此，在实际的项目实施过程中要对宏观环境中的政策、法规因素进行周密的分析，制订合理的对策，使项目实施的各项工作与各主管部门的行为协调一致，避免或减少对项目建设的干扰。近几年在城市大规模项目建设组织中出现的项目法人制度、"协力关系"、项目监理制等都是政府项目在筹备、组织结构方面的应对，例如纽约市采用的合伙关系、广州市城市地铁项目首期工程采用的政府法定实体方式等，见图4-19、图4-20。

4.3.4.5　公共团体和机构

公共团体和机构对项目实施产生影响的方式和途径与前面提到的主管部门类似，只是在一般情况下，其影响作用是非强制的，通过居民意愿的形式更为间接和隐蔽地表现出来。

大多数中小型项目在实施中，对公共团体和机构并不会产生很大的吸引力，也不会受到特别的注意。因而，一般项目的策划过程中对其影响一般不予以特别考虑。但对于大规模开发项目，或者有特殊重

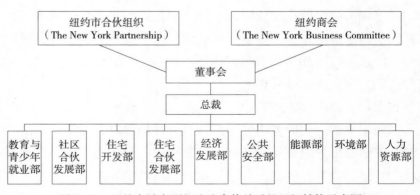

图4-19　纽约市城市更新改造合伙关系的组织结构示意图

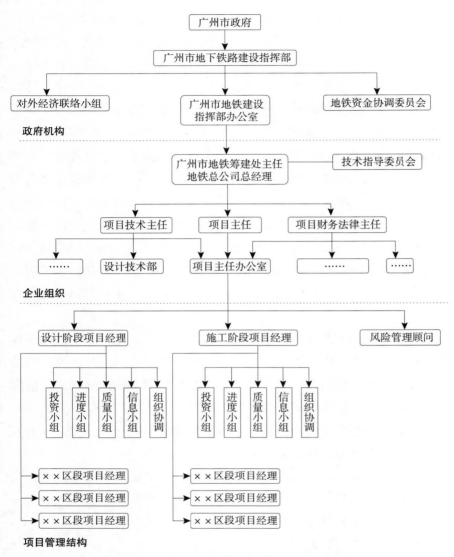

图 4-20 广州市地铁项目政府法定实体形式组织结构方案一

要意义的项目，公共团体和机构的兴趣会大大增加。例如，各地在进行历史文化街区的保护工作过程中，大量具有历史传统的建筑及街区都已显得破旧，配套设施严重不足，居民存在着强烈的改善愿望。但是居住其中的居民一般收入偏低，自我改善能力较差，因此盼望政府能够尽早予以改造搬迁，而政府的财力有限，开发投资者则一般嫌开发成本高（有些地方要"拆1建5"以上才能够实现财务平衡）、动迁工作难做，且规划中对开发强度、建筑形式、体量等方面的要求严格，因此开发商不太愿意参与。好不容易有开发商愿意加入时，各种社区团体、居民以及关于历史保护方面的专家们都会予以密切关注，并试图以各种方式对项目的实施施加影响，使其符合各自的意愿和利益。

这种影响一般会保持在正常的范围之内，不会产生严重的后果，但如果项目受到过分的宣传，给公共团体和机构造成了某种错觉，那么项目实施就可能受到竭尽全力的干扰和阻挠，以至于难以维持正常秩序。例如，上海在前几年的大规模旧城改造和市政建设过程中，由于一些传媒对部分开发商获取高额利润率的渲染性报道，造成被动迁居民群情激奋，未动迁的漫天要价，已经动迁或签订协议的要反悔，严重影响了市政动迁和旧区改造拆迁安置工作的进行。其后由于政府颁布了一系列条例❶加以规范以及社会对开发商合理利润的认同，影响才逐步削减。

为避免这种不利局面的出现，可以在大规模开发建设实施前注意以下几个方面的工作：

（1）明确项目的目标和性质，对公众进行实事求是的宣传，消除公众中潜在的不信任感和错觉；

（2）分析项目实施与各公共团体、机构之间的利害冲突，避免无意的宣传导致这种冲突被夸大；

（3）在整体上为项目及项目实施者设计一个良好的形象，进行充分的宣传，加强与各公共团体、机构的沟通，为整个项目系统创造一个友好的项目环境界面。

4.3.4.6　生态环境

人、自然、社会是一个大系统，人群的结合成为社会，在改造自然和活动中，必须估计自己的行动所导致的自然平衡改变以及由此产生的对人类自身生存和发展的影响，然后作出最佳抉择。

城市大规模开发项目在某一区域，可能会一定程度上改变城市自

---

❶　如《上海市城市房屋拆迁管理实施细则》《关于房屋拆迁安置补助费发放标准的通知》、《上海市危棚简屋改造地块居住房屋拆迁补偿安置试行办法》等。

然的平衡，这种平衡的改变进而会影响项目的实施与运行。大规模开发项目通过对人类赖以生存的空气、水质、噪声、土壤、植被等生态环境因素的改变影响生态环境的平衡。

　　然而，环境的平衡本来就是动态的，如果不危害人类生存与持续发展，平衡的改变就是正常的。"发展是硬道理"，可持续发展首先强调的也是发展。发展会破坏原有的旧平衡，同时也开始创新的、更高层次的平衡，创造机遇，推动社会的进步。简单维持"原始状态"的平衡，将阻碍人类进步和建立现代文明的新平衡。

　　由于环境的影响难以确知与量化，建设项目对生态环境的影响往往被淡化；另一方面，人类对自然的认识水平在一定时期是有限的，在工程建设之前，即使进行了最详细的生态环境研究和复杂的计算模拟，也不能充分揭示最终的环境变化，它将在几十年内逐渐展现出来。但是，兴建城市大规模开发项目是人类改造自然活动的一部分，为了推动社会进步发展，不能因为工程对生态环境的影响不确定就不敢开工建设，这样可能会失去发展的宝贵时机。人类对真理的认识永远都是相对的、有限的，但这不应该成为放慢进一步建设与发展脚步的借口。在没有严重的生态问题隐患并充分考虑可能发生的不利影响及其对策的原则下，可以对项目进行审慎的策划与实施，其后如果产生生态环境问题，可以由人类进步后的才智再去解决。党中央、国务院建设"三峡工程"的决策就是几经研究、综合平衡后确定的，但至今反对意见依然存在，这是正常的，有待于实践中去进一步得到认识上的一致，而不是排斥持反对意见者去印证其观点的努力。在建设的同时密切关注生态环境的改变并予以应对，才能保证审慎的同时不会贻误发展的时机。

4.3.4.7　社会科技和管理

　　在城市大规模开发项目的实施中，通常会较多地采用先进的管理、生产和设计技术，项目可行性论证、工程规划与设计、工程施工、项目管理等各个环节都是对人类认识水平的验证。没有相应先进的社会科技水平为基础，大型项目也难以实施。

　　另一方面，城市大规模开发项目的实施，同时也推动着人类对城市发展、建设和管理的认识水平的进一步提高。大规模开发项目往往能够集中较强的技术和管理力量，一定能够带动科技上的突破与创新。从国家的进步、社会科技的发展以及城市产业升级的需要出发，也应该抓住历史性机遇，推进科技和管理水平的提高。

4.3.5　城市开发策划环境调查的内容

大规模城市开发项目环境调查的内容多、涉及面广，作为后续决策与规划设计的基础资料，调查包括以下几个方面的内容（例4-4、例4-5）。

（1）国家政策、法规及城市的总体规划

① 具体内容：政府财税、物价、金融、就业政策；土地管理、房产开发、环境保护、基础设施配套、拆迁安置等相关法律；城市总体规划布局、发展方向等。

② 对象：政府机关规划部门。

③ 执行者：项目开发方或咨询机构。

④ 方式：直接向有关部门索取资料。

⑤ 性质：基本上长期稳定，但由于大规模城市开发项目建设时间跨度较长，可能发生变动。

（2）自然条件和历史沿革资料

① 具体内容：自然资源情况；地形图；气象资料；水文；地质即地震；开发项目地点的历史沿革资料。

② 对象：勘测、气象、水利、地质、文献部门。

③ 执行者：项目开发方或委托专门调查机构。

④ 方式：直接向有关部门索取资料。

⑤ 性质：基本上保持不变。

（3）经济环境资料

① 具体内容：人口构成及其增长趋势、年龄结构的变化情况；国民生产总值和国民收入增长情况及其对社会购买力的影响；家庭收入变化；消费水平和消费结构的变化；物价水平及通货膨胀；就业与劳动力资源；基础设施及原材料供应。

② 对象：政府各经济主管部门及当地规划部门。

③ 执行者：项目开发方或委托专门调查机构。

④方式：直接向有关部门索取资料。

⑤性质：随宏观经济走势发生经常性改变，需要进行多次调查。

（4）社会文化环境调查

①具体内容：居民职业构成、教育程度、文化水平等；家庭人口规模及构成；居民家庭生活习惯、审美观念及价值取向等；消费者民族与宗教信仰、社会风俗等。

②对象：政府文化、宣传主管部门；当地居民及游客。

③执行者：专门调查机构。

④方式：直接索取相关资料；问卷、访谈等调查方式。

⑤性质：相对稳定，随整个社会文化状况而变化。

（5）项目区位地理资料

①具体内容：基地范围、方位、景观、地貌、邻接地块、公共及市政公用基础设施，道路与交通状况。

②对象：项目意向位置、沿线及周边范围。

③执行者：项目开发方或委托专门调查机构。

④方式：现场踏勘、查询规划及管线图。

⑤性质：基本保持稳定，注意规划修改更新与近远期衔接。

（6）市场情况

①具体内容：竞争机构状况（数量、规模、实力、生产能力、营销策略、开发情况、未来趋势等）；竞争产品状况（周边竞争项目的设计、质量、价格定位及市场反馈、市场占有率等）。

②对象：资金市场、建筑市场、销售竞争市场等。

③执行者：委托专门机构。

④方式：市场调查和研究。

⑤性质：多变，需多次进行。

（7）最终用户需求

①具体内容：消费者消费产品的欲望、动机和习惯；消费数量与种类；对项目提供产品在种类、价格、质量、区位等方面的要求；消费者对市场上类似产品及开发机构的印象；消费者行为的决策影响因素。

②对象：潜在用户。

③ 执行者：委托专门机构。

④ 方式：市场调查和研究。

⑤ 性质：针对性进行。

例 4-4　住宅项目的调查内容

对项目的需求市场进行细分并确定最终使用者的需求是环境分析与调查的重点，也是安排城市大规模开发项目建设活动的立足点。为了使产品适应使用者需求，必须预先了解使用者及消费者的构成、使用及消费原因等特征，做到按照使用者的实际需求安排项目建设活动。例如，针对住宅项目的调查内容主要包括：

一、使用者构成调查

调查和分析项目潜在使用者和消费者的年龄、性别、地区、经济收入状况等，如：

1. 潜在使用者 / 消费者使用项目提供产品的原因；

2. 潜在使用者的数量、年龄与性别构成、地区分布状况；

3. 消费者的经济来源和经济收入水平；

4. 消费者的实际支付能力；

5. 对潜在消费者的直接调查和发现等。

二、消费者消费行为调查

即调查和分析消费者的购买欲望、动机和购买行为等，如：

1. 使用者 / 消费者消费产品的欲望、动机和习惯；

2. 使用者 / 消费者消费产品的数量与种类；

3. 使用者 / 消费者对项目提供产品在种类、价格、质量、区位等方面的要求；

4. 使用者 / 消费者对市场上类似产品及开发机构的印象；

5. 消费者行为的决策因素、影响因素等。

例 4-5　某商业项目的调查及分析内容

一、宏观经济环境分析

1. 人口因素分析

2. 经济水平、全国 GDP 状况分析

3. 政策法规

4. 市政规划和建设

5. 社会环境及文化分析

6. 交通状况

二、区域市场总体分析

1. 项目所在城市商业环境分析

2. 项目所在区域商业环境分析

① 区域商业现状调查分析

② 区域整体商业市场态势分析

③ 区域内行业情况分析

④ 区域内商户调研分析

⑤ 区域内终端客户分析

⑥ 域竞争项目调查

⑦ 区未来 3~5 年城市发展方向及项目区域地位预测

3. 项目所在商圈及竞争商圈分析

① 城市发展状况

② 项目所在区域商贸状况

③ 人流研究

④ 商圈分类（可按照核心商圈、次级商圈、边缘商圈分类，也可以按照徒步圈、骑车圈、乘车圈和开车圈进行分类）

⑤ 商圈分析的内容

⑥ 商圈辐射范围

⑦ 商圈容量测算

三、目标客户的研究分析

1. 目标客户经营范围分析

2. 目标客户投资动向分析

3. 目标客户对商业的需求分析

4. 目标客户商圈内经营状况分析

5. 目标客户抗经营风险能力分析

6. 目标客户品牌分级研究

四、消费者总体研究分析

1. 消费水平调研（消费习惯、逛商场频度、偏爱商场、对项目商圈评价）

2. 消费结构调研

① 本商圈消费群结构

② 本商圈消费群结构分析

③ 本区域消费群结构分析（基本人口状况、人流量分析）

④ 消费群结构分析

3. 消费力分析

① 本商圈消费力分析

② 本地域消费群和消费行为特点分析

③ 应同时考虑的及影响本地消费群行为的重要变量（年龄、性别、收入水平、文化水平、接受时尚信息程度、家庭的满巢信息程度）

④ 区域（商圈）消费力分析

⑤ 区域消费力分析及结论

五、竞争商圈研究分析

1. 竞争商业项目现状调研分析

2. 竞争商业项目总体分析

3. 项目所处区域市场价格风险分析

① 最低价格分析

② 最低风险价格选择

③ 成本价的张力分析

④ 最低惯性的张力分析

六、项目的 SWOT 分析

1. 本项目所在地块在城市发展中的地位、现状及前景分析

2. 本项目所在区域经济发展状况

3. 本项目所在街区的经济发展状况及商业机会分析

4. 地块工、地理位置、地貌特点

5. 地块基础设施及交通条件

6. 地块区域商业开发的特点

7. 周边生活及商业配套研究

8. 项目地块的优势分析

9. 项目地块的劣势分析

10. 项目地块的风险分析

11. 项目地块的机会把握

12. 项目的 SWOT 综合分析

七、未来 3~5 年的商业走势预测分析

4.3.6　城市开发策划环境调查的方式

4.3.6.1　探索性调查设计——发现问题，提出问题

1）定性调查

（1）直接法

包括专家座谈以及深度访谈。专家座谈是由主持人引导讨论，以结构化的方式对一小群调查对象进行的访谈，主要目的是从适当的目标市场中抽取一群人，通过听取他们谈论策划研究者所感兴趣的话题来得到观点。这一方法的价值在于自由的小组讨论经常可以得到意想不到的发现，是最重要的定性研究方法。深度访谈则是一对一执行的非结构化、直接的人员访谈，需要非常有技巧的访谈者对单个的调查对象进行深入的面谈，从而挖掘关于某一主题的潜在的行为动机、信仰、态度以及感觉，其时间长度可以从 45 分钟到 1 个多小时不等。

（2）间接法

如果调查对象知道研究的目的，他们可能不愿意或不能够给出客观答案，这时需要考虑间接的方法。它是非结构化的调查方法，以间接方式进行提问，鼓励调查对象反映他们对于所关心的主题的潜在动机、信念、态度或感受。通过分析调查对象对于有意非结构化的、模糊的、不明确的情节的反应来揭示他们的态度。具体可包括联想法、完成法、构筑法、表达法等。

2）定量调查

定量调查指采用大样本、利用结构式问卷、依据标准化的程序来收集数据和信息的调查方式。这是调查研究一般采用的主要方式，但在项目开发前期，对项目情况的把握比较模糊，一般难以进行量化的评价，所以定量的意义不大。

4.3.6.2　描述性调查设计——针对问题，反映特征

1）双向沟通调查法

标准式的调查法是事先设计、固定格式，并依次提问、严格控

制，非标准式则有大纲提示、自由沟通、简单灵活、有效引导的特点。调查法的优点是问卷填起来方便，获得数据可信，数据编码、分析和解释相对简单；缺点是调查对象可能不愿意提供所需信息。具体方法包括专家访谈、电话调查（传统、电脑辅助）、人员访谈、问卷派发、邮件访谈、电子访谈等，依据需要的信息、预算限制、调查对象的特征等因素，适用的调查方式可能是其中一两种，抑或是全部方式。

2）观察法

观察法就是运用系统的方式，对调查对象的情况直接进行观察、观测并记录，从而获得所需信息。对过去的事件记录（即有关文献资料）的查阅，也可归入这一类型。其优点是允许对实际行为进行测量，而不是对意向性或偏好性的行为进行报告，因此没有报告偏差，并可消除或减轻由调查者个人或者访谈过程所引起的潜在偏差。由于对调查对象潜在的动机、信念、偏好和态度所知甚少，这一方法的相对缺陷是难以完全确定所观察到行为的原因。

4.3.6.3　因果调查设计——典型实验，推导结果

前面的描述性调查可以说明某些现象或变量之间的相互关联，但要说明某个变量是否引起或决定着其他变量的变化，就需要用到因果调查。因果调查是指为了查明项目不同要素之间的因果关系，以及查明导致产生一定现象所有原因而进行的调研。通过这种调查，可以清楚外界因素的变化对项目进展的影响程度，以及项目决策变动与反应的灵敏性，具有一定程度的动态性。

因果关系调查的目的是寻找足够的证据来验证这一假设。包括室内实验法、意向性推导（意向观察）与市场实验法、效果性推导（试用反馈）等。调研问题的不确定性影响着调查的具体方法。在调研的早期阶段，当调研人员还不能肯定问题的性质时实施探索性调研，当调研人员意识到了问题但对有关情形缺乏完整的知识时，通常进行描述性调研；因果性调研（测试假设）则要求严格地定义问题。

（1）普查是对调查全体对象总体的全部单元无一例外地逐个进行调查，它是获取完整、系统的信息的一种方式，常见于行政主管部门的普查资料。但其问题是所需时间长、资金投入巨大、难以深入。

（2）重点调查是指在调查对象总体中选定一部分重点单位进行调

查。所谓重点单位是指在总体中处于十分重要地位的单位，或在总体中某项标志总量中占绝对比重的一些单位。此项调查数量少，权重大。

（3）典型调查是在对调查总体进行分析的基础上，从调查对象中有意识地选取一些具有典型意义或代表性的对象进行专门调查。典型调查的调查对象取样数量较少，投入的人力、经费比较节省，运用比较灵活。

（4）抽样调查是指从调查总体中抽取一部分子体为样本进行调查，然后根据样本信息，以总体的状况进行估算与推断的一种调查方法，在实践中普遍使用。其分为随机抽样调查（随意抽取）和非随机抽样调查（有选择性抽取）。

对于不同内容的调查分析，应该采取不同的方式进行，见表4-19。

城市开发策划环境调查的方式比较表　　　　　表 4-19

调查内容	性质	对象	具体内容	执行者	方式
国家的政策、法规及城市总体规划	基本上长期稳定，但由于大规模城市开发项目建设时间跨度较长，有可能发生变动	政府机关规划部门	政府财税、物价、金融、就业政策；土地管理、房产开发、环境保护、基础设施配套、拆迁安置等相关法律；城市总体规划布局、发展方向等	发展商或咨询机构	直接向有关部门索取资料
自然条件和历史沿革资料	基本上保持不变	勘测、气象、水利、地质、文献部门等	自然资源情况；地形图；气象资料；水文资料；地质及地震资料；开发项目地点的历史沿革资料	发展商或委托专门调查机构	直接向有关部门索取资料
经济环境资料	会随着大规模城市开发项目的建设而经常发生变化，需要进行多次调查	政府各经济主管部门及当地规划部门	人口增长趋势、年龄结构的变化情况；国民生产总值和国民收入的增长情况及其对社会购买力的影响；家庭收入变化情况；消费水平和消费结构的变化；物价水平及通货膨胀；就业状况及劳动力资源；基础设施及原材料供应状况	发展商或委托专门调查机构	直接向有关部门索取资料
项目区位地理资料	基本保持稳定	项目地理、地貌及周围设施状况	项目基地、方位、景观、现场状况；邻地状况；基地周边道路管线；公共设施及交通状况	发展商或委托专门调查机构	现场踏勘、查询规划及管线图
市场情况	多变，需多次进行调查	资金市场、建筑市场、销售竞争市场等	竞争机构状况，如数量、规模、实力、生产能力、营销策略、开发情况、未来趋势等；竞争产品状况，如周边竞争项目的设计、质量、价格定位及市场反馈、市场占有率等	委托专门机构进行，最好同时委托多家机构以便比较	市场调查和研究

续表

调查内容	性质	对象	具体内容	执行者	方式
最终用户需求	根据大规模开发项目种类的不同分别进行	可能成为大规模城市开发项目产品或服务针对人员的潜在用户	消费者消费产品的欲望、动机和习惯；消费者消费产品的数量与种类；消费者对项目提供产品在种类、价格、质量、区位等方面的要求；消费者对市场上类似产品及开发机构的印象；消费者行为的决策因素、影响因素等	委托专门机构	调查表、访谈会等

4.4　城市大规模开发项目的目标与定位

经过总体的构思及随后的调查，可以初步形成项目的概况，随后，需要通过精确的定位研究，明确项目的目标体系。

4.4.1　定位步骤与方法

"定位"的概念最先由里斯和特劳特提出，关注的是广告传播策略。简单地说，定位就是确定一个项目的使用者是谁？要做成什么样子？要实现这一目的，需要通过市场调查研究，寻找并确定项目所面向的服务或销售范围，并围绕这一市场的需求对项目的功能、形象、服务品质等进行有针对性的规划。❶

定位是项目策划的核心、本源，其工作应该贯穿项目全程策划的全过程。之所以将其列在总体构思与调查分析之后，因为定位的前提是完整的调查分析，明确项目在竞争环境中处于什么地位，本项目在未来可供选择的市场空间，以及本项目的相对优势和风险。

4.4.1.1　定位步骤

首先，分析本项目本身及竞争产品或同类项目，是定位的良好起点。然后，需要通过比较项目本身和竞争产品，找出对产品目标市场正面及负面的差异性，这些差异性必须详细列出以便寻找项目营销组合的关键因素。有时候表面上看来是负面效果的差异性，能够转化为正面效果。之后列出主要目标市场，指出主要目标市场的特征，目标

---

❶　艾·里斯，杰克·特劳特. 定位 [M]. 北京：机械工业出版社，2011.

市场总的供求关系与目标市场的需求等特征，接着就是把产品的特征和目标市场的需求与欲望结合在一起。有时候必须在产品和目标市场特征之间寻找多种对应关系，以发掘消费者最重要的需求及欲望。最后针对市场细分，明确项目档次及结构比例。

4.4.1.2　定位的主要方法

定位的基本思考方法包括问题分析法（突出理性主导，追求综合最优）、条件过滤法（实行单向限制，分别辩证对待）、专家意见法（突出权威效应，力争快速成型）、头脑风暴法（强调创新导向，结果难于掌控）、标杆观摩法（有利于深度剖析，可能难于突破）等。而对具体开发项目的定位，方法有以下几种。

（1）试错法

这种方式大多是在没有充分调研和分析的基础上，主观形成一种定位，然后赋予实施，碰壁之后回头重新改变定位，然后再去操作，经过一次次改变之后，最后找到一个可能成功的定位。这种方式风险很大，往往最后难以形成一个能实现价值最大化的定位。

（2）排除法

在一些调研的基础上，通过分析，基本排除一些不切实际的定位，然后再对项目进行定位。这种方法可以缩小项目定位的范围，提高定位的准确性，但是这种方式在一般情况下，不可能将项目定位排除到可以唯一准确定位的程度，因此，采取排除法之后，如果不采用其他的方法，或者采取试错法，则项目的定位依然可能出现较大的偏差。

（3）交集验证法

这种方法在对项目定位所需要依据的各个方面进行充分调研和准确分析之后，将每个方面支持的项目定位进行集合，这些交集部分就是可能适合项目的定位。这时再采取验证的做法，进行摸底，并根据情况，对定位进行二次或多次修正，以准确得出对项目的定位。

以上几种方法时常会交替进行，同时采用，以提高定位的准确性。

4.4.2　目标体系制订

就本质而言，目标代表那些未获满足的需要。目标有层次之分，最高层次是最终目标，其他的层次为职能目标，也可以称为手段性目标，是实现上一级目标的手段，是为实现最终目标而服务的。[1]体系则是由若干事物互相联系、互相制约而构成的一个整体。因此，可以将目标体系定义为互相关联的各层次目标的总和。

4.4.2.1 目标体系策划的步骤

在整个策划过程中，首先会根据前期调研分析的内容，确定问题，然后根据问题来制定目标。然后进入设计方案、选择方案、实施方案阶段。而制定目标体系在整个策划过程中，有着非常重要的地位，它是对现有问题调查和分析后的理性总结，对策划方案起到指导作用，亦是检验方案实施效果的重要依据。在方案设计、实施的过程中，还需要对目标体系进行动态评价和修订（图4-21）。

4.4.2.2 目标体系的结构

实际操作中，通常会将总目标分解成多个子目标，并由总目标和各层次分目标组成目标体系，子目标会由多个指标来帮助实现（图4-22）。

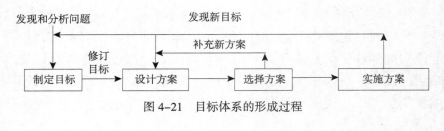

图4-21　目标体系的形成过程

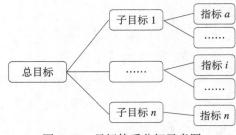

图4-22　目标体系分解示意图

[1]　阿尔弗雷德·奥克斯费尔迪特. 决策经济学 [M]. 北京：机械工业出版社，2003.

策划的目标体系来源于管理学中的目标管理。人们发现目标对于激发人的潜力有很大作用，而由项目实体到每个执行者的层级下降设置层层目标，有利于激励最大化。因此，在策划中引入目标体系的概念，也是为了实现目标成效的最大化。

4.4.2.3 目标体系组织

目标体系通常通过目标体系图来体现，可以作为目标管理的重要工具，把总目标和各次级分目标的连接关系用组织图的形式表现出来（图4-23）。

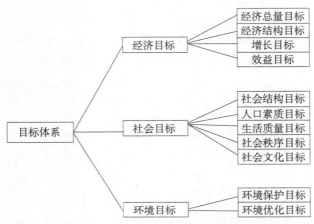

图4-23 某市旅游产业新区开发项目的目标体系组织图

通过此图，可以一目了然地看出所有层级目标的相互关系，能及时对目标设置中的问题进行调整，并从总目标到子目标，帮助各职能目标或各种子目标明确在整个目标体系中的作用，加强管理，提高效率。

4.4.3 城市大规模开发策划的目标体系制订

4.4.3.1 策划目标体系的内容

不同规模、不同内容的开发活动在设置目标体系时会有不同的切入点。一般来说，在城市开发项目中，目标体系主要从政策目标、环境目标、社会目标、市场目标、财务目标这几个方面来分解。

我国城市开发策划大体可以分为五个层次：战略/概念策划、发展策划、管理策划、项目策划、设计策划，与之相对应的规划层次分别是城市发展战略规划、总体规划、控制性规划、修建性规划、单体设计及规划等。对于不同层次的策划，在制定目标体系的时候各有侧重点。

4.4.3.2　战略／概念策划

战略／概念策划对应于战略／概念规划，目前该类规划尚处于起步阶段，还缺少明确的定义与法律地位，属于城市与区域规划的一种，尤其注重城市发展战略规划。它主要研究城市与区域的发展方向、空间总体结构、城市功能定位等重大方针问题，强调对全局的把握，是涉及空间、经济、环境、生态，乃至社会和文化等方面的综合性城市与区域规划。这一规划没有 5 年、10 年、20 年的规划年限，是对城市发展最佳模式的探索。规划中大胆假设，较少受到现有条件的束缚，最大限度地考虑理想条件与机遇下产生的影响，同时充分估量其风险和可实现性，使之具有很强的前瞻性。

战略／概念规划一般包括以下内容：①城市结构布局与空间网络；②城市交通网络；③经济发展研究；④城市环境可持续研究；⑤城市社会结构与老龄化问题；⑥城市文化与城市形象等。因此，在制订战略／概念策划的目标体系时，可以将总目标分解为城市发展目标、城市竞争力目标、产业结构目标、城市规模预测目标、可持续人居环境营造目标、城市空间结构目标、投资估算目标和城市形象目标等（图 4–24、例 4–6）。

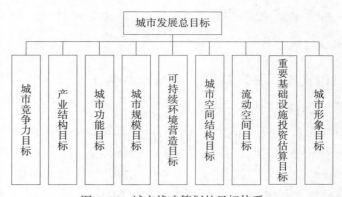

图 4–24　城市战略策划的目标体系

例 4-6　哈尔滨城市发展战略策划

哈尔滨是黑龙江省省会城市，是中国东北北部的政治、经济、文化中心，也是中国省辖市中面积最大、人口第二的特大城市。全市土地面积 5.31 万 km²，辖 12 区 10 县（市）。截至 2012 年年末，户籍总人口 993.5 万人，48 个民族，其中少数民族 66 万人。

哈尔滨冬季气候寒冷，绝对最低气温 -37℃，冬长夏短，素有"冰城"之称。特殊的历史进程和地理位置造就了哈尔滨特有的异国情调，不仅荟萃了北方少数民族的历史文化，而且融合了中西方文化，是中国著名的历史文化名城和旅游城市。

2002 年编制的城市发展战略规划中，分析了哈尔滨城市发展面临的问题：

（1）体制转型缓慢，体制相对落后；

（2）产业结构不合理，工业总量不足；

（3）投资环境落后；

（4）环境质量恶化；

（5）绿色开敞空间不足；

（6）居住空间不适应生活水平提高的要求；

（7）区域竞争格局中面临边缘化倾向。

基于这些分析，规划中制订了城市发展的战略目标体系图，如图 4-25 所示。

4.4.3.3　发展策划

发展策划对应于城市总体规划。

城市总体规划属于法定规划，期限一般为 20 年。主要研究和确定城市性质、规模和空间的发展状态，统筹安排城市各项建设用地，合理分配城市各项基础设施，处理好远期发展与近期建设的关系，指导城市合理发展。

因此，发展策划的目标体系中需明确有关实施的安排，分解为城市职能与性质目标、城市规模与用地构成目标、城市空间结构与功能布局目标、城市交通与道路系统目标、基础设施规划目标、实施目标（图 4-26）。

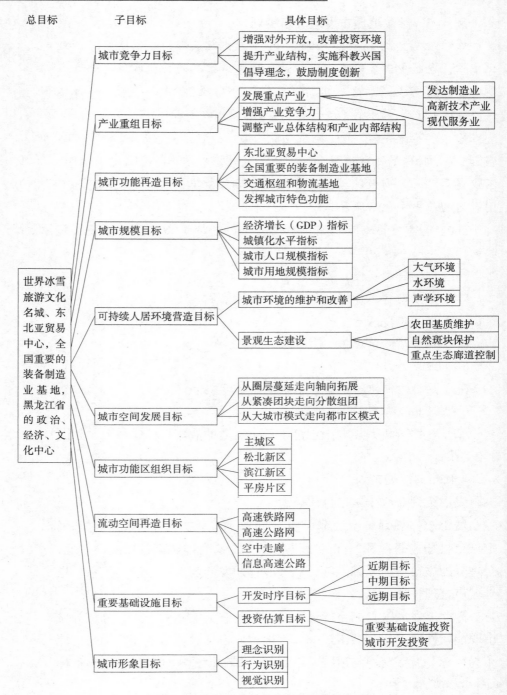

图 4-25 哈尔滨市城市发展战略目标体系

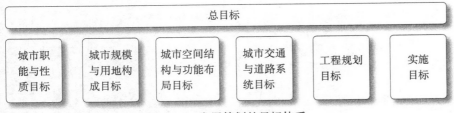

图 4-26 发展策划的目标体系

4.4.3.4 管理策划

管理策划对应于控制性详细规划。

控制性详细规划也是法定规划，是以总体规划为依据，以土地使用控制为重点，详细规定建设用地性质、使用强度和空间环境，它强调规划设计与管理及开发相衔接，是城市规划管理的依据，并指导修建性详细规划的编制。

控制性详细规划的作用有以下三个方面：

（1）承上启下，强调规划的延续性。主要体现在规划设计与规划管理两个方面。在规划设计方面，它以量化指标将总体规划的原则、意图、宏观的控制转化为对城市土地乃至三维空间定量与微观的控制。在规划管理方面，控规将总体规划的宏观管理要求转化为具体的地块建设管理指标，使规划编制与规划管理及城市土地开发建设能够有效地衔接在一起。

（2）是城市规划管理的依据。它能将规划控制要点，用简练、明确的方式表达出来，作为控制土地划拨或出让的依据，正确引导建设与开发行为，实现规划目标，并且通过对开发建设的控制，使土地开发的综合效益最大化。

（3）体现城市设计构想。

因此，可以将管理策划的目标体系分解为土地使用目标、环境容量目标、建筑建造目标、城市设计引导目标、配套设施目标、行为活动目标和管理实施目标等（图 4-27）。

4.4.3.5 项目策划

项目策划对应于修建性详细规划，但不局限于修建性详细规划。

项目策划可以分为两类，其对象一类是以各种开发商为主导，以

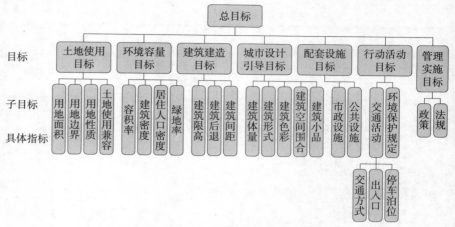

图 4-27　管理策划的目标体系

投资或自用为目的而进行的规模相对较小的城市开发项目，即各类商业性的房地产开发项目。另一类则是以政府为主导，组织开发机构进行的大规模公共建设开发项目。不同对象的项目策划在制定目标体系时会有不同。

1）房地产开发项目策划

房地产开发项目策划以客观的市场调研和市场定位为基础，以独特的概念设计为核心，通过综合运用各种策划手段（投资策划、设计策划、营销策划等），按一定的程序对未来的房地产开发项目进行创造性的规划，并以具有可操作性的房地产项目策划方案作为结果。因此，它的目标主要分为建设规模目标、市场目标、产品目标、功能目标、经济效益目标（图 4-28、例 4-7、图 4-29）。

例 4-7　广州某小区房地产项目策划

项目概况

某项目位于广州海珠区，用地面积为 106690m²。总地价为 4.8 亿元，用地性质为居住用地。该地块满足"五通"（给水、排水、道路、电力、电信）条件。

项目模式

由开发公司独立开发，项目的经营方式为：住宅部分全部销售，商铺和车位部分为租赁，20 年后转售。

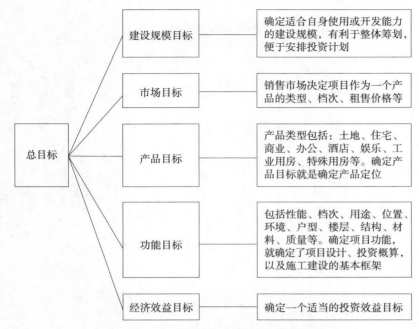

图 4-28　房地产开发项目策划的目标体系

SWOT 分析

在提出目标体系之前先对现状进行了 SWOT 分析。

S（优势）：交通便利，生活配套设施完善，靠近中山大学；

W（劣势）：景观不佳，噪声污染大，治安状况差；

O（机会）：周边竞争楼盘楼龄偏老，品质一般；

T（威胁）：周边竞争项目多系知名开发企业开发。

经分析得出结论是该地块不适宜建豪宅，定位不能偏离中档楼盘路线太远，但可以在品质上赶超周边楼盘，成为该地区的领头羊。

市场定位

该项目将被打造成为一个大型的绿色环保社区，以吸引中等收入的白领阶层和个体经营者，以月收入 6000~10000 元左右的家庭为主。

目标体系图

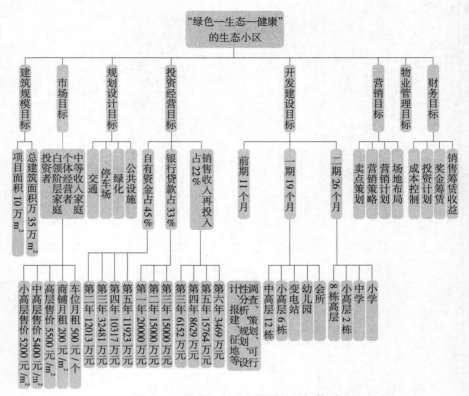

图 4-29　某房地产项目策划的目标体系

2）大规模公共建设开发项目策划

大规模公共建设开发项目策划是为了适应与推动城市经济的发展和城市功能结构的优化，满足人们不断提高的生活、工作、交通和文化娱乐的需求，以及出于政治、社会经济发展战略和防止战争与自然灾害等因素的考虑，由政府或开发机构通过财政投资、银行贷款、发行债券等社会融资形式，或通过开发机构自筹资金组织兴建的大型城市建设项目。

大规模开发项目不但规模巨大，而且项目开发者在考虑项目自身经济效益的同时，更注重项目的宏观经济效益、社会效益和环境效益，有些项目本身就是以社会效益和环境效益，即对整个社会的贡献为主。因此，在制定目标体系时，主要分解为建设规模目标、市场目标、产品目标、功能目标、宏观经济效益目标、社会效益目标、环境效益目

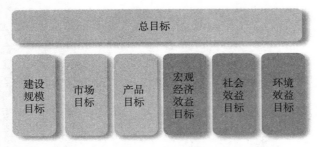

图 4-30 大规模开发项目策划的目标体系

标。其中，宏观经济效益目标、社会效益目标、环境效益目标是房地产项目中所没有的（图 4-30）。

4.4.3.6 设计策划

设计策划对应于建设项目单体的设计。

良好的规划和建筑设计是保证项目成功的要素之一，对项目进行设计策划能从设计的开始阶段帮助确定业主、开发者及社会的相关价值体系，帮助开发者在开发预算内，确定合适的项目定位及标准，使项目的总体规划、建筑及环境设计达到最佳，使运营效果与成本控制尽量达到最佳。

影响项目设计策划的要素有：

（1）国家及项目所在城市在开发与建设方面的基本政策；

（2）项目所在城市有关修建性详细规划的规定；

（3）项目基地状况；

（4）市场调研结果与市场定位、项目开发理念；

（5）建设项目的总投资、概预算情况和资金的运作方式等。

设计策划的内容主要包括：建筑单体功能与配置、用地的规划布局、基地内公共服务设施的规划布局、基地道路与各种交通方式的规划、绿化规划、环境景观设计。

因此，设计策划的目标体系可以分解为建筑单体目标、公共服务设施目标、道路交通目标、绿化及环境景观目标、环保节能目标等（例 4-8、图 4-31）。

例 4-8 广州某小区设计策划

在项目策划的基础上，该小区在设计策划中提出了建设"绿色—

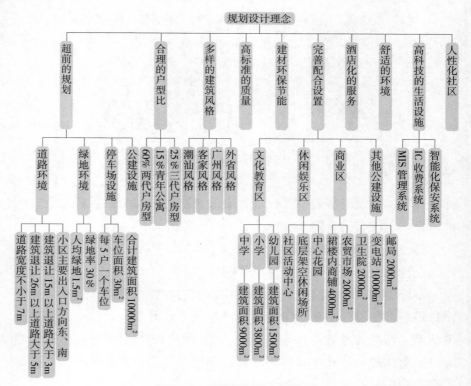

图 4-31　设计策划的目标体系

生态—健康"的生态住宅小区理念，并配合"将来自不同地区的人融合在一起"的主题概念，进行小区的信息化、生态化、多元化设计。

　　针对具体的策划项目，不同的现状问题会产生不同的目标体系，不能照搬硬套。目标体系在制订过程中也不会一蹴而就，需要在具体的规划设计及实施过程中进行反复调整，才能在实施过程中取得良好的效果。

4.5　城市开发策划的实施

4.5.1　城市开发项目的开发模式分析

4.5.1.1　城市开发项目的种类和实施模式

城市开发项目的性质与种类不同，适合其实施的模式也不相同。

（1）商业性地产，分为住宅、商业、酒店、办公。一般由政府出让土地，开发商投资建设，靠出售和出租或经营来获取利润。

（2）工业性地产，是产业发展和实体经济中的重要组成。工业用地分为一类、二类、三类。一类工业用地是指对居住和公共设施等环境基本无干扰和污染的工业的用地，如电子工业、缝纫工业、工艺品制造工业等用地。二类工业用地是对居住和公共设施等环境有一定干扰和污染的工业用地，如食品工业、医药制造工业、纺织工业等用地。三类工业是对公共设施等环境有严重干扰和污染的工业用地，如采掘工业、冶金工业、大中型机械制造工业、化学工业、造纸工业、制革工业、建材工业等用地。工业项目有可能对环境影响极大，需要慎重选址。

（3）文体类项目，分为教育、宗教、体育、文化，是较为复杂的一类项目，具有较强的公益性，作为城市必需的功能而存在。

（4）城市基础设施项目，分为给水排水、交通、能源、通信、环境、防灾等。城市基础设施是城市生存和发展所必须具备的工程性基础设施和社会性基础设施的总称，是城市中为顺利进行各种经济活动和其他社会活动而建设的各类设施的总称。

（5）城市功能区域项目，可以是中央商务区、大学园区、历史风貌保护区、风景名胜区、城市新区等。为满足城市发展的战略目标，城市常常需要寻找成片的区域，用于完善和提升城市整体功能。这些区域的开发与建设涉及的社会、经济和环境影响最为深远，风险也最大。

根据不同开发项目的种类和投资主体的不同，项目实施时可以分别采用开发商开发模式、公私合作开发模式和政府主导模式。开发商开发模式的投资主体为开发商，通常追求经济利益最大化，通过市场竞争来优胜劣汰，达到资源的优化配置，但往往具有一定的盲目性。而政府主导模式中，政府作为投资主体，是非营利性的城市建设和维护的承担者，也是公共利益的维护者。单纯的政府主导易导致公器私用，需要监督和市场化运作，从而产生公私合作的开发模式。如果再考虑到项目建成后的管理运营模式，还可以形成"政府建设、企业运营"、"企业建设、企业运营"等模式。

4.5.1.2　不同项目的开发模式选择

依据市场机制在项目实施中的影响和项目公益性的不同程度，可以用以下简图来分析开发项目和开发模式之间的关系（图4-32）。市场竞争机制能提高局部的效率和优化资源配置，而政府主导则利于全局控制和保障公共利益。一个城市开发项目不仅涉及自身的盈利，其对于周边地区乃至社会也有相当大的影响，尤其是会涉及公众的利益。故在考虑城市开发项目的时候，不能仅仅考虑其自身的收益，更要从全局上衡量其对社会的影响。而这项工作，就需要政府来统筹。如大型超市的建设可能对周边中小零售商产生恶性的影响，上海市规定大型超市的开设不再由政府审批，而是引入"听证会"制度，防止出现挤压中小零售商而对社会、就业和地区活力产生恶劣影响和过度集中带来的恶性竞争。

图 4-32 中，纵轴为项目的公益程度，横轴为市场机制的作用大小，一个项目根据自身的特点会在横轴和纵轴上有不同的倾向，据此可以直观地看出一个项目所适合的开发模式。

1）商业性地产项目

商业性地产项目的特征是营利性强，通常由市场机制主导，适合于开发商开发模式。政府需对商业性地产做好合理的规划和管理，引导正当的市场竞争，防止恶意垄断和保障公共利益，如住宅市场（图 4-33）。

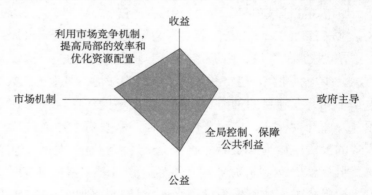

图 4-32　开发项目的"公益程度—市场作用"象限分析图

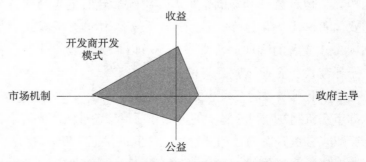

图 4-33　商业性开发项目的"公益程度—市场作用"象限分析图

2）工业性地产项目

工业性地产项目受城市的区位、经济、人口、资源、政策等多种要素影响，在对待工业性地产建设时，政府的决策和战略非常重要，相比起商业性地产而言，政府的介入更多。对于社会影响和外部负效应较小的项目可以选择开发商开发模式，如介于商业性地产与工业性地产之间的创意产业园区等。而对于那些对社会与生态影响明显、效益巨大的战略性项目，政府可以在符合城市整体发展战略的前提下，主导项目的开发，在吸引投资与产业重心的同时，必须做好规划，提供相应的配套服务，尤其是对有可能造成环境污染及生态影响的项目，要切实保护公共利益不受侵害（图4-34）。

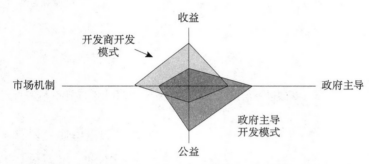

图4-34　工业性地产项目的"公益程度—市场作用"象限分析图

3）文体类项目（教育、宗教、体育、文化）

文体类项目较为复杂，体育类项目公益性较强，需要长期的财政投入，维护费用很高，在开发前要合理策划。宗教类项目一般融资渠道广。文化类项目公益性较强，很多时候关系到城市居民的精神生活与城市形象。总体来说，这类项目的公益性和公众参与度都较强，一般政府参与较多，可以考虑更多地采用公私合作开发模式，以拓宽资金来源，提高建设效率（图4-35）。

4）城市基础设施项目（道路、给水排水、公共交通、能源、通信、环境、防灾等）

基础设施项目一般为城市运行的必需品，且公益性极强，如公共交通、环境建设、防灾防空等项目，几乎没有盈利能力，需要依靠政

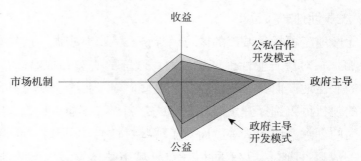

图 4-35　文体类项目的"公益程度—市场作用"象限分析图

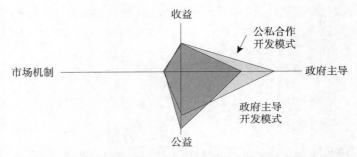

图 4-36　基础设施项目的"公益程度—市场作用"象限分析图

府投资，其开发以政府主导模式为主，加以市场化运作，以提高运行效率。另一些如高速公路、电厂、污水处理厂项目，市场化程度相对较高，容易实现公私合作的开发模式（图 4-36）。

5）城市功能区域项目

城市功能区域项目是完善城市功能、提升城市整体竞争力的必需，经合理引导时，市场性与公益性并存，根据政府政策主导的取向，其收益性与公益性的特点方能明确，可采用多种模式（图 4-37）。

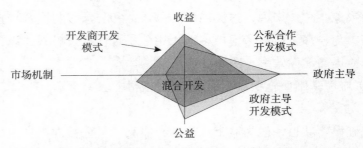

图 4-37　城市功能区域项目的"公益程度—市场作用"象限分析图

对于不同的城市开发项目，以上这些模式的分析能够帮助认识政府主导和市场机制的作用和可能的弊端，应该根据项目寻求较为合适的开发模式。

4.5.2　城市大规模开发项目建设的 PPP 模式（Public–Private–Partnership，公私合作模式）

4.5.2.1　PPP 公私合作模式 ❶ 产生的原因

在 20 世纪 80 和 90 年代，由于我国投资渠道的多样化和城市建设市场化运作方式的增加，在实际的开发与建设管理过程中，经常会采用公私合作的方式，这意味着我们将不得不学习如何利用较少的资源来实现较多的目标，学习如何均衡资源、与开发商谈判，并将规划与开发控制更加集中于实现公共目标。

发掘并获取开发活动最大的潜在社会、经济、环境效益，是政府和开发商的共同兴趣，它导致了公私合作的广泛存在。开发机构需要政府对项目开发提供政策支持、财政担保以及后勤保障等，并共同分担项目风险，而政府也需要积极参与及监督开发活动的进行，确保项目做到社会公正与具有环境效益。另外，开发活动的风险也可能给政府带来不利影响，如果开发失败，甚至会有损政府的形象，危及今后该区域内相同类型的开发活动。特别是涉及城市建设和土地发展的开发项目，由于涉及利益分配、社会公正、环境效益、外部性等方面的问题，需要事先进行周密的策划工作，以形成有效而公正的机制。因此，需要就公私合作的方式进行重点研究与确认，这一工作要在项目的策划过程中完成。

掌握财务分析技能、了解城市建设及房地产开发的相关知识是胜任这一工作的必要条件，对每个规划部门来说，至少应该有 1 名能够进行财务分析及敏感性分析的人员，而规划部门的负责人也应该具备一定的房地产及金融知识，并能够运用这里介绍的分析方法和结果。

---

❶ 本书所指的公私合作模式中，"公"指政府部门等公共机构，即城市政府下属的、进行各项管理的职能部门，"私"指的是开发企业，包括混合所有制的各种企业。

4.5.2.2 公私合作模式实现的基础

在过去的计划经济体制下，城市建设（特别是城市基础设施建设）属于非生产性建设，其计划安排由国民经济计划确定，资金渠道也单一地由国家统筹安排，没有私营部门参与的机会，同时由于当时政企不分，即使是开发企业也是行使政府职能的企业，因此也不存在公私合作的基础。

随着体制改革和"政企职能分开"工作的深入，原来国有的开发企业脱离政府职能而进行独立经济核算，私营、外资机构也纷纷成立并参与到城市建设开发活动中，国外规范盛行的公私合作模式应运而生，如 BOT 模式等（例 4-9）。

例 4-9 公私合作的 BOT 模式

BOT 是英文 Build-Operate-Transfer 的缩写，通常直译为"建设 - 经营 - 转让"。BOT 实质上是基础设施投资、建设和经营的一种方式，以政府和私人机构之间达成协议为前提，由政府向私人机构颁布许可，允许其在一定时期内筹集资金，建设某一基础设施并管理和经营该设施及其相应的产品与服务。

最早的 BOT 可以追溯到 17 世纪的英国，其领港公会负责管理海上事务，包括建设和经营灯塔，并拥有建造灯塔和向船只收费的特权。但是据罗纳德·科斯（R.Coase）的调查，从 1610 年到 1675 年的 65 年当中，领港公会连一个灯塔也未建成。而同期私人建成的灯塔至少有 10 座。这种私人建造灯塔的投资方式与现在所谓的 BOT 如出一辙。即：私人首先向政府提出准许建造和经营灯塔的申请，申请中必须包括许多船主的签名以证明将要建造的灯塔对他们有利并且表示愿意支付过路费；在申请获得政府的批准以后，私人向政府租用建造灯塔必须占用的土地，在特许期内管理灯塔并向过往船只收取过路费；特权期满以后由政府将灯塔收回并交给领港公会管理和继续收费。到 1820 年，在全部的 46 座灯塔中，有 34 座是私人投资建造的。

BOT 模式有多种演变，如：

● BOO（Build—Own—Operate），即：建设—拥有—经营。项目一旦建成，项目公司对其拥有所有权，当地政府只是购买项目服务。

- BOOT（Build—Own—Operate—Transfer），即：建设—拥有—经营—转让。项目公司对所建项目设施拥有所有权并负责经营，经过一定期限后，再将该项目移交给政府。
- BLT（Build—Lease—Transfer），即：建设—租赁—转让。项目完工后一定期限内出租给第三者，以租赁分期付款方式收回工程投资和运营收益，以后再将所有权转让给政府。
- BTO（Build—Transfer—Operate），即：建设—转让—经营。项目的公共性很强，不宜让私营企业在运营期间享有所有权，须在项目完工后转让所有权，其后再由项目公司进行维护经营。
- ROT（Rehabilitate—Operate—Transfer），即：修复—经营—转让。项目在使用后，发现损毁，项目设施的所有人进行修复、恢复、整顿—经营—转让。
- DBFO（Design—Build—Finance—Operate），即：设计—建设—融资—经营。
- BT（Build—Transfer），即：建设—转让。
- BOOST（Build—Own—Operate—Subsidy—Transfer），即：建设—拥有—经营—补贴—转让。
- ROMT（Rehabilitate—Operate—Maintain—Transfer），即：修复—经营—维修—转让。
- ROO（Rehabilitate—Own—Operate），即：修复—拥有—经营。

公私合作的开发方式由于涉及政府公共机构、开发企业以及居民三方面的利益，有时还有外资的参与，各自的利益目标并不总是一致，因此需要综合地考虑与权衡项目可能给各方面带来的社会经济影响，形成双方均可接受的合作基础。

要将私有资金吸引到城市公共设施的建设活动中来，必须彻底改变城市建设属于政府福利事业的供给体制，除了经认定的低收入家庭可以获得政府补贴使用城市公共设施外，大多数市民以及来自市外的其他国内外人士需要进入完全的市场（即以市场的价格享受城市公共设施的服务）。这样的需求才会成为对城市公共设施建设的有效需求，也只有这样，城市公共建设项目才能够吸引来自国内外的投资，通过合作开发的途径，提供高质量、高效率的城市公共服务，满足各种层次需求的需要，从而以市场的手段从根本上解决城市建设的资金问题。

在以往的项目开发活动中，政府部门多数是以公共服务的提供者身份出现。这些公共服务既包括项目的审核与监管，也包括公共服务设施的提供，前者作为政府职能而体现，后者则是由政府各部门收取的土地出让费用及以各种公用事业费的方式向城市建设与开发者收回部分投资。实际上，因为公共机构难以准确地确定其建设提供的公共设施应该收取的费额，所以，由于公共设施水准的提高（包括交通可达性、区域物质性生活环境、商业、娱乐、教育、卫生设施等）而引起的物业升值部分无法有效地回收并用于城市的进一步建设与发展，这无疑不利于城市建设资金的良性循环。

根据公私各方的利益目标，确定公私合作的基础为：

（1）公共机构——促进城市建设的发展和实现城市建设资金的良性循环；

（2）私营机构——实现开发投资的经济回报以及创造企业良好的社会形象；

（3）社会公众——接受项目由私营机构开发、管理的方式，并愿意为接受的服务而付费。

4.5.2.3　公私合作的步骤

要求公共机构主动地接受以公私合作的方式参与城市公共设施的开发活动极具挑战性，因为政府的工作人员往往很难知道自己的参与会给项目带来怎样的财务方面的影响，因此他们往往是被动地参与合作。就像在1992年开始的房地产热潮初期绝大多数城市的土地管理部门不知道怎样确定出让给开发商的土地价格一样，他们既不了解公共机构的参与会给开发商带来怎样的好处，也难以理解官僚主义的办事方式和速度会给项目实施带来怎样的害处。这使得许多公私合作的开发项目不能实现其最佳目标，或者即便合作项目实现了较好的效益而公共机构却不能从该项目的收益中获取应得的经济和财务上的好处。

为了从项目合作刚开始阶段就避免这种现象，可以考虑以下的步骤，以成功地实施公私合作开发活动（以城市基础设施建设连带商业性房地产项目开发为例）。

（1）确认进行公私合作的必要性与可行性

实行公私合作是资金不足的需要，要实现迅速改变城市面貌、提高城市运营效率的目标，当前的建设资金缺口无疑很大，因此需要建立吸引私有资金参与城市住宅建设的机制；实行公私合作也是保证城市居民生活配套水准的需要，城市的正常运转需要大量的公用设施配套，而且是关系到居民生活的重大问题，不能没有城市政府的参与和管理；另一方面，实行公私合作又是改革城市公共设施福利供应体制的需要，形成适应中国国情的城市设施建设市场，既能满足居民日益提高的改善生活条件的需求，又能以基础设施建设产业为龙头带动建材、设计等相关产业的发展，从而促进国民经济的发展。

随着改革开放的不断深入，政府对前来投资的私营业者的认识有了不断的改变，并逐渐采取措施以实现"企业、市民、政府三赢"的局面，即前来投资的开发者获得投资的盈利、城市居民的生活获得便利、政府发展的计划得以实施并吸引更多的后继投资者。透过这一机制，政府在投入有限资金的情况下就可以推动城市建设资金的顺利运转，这是公私合作模式得以生存的基础。

（2）确定公私合作的目标及设定开发程序

确立明确的目标对任何一个成功的开发项目来说都十分必要，在合作性的开发中更是如此。它可以帮助确定应该成立何种开发实体，其作用如何，应选择何种筹资方式，何时项目会有产出，应该从事何种类型、规模的开发。目标的合理制订应该根据该地区的房地产市场形势及该地块的自身条件，很多时候还需要根据公共设施项目的资金需要与产出安排房地产项目的进程。为避免合作开始后的矛盾，公共机构在开发前就应该明确这些要求。另外，在项目谈判开始后的程序和方式也应确定，因为公共机构在谈判中肯定会作出一些让步，关键是要明确哪些方面可以妥协而哪些不能。

（3）整理与公共设施建设项目相关联的土地与房产资料并遴选最适宜合作开发的地块

一套结构清楚并得到及时更新的规划信息和房产、地块资料对于遴选出适宜合作开发的项目来说是十分重要的前提条件，这套资料中应该尽可能包括政府规划的大型公共设施项目沿线的所有公共持有房产和地块的基本信息，如地块编号、评估编号、土地利用现状、总体规划及详细规划确定的土地用途与开发强度限制、地块大小、地块形状、组成、出入口以及现有市场价值等。然后，应该根据政府部门发展基础设施项目的进程、资金安排等制定一套选择的标准。

当适合开发的地块已经筛选出来，需要规划师与房地产评估机构进行更深入的评估，例如现金流量分析，以确定哪些地块最具开发潜力。评价的结果将关系到地块开发的规模、成本和种类，通常这些前期工作的花费不多（一般仅占项目发展总投资的 0.25%~1.5%），主要是为了确定与发展有关的主要因素。现金流量分析方法的应用参见本书第 4.2.6 节的财务分析。

（4）制订适合市场需求的规划和包装策略

接下来公共机构的工作应该是策划制订详尽的开发计划。在有些情况下，公共机构或许并不十分清楚如何对某一特定地块进行开发及进行怎样的开发，这时可以用招标的方式让参与投标的开发商提出策划方案。这种方式将分析的工作留给了开发企业，更好地借助他们的经验以及企业追求创新和追求盈利的精神。

根据公共开发制定的目标、地块评价及市场分析的结果，公共机构可以制定规划以吸引开发商、赢得公众的支持以及确保项目的成功。当然，这些公共机构既可以自行招募擅长市场研究、规划、营销、融资等方面的专门开发人才，也可以根据需要聘请专业公司进行以上的策划。

（5）寻找并确定合适的合作伙伴

要找到合适的合作伙伴，首先要确认好的投资者并使他们对项目感兴趣。为实现这一目的，需要进行小范围的定向协议或大范围的招标。大多数项目招标的信息都会刊登在地方性或全国性报纸上，同时可以邀请开发商参加为介绍项目而举行的新闻发布会。一些房地产专业组织和曾经进行过公私合作开发的公共机构也能提供和推荐关于开发商的信息。

用来选择开发商的方法通常有招标投标、资质预审、递交开发建议书或者综合运用上述方法。

（6）与投资者谈判及组成合作企业

公私双方应该制订一个双方均能接受的时间表，标明达成初步意向、达成妥协以及签约的最后期限，以使项目按计划如期进行。

谈判的关键是达成各方均满意的条款，具体包括：

① 地块出让的条件；

② 开发的强度和构成；

③ 开发商完成项目的承诺；

④ 基础设施配套的责任；

⑤ 项目收益中公众得益的形式；

⑥ 公共空间及宜人环境的设计、建设与维护；

⑦ 项目营销及租售控制；

⑧ 项目销售时或再次筹资时双方的参与方式；

⑨ 贷款偿还方式；

⑩ 开发商若未能够履约时的处罚及补偿措施等。

（7）监控项目的运作及项目完成后项目资产的管理

公共机构必须密切监督项目的进展，在选择合作伙伴阶段、土建阶段及租售阶段都应确保项目按计划如期运作。

项目的管理计划必须包括定期对项目进行评估，以确定它是否较好地实现了该地块乃至整个公私合作开发计划的目标。这些评估将使公共机构了解其过去制订的开发目标的可行性，并为今后的项目发展提供经验和教训。

灵活而有效的公私合作开发活动并不会由于一个或几个项目的完成而结束，城市政府将会不断地吸引新的开发企业投入到城市建设的运作中。从这种意义上说，公私合作进行城市基础设施建设连带商业性房地产项目开发的方式是一个循环的过程，因为随着时间的推移和经验的积累，城市建设的不断进步、市场及发展机会的变化会要求公私合作的方式继续存在。

4.5.3 城市开发项目策划实施的模式

图 4-38 分析了几种不同的项目策划实施模式。

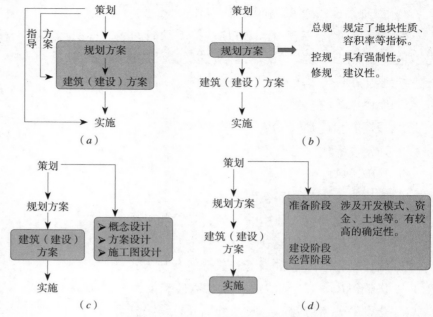

图 4-38　不同的项目策划实施模式

4.5.4　城市开发项目的财务分析

城市大规模开发活动是一种以社会化大生产为特征的综合性城市建设活动,具有开发周期长、占用资金巨大的特点。无论在国内、国外,对于绝大多数开发者来说,不论其是政府的公共机构,还是私营性质的开发商,都不可能也没有必要单靠自有资金承担整个开发过程中的财务需要。因此,项目融资是城市大规模项目开发中的必要过程和前提条件,项目策划中需要进行初步的项目财务分析,结合成本、按需融资,并对项目融资原则、渠道等方面的问题进行探讨。

4.5.4.1　项目的投资估算

城市大规模开发项目的成本包括以下几个方面,即:项目前期费用,包括市场研究、项目立项、土地取得费用、各项设计咨询费用等;项目建设费用,包括工程设计概算造价中涉及的部分,如土建、设备、管理成本、各种税费、物价调整引发的费用(2%)、各种贷款利息、国家规定的建设期内的基本预备费(3%);项目市政配套费用,包括水、电、煤气等市政配套费用;项目市场营销费用。

对一般项目来说，工程建设资金数量可依据工程设计概算造价和营运成本进行计算，包括各项必须投入的资金。除了计算主体工程需要的资金外，还要包括主体工程以外其他必要的辅助工程项目所需的资金，见表4-20。

项目总投资构成一览表　　　　表 4-20

项目总投资	前期费用	市场研究、立项土地费用	
	项目建设总投资	建筑安装工程	土建工程（含一次装饰）
			设备安装工程
			绿化
			其他建设费用
		其他建设费用	动拆迁费
			大市政工程配套费
			公建设施配套费
			供电贴费
			人防费用
			建设单位管理费
			可行性研究勘探设计审照费
			工程监理费
		预备费	不可预见费
	融资费用	固定资产投资方向调节税	
		建设期贷款利息	
		流动资金	
	项目营销费用	广告费用	
		代理费用	

城市大规模开发项目的建设涉及项目立项、规划设计、获取建设用地、建设方案审核、项目融资、场地动拆迁、地块七通一平、项目建设、市场营销、运营管理等，每一部分相应发生成本费用，其中费用最大的部分通常是项目占用土地的取得与场地动拆迁。

（1）专业顾问费

随着市场经济的不断深入，社会分工不断地向专业化、综合化的方向发展，项目建设方委托专业机构进行项目可行性研究、设计、策划、建设管理、销售代理的市场行为越来越多，尤其是在城市大规模开发项目中，这种方式越来越成为开发方的必要。

专业顾问的费用包括市场调查、可行性研究、设计、策划、监理、营销等方面的专业顾问费。与项目的规划设计费和项目监理费一样，其他费用也是根据国家的收费规定及项目建设的要求，按照项目总投资的百分比收费，大规模开发项目由于规模巨大，通常这些费用的取费比例相对较低，例如项目可行性研究的收费，总投资 1000 万元左右的项目可行性研究费用在 5% 左右，而投资 5 亿元以上的项目费用则在 2%~3% 左右，有些时候还可以由开发方与策划方具体协商确定。

（2）土地取得及动拆迁费用

由于我国目前城市土地数量有限（国家限制占用耕地、城市开拓新的地区需要大量的基础设施配套），而城市大规模开发项目占用土地面积通常较大，因此土地费用占很大比例，虽然有许多项目由政府机构出面组织开发，能够得到如划拨土地、减免土地使用费用等优惠，但是通常开发者要承担项目动拆迁费（城市旧区）、补偿费（郊区）及安置费，包括开发地块内住户及农业人口的动拆迁补偿、单位的拆迁安置费以及旧建筑物的拆除费用。通常，旧城改造等大规模开发项目的拆迁费要按实际发生的旧建筑物拆除费、搬家费、异地安置费等计算，占用城郊的集体所有土地时需要支付的土地征用费中包括土地青苗补偿费、劳动力、养老人员安置费、农村集体财产补偿费、不可预见费、征地管理费、耕地占用税等，上海市由于要保证一定的耕地面积，要求征用耕地后支付土地垦复基金用于填海造地还耕等耕地动态平衡措施。在投资成本估算时，拆迁住户可以按户计算，单位办公楼、厂房等按建筑面积计算。上海市区目前每户拆迁安置费在 25 万 ~30 万元左右；也可以按照每平方米平均发生的费用估算。上海市征用土地费标准、青苗补偿费见表 4-21、表 4-22。

上海市征地包干费用项目一览表 　　　　　　　　　　　　表 4-21

序号	费用名称	收费依据	收费标准	备注
1	土地垦复基金	沪财农（95）46 号	10000 元 / 亩，或 15 元 /m²	
2	新菜地建设基金	沪农委（93）172 号	征用蔬菜地保护区的菜地，30000 元 / 亩，或 45 元 /m²；征用非蔬菜地保护区的菜地，18000 元 / 亩，或 27 元 /m²	

续表

序号	费用名称	收费依据	收费标准	备注
3	粮油差价补偿费	沪土发（91）44号	蔬菜地，2500元/亩，或3.75元/m²；其他耕地，1800元/亩，或2.70元/m²	
4	土地补偿费	—	—	
5	青苗补偿费	—	—	
6	整地劳动力安置费、养老人员安置费	沪府（94）62号令，沪劳关法（94）30号、（95）26号、（96）39号、（97）25号、（98）23号	1. 征地单位吸收，4000元/人；2. 乡镇企业接收，40000元/人；3. 劳动力自谋出路，15000~30000元/人；4. 养老费，各区，324元/（人·月）；各县，在1994年的标准上，增加94元/（人·月）	
7	农村集体财产补偿	沪土发（90）70号	按补偿标准中的各项规定办理	
8	征地包干不可预见费	沪府发（87）58号	最高不超过土地补偿费、青苗补偿费、劳动力安置补助费及地上、地下附着物补偿费等总额的2%	
9	征地管理费	沪府发（98）396号	按土地补偿、青苗补偿、地上地下附着物补偿、安置补助、新菜地开发建设基金等总额的3%提取	
10	耕地占用税	沪府发（87）36号	平均3.00元/m²；崇明、横沙、长兴4.00元/m²；南汇、奉贤、松江、金山、青浦6.00元/m²；闵行、嘉定、宝山、川沙地区（不包括已划入市区行政区域部分）8.00元/m²（人均耕地1亩以上地区）或10.00元/m²（人均耕地1亩以下地区）	

上海市各区县土地、青苗补偿费标准　　表4-22

县、区	土地补偿费				青苗补偿费			
	粮棉地		蔬菜地		粮棉地		蔬菜地	
	元/亩	元/m²	元/亩	元/m²	元/亩	元/m²	元/亩	元/m²
闵行区	5200	7.80	13600	20.40	900	1.35	2400	3.60
嘉定区	5200	7.80	11200	16.80	900	1.35	2000	3.00
宝山区	5400	8.10	11200	16.80	960	1.44	2000	3.00
浦东新区	5800	8.70	11200	16.80	1100	1.65	2000	3.00
南汇区	5400	8.10	11200	16.80	960	1.44	2000	3.00
奉贤区	5400	8.10	8800	13.20	960	1.44	1600	2.40
松江区	5400	8.10	8800	13.20	960	1.44	1600	2.40
金山区	5400	8.10	11200	16.80	960	1.44	2000	3.00
青浦区	5400	8.10	11200	16.80	960	1.44	2000	3.00

续表

| 县、区 | 土地补偿费 | | | | 青苗补偿费 | | | |
| | 粮棉地 | | 蔬菜地 | | 粮棉地 | | 蔬菜地 | |
	元／亩	元/m²	元／亩	元/m²	元／亩	元/m²	元／亩	元/m²
崇明县	5200	7.80	8800	13.20	960	1.35	1600	2.40
虹桥	17800	26.70	17800	26.70	3120	4.68	3120	4.68
梅陇	17800	26.70	17800	26.70	3120	4.68	3120	4.68
七宝	17800	26.70	17800	26.70	3120	4.68	3120	4.68
新泾	17800	26.70	17800	26.70	3120	4.68	3120	4.68
龙华	17800	26.70	17800	26.70	3120	4.68	3120	4.68
纪王	16600	24.90	16600	24.90	2880	4.32	2880	4.32
华漕	16600	24.90	16600	24.90	2880	4.32	2880	4.32
江桥	14600	21.90	14600	21.90	2600	3.90	2600	3.90
封浜	14600	21.90	14600	21.90	2600	3.90	2600	3.90
黄渡	14600	21.90	14600	21.90	2600	3.90	2600	3.90
长征	14600	21.90	14600	21.90	2600	3.90	2600	3.90
桃浦	14600	21.90	14600	21.90	2600	3.90	2600	3.90
安亭	13600	20.40	13600	20.40	2400	3.60	2400	3.60
五角场	14600	21.90	14600	21.90	2600	3.90	2600	3.90
江湾	14600	21.90	14600	21.90	2600	3.90	2600	3.90
彭浦	14600	21.90	14600	21.90	2600	3.90	2600	3.90
庙行	14600	21.90	14600	21.90	2600	3.90	2600	3.90
大场	14600	21.90	14600	21.90	2600	3.90	2600	3.90
祁连	13600	20.40	13600	20.40	2400	3.60	2400	3.60
杨思	11600	17.40	11600	17.40	2040	3.06	2040	3.06
严桥	11600	17.40	11600	17.40	2040	3.06	2040	3.06
六里	11600	17.40	11600	17.40	2040	3.06	2040	3.06
洋泾	11600	17.40	11600	17.40	2040	3.06	2040	3.06
花木	11600	17.40	11600	17.40	2040	3.06	2040	3.06
北蔡	11600	17.40	11600	17.40	2040	3.06	2040	3.06
三林	10800	16.20	10800	16.20	1920	2.88	1920	2.88
周西	14600	21.90	14600	21.90	2600	3.90	2600	3.90
青春	10800	16.20	10800	16.20	1920	2.88	1920	2.88
九亭	12200	18.30	12200	18.30	2040	3.06	2040	3.06
泗泾	10800	16.20	10800	16.20	1920	2.88	1920	2.88
金山卫	13600	20.40	13600	20.40	2400	3.60	2400	3.60
亭林	13600	20.40	13600	20.40	2400	3.60	2400	3.60

县、区	土地补偿费				青苗补偿费			
	粮棉地		蔬菜地		粮棉地		蔬菜地	
	元/亩	元/m²	元/亩	元/m²	元/亩	元/m²	元/亩	元/m²
华新	14600	21.90	14600	21.90	2600	3.90	2600	3.90
白鹤	14600	21.90	14600	21.90	2600	3.90	2600	3.90
赵屯	13600	20.40	13600	20.40	2400	3.60	2400	3.60
合兴	10800	16.20	10800	16.20	1920	2.88	1920	2.88

注：收费依据参见沪价房（98）139号、沪财城发（98）37号。

（3）市政配套费

指项目的开发建设过程中需要使用的水、电、道路等临时设施费用以及项目完成后需要的市政配套设施费用，通常包括"道路、供水、排水、供电、煤气、电信、雨水"七通和场地平整的费用。有些时候城市大规模开发项目除了要增加基础设施使用的容量，还需要建设自己的变配电站、污水处理设施等，这些都是市政配套的范围，要计入投资成本。

对于旧区改造的大规模开发项目来说，以上各种费用中拆迁安置费的比重最大，其次是有些基础设施和市政配套设施的建造费。除此之外，大规模的开发还要包括相应的旧区交通改造项目，如道路拓宽工程、新建道路工程等，因为划在用地红线外却在道路红线内的改造部分通常需要由开发商代征及代为拆迁，其大量的投资费用也要进入大规模开发的投资成本中。

（4）项目融资费用

如前文所述，城市大规模开发项目需要的资金除了部分自有资金外，大部分都是通过各种融资方式筹集到的，因此需要支付融资费用。具体估算方法见本书4.2.6节。

（5）项目市场营销费用

城市大规模开发项目的市场营销费用不仅包括了最终产品与服务的市场营销费用，还包括为吸引国内外投资商和开发商前来参与开发活动所进行的营销推介费用，以及部分子项目转让过程中发生的费用等。上海浦东陆家嘴金融贸易区开发公司为了向世界上知名的公司推介陆家嘴金融贸易区内的地块，就曾经委托海外的著名房地产市场营销咨询机构安排其在欧洲、北美的展览、推介活动。活动结束后，该公司人士认为虽然支付了不菲的营销费用，但是达成了一定的合作协议，营销效果不错（例4-10）。

例4-10　陆家嘴金融贸易区土地招商欧洲、北美地区营销推介会预算及代理协议 ❶

1. 宣传材料预算（表4-23）

宣传材料预算　　　　　　　　　　　　表4-23

项目	数量	金额（元）
广告传单	5000 份	20000
宣传册（4页，4色彩印，可放置活页）	1500 份	45000
经济及社会简况说明材料	1000 份	10000（黑白双色封面）

以上费用由委托方承担，上述宣传材料所需的资料由双方共同准备。

2. 代理条款

根据协商达成的协议，代理方获得陆家嘴金融贸易区中4/5地块的欧洲独家代理权，代理费用为3%，这其中的20%需入账。客户按照谈判协商的预算支付此次营销的费用（表4-24）。

陆家嘴金融贸易区土地招商欧洲、北美地区营销推介会开支明细　表4-24

	预算	实际发生	折合美元	结余（US$）
住宿	HK$96170	HK$96170	12823	
广告	—	DM1800*	1333*	（1333）*
介绍会	HK$35550*	HK$7500*	1000*	3740*
日常开销	HK$95000	HK$90000	12000	1000
机场税	HK$2000	HK$400	54	213
交通费/应急费	HK$15000	HK$11768	1569	431
访问瑞典	—	US$4000	4000	（4000）
合计	HK$243720	US$32779	32779	（84）

注：*实际数字未提供，表中 HK$、DM、US$ 分别为港元、德国马克、美元的符号，括号中的数字表示是负值。

---

❶ 本书整理。

（6）运营管理费

虽然运营管理通常是项目建成后的事情，但是其运营管理费用在项目成本中应该予以反映，特别是项目进行融资活动的时候，通常投资商（特别是银行等金融机构）都会要求提供严谨的可行性研究报告，即使投资商自己委托进行项目可行性研究时，也会要求开发方提供关于项目运营的费用预测，作为进行财务评价的依据。

4.5.5 城市开发项目的效益分析

4.5.5.1 经济效益预测分析

城市大规模开发项目建设无疑是为城市经济社会发展服务的，或直接满足市民生活的需求。但是对项目本身来说，其实施价值在于经济效益和社会效益。通常情况下，这两大效益越突出项目可行性越大，所以项目的经济效益预测分析是项目可行性研究的重要内容。项目经济效益预测分析需要对项目固定资产投资、成本估算、利润测算、财务评价等进行研究，并作出效益评价结论。

（1）投资效益评估

当项目建设期很短，而且项目本身比较简单时，项目的投资经济效益可用投资收益率指标来衡量。项目投资收益率，是指一定时期内项目所实现的营运利润与其全部投资的比率，它是衡量建设项目经济效益的一项重要指标。

$$投资收益率 = \frac{项目年运营收入 - 年管理成本}{建设投资总构成} \times 100\%$$

上述关系式里涉及经初步论证确定的设计方案的建设投资总构成、项目营运收入、项目营运过程中的年管理成本等基础数据，并据此对方案进行财务分析。进行财务分析时需要把所有的货币支出和收入都折算到同一时间点上进行比较和分析，才能得出正确的价值评价。

（2）建设投资总构成

前面已经讲述了城市一般大规模开发项目建设总投资的构成内容，需要强调的是投资估算还应充分考虑各项费用在项目实施期间可能发生的变化，为应付这种情况可采取不可预见费的方式列支。

（3）成本估算

年管理成本是指项目投入营运后的人员工资费用、设备维修保养费、材料消耗费、营运动力供应费用、广告宣传费用、税费、保险费、固定资产折旧费、公务费、财务费用及其他费用等。

在可行性研究中，年管理成本一般可比照同类项目的成本开支拟定。年管理成本的节约就意味着资金回收的速度加快。在降低管理成本的努力中，应注意提高管理工作中的科技含量、减少人工费用开支。

（4）项目年营运收入

项目年营运收入指项目竣工投入使用后发生的实际收入。不同类型的项目，营运收入不同。现以某大型游乐项目为例，其年营运收入＝单位票价×年游客流量，如果还有其他服务项目的话，再加上其他服务项目的收入，否则就是单位票价乘以年客流量。当然，这里在拟定单位票价和估算每年游客流量时需做大量调查研究工作，例如游乐项目的吸引力、适应面、游客容量、位置优势等因素对年游客量有很大关系，票价高低也会影响年客流量。[1]

有了上面的三项数据，就可以测算出项目投资的收益率，并据此判定项目投资在经济上是否可行。但实践经验告诉我们，投资收益率会受到许多不可预定因素的影响，即通常所说的风险性。如上例游乐项目的经营风险就有：设备购置风险、安全管理风险、市场竞争风险等，在其可行性研究中应提出项目抗风险的措施。

实践中，几乎所有城市大规模开发项目的投资效益都涉及大量财务和国民经济问题，因此，上述投资效益评估方法不可能全面反映项目投资的静态和动态经济效益状况，还必须参照原国家计委和原建设部颁布的《建设项目经济评价方法与参数》（第2版）进行项目财务评价和国民经济效益评价。

（5）财务效益评价

城市大规模开发项目可行性研究要对项目实施过程进行周密安排，其中涉及的开发建设过程在技术可行的基础上，资金投入产出的财务评价就成为项目投资决策的核心问题。因此，要对经过上述分析

---

❶ 保继刚.深圳市主题公园的发展、客源市场及旅游者行为研究 [J].建筑师，1996（70）.

论证后所确定的基本方案，在核定其投资、成本、价格、收入等基础数据的基础上，对方案进行财务分析。

财务效益评价是根据国家现行财税制度和价格体系，分析、计算项目直接发生的财务效益和费用，根据现金流量预测表计算评价指标，据以显示项目的财务可行性。它有表 4-25 所示的五个基本财务分析指标（表 4-25）：

财务分析指标　　　　　　　　　　　　　　表 4-25

财务分析指标	表达式	指标含义
财务内部收益率（FIRR）	$\sum_{t=1}^{n}(CI-Co)_t(1+FIRR)^{-t}=0$	计算期内各年净现金流量累计等于零时的折现率
财务净现值（FNPR）	$FNPV=\sum_{t=1}^{n}(CI-Co)_t(1+I_c)^{-t}$	各年净现金流量折现到建设期初的现值之和
财务净现值率（FNPVR）	$FNPVR=\dfrac{FNPV}{I_p}$	财务净现值与全部投资折现值之比
静态投资回收期（Pt）	$\sum_{t=1}^{Pt}(CI-Co)_t=0$	从投资开始年起的完成清偿时间
动态投资回收期（P't）	$\sum_{t=1}^{P't}(CI-Co)_t(1+I_c)^{-t}=0$	用现值法计算的投资项目清偿时间

说明：

CI：现金流入量；　　　　　　　　　I_c：行业基准收益率或基准折现率；

Co：现金流出量；　　　　　　　　　I_p：总投资（包括固定资产投资和流动资金）的现值；

$(CI-Co)_t$：第 t 年的净现金流量；

t：年序数，$t=(1-n)$；　　　　　　n：计算期总年数。

财务分析指标说明：

① 财务内部收益率（FIRR）

财务内部收益率是将计算期内的现金流入量和现金流出量统一折现为投资开始时的现值，当累计收入现值等于累计支出现值时的折现率及财务内部收益率。财务内部收益率可以用内插法求出，也可以按表达式编制的计算机程序算出。当财务内部收益率大于基准折现率或设定的行业基准收益率时，可以认为项目在经济上是可行的。在有些国家基准折现率就是银行的固定资产贷款利率。当财务内部收益率大于当时银行贷款利率时，项目便被认定在经济上是可行的。

245

② 财务净现值（*FNPV*）

财务净现值是反映工程项目在建设期和生产服务年限内获利能力的动态评价指标，是按照行业基准收益率或预先设定的投资收益率作为基准折现率（也可直接用银行贷款利率），将各年的净现金流量折现到基准年的现值总和，即财务净现值（*FNPV*）。以 *FNPV* 的大小和正负来判断项目在经济上是否可行。当 *FNPV*>0 时，说明该项目的投资效果不仅能获得基准收益率所预定的经济效果，而且还能获得更大的现值效益，那么该项目在经济上是可行的。当 *FNPV*=0 时，表示该项目的投资效果正好达到基准投资收益率所预定的投资效益，该项目在经济上仍然是可行的。当 *FNPV*<0 时，表示该项目收益达不到基准投资收益率所预定的投资效益，现金流出量折现值之和超过现金流入量折现值之和，说明该项目在经济上是不可行的，这时，就需要联系该项目建设可能产生的社会效益来判断项目是否需要上马。而一旦上马的话，项目将依赖政府的相关政策或补贴来进行建设及生存。

③ 财务净现值率（*FNPVR*）

财务净现值率是财务净现值与建设总投资额折现值的比率，它表示单位投资现值所产生的净现值。当项目有两个以上设计方案可供选择时，由于各个方案的投资额不同，财务净现值指标就不足以准确反映不同方案的经济效果，需要进一步用财务净现值率指标来评价，财务净现值率越大，表示投资效益越好。在对方案进行财务分析比较时，一般来说首先要比较财务净现值和财务净现值率，其次是比较财务内部收益率和投资回收期。

④ 投资回收期（*Pt* 和 *P't*）

投资回收期也称投资返本年限，它反映项目财务上的投资回收能力。当投资回收期小于或等于同行业部门的基准投资回收期时，则可认为该项目在财务上是可行的。投资回收期指标分为静态投资回收期和动态投资回收期，静态投资回收期是对净现金流量不计资金时间折现的投资回收时间，动态投资回收期是对净现金流量按照基准收益率进行时间折现后的投资回收时间。

通过以上五个指标比较各个方案，就可以从多个方案中选择具有最佳经济性的方案和对策。

城市大规模开发项目的财务评价是一个内容多、计算复杂、需要综合分析的工作，一般财务评价至少有三个目标：

① 确保项目实施全过程的财务生存能力，即不发生亏损，项目能得到正常建设及运营；

② 确保项目实施具有还贷能力、保护贷款机构的利益；

③ 确保项目活动具有健全的财务管理，保证项目在建设期有稳定和充足的资金供应。

（6）国民经济效益评价

凡是涉及城市全局利益的大规模建设项目，都应该进行国民经济效益评价。国民经济评价是按照资源合理配置的原则，从国家整体角度来考察项目的效益和费用，用货币影子价格、影子汇率和社会折现率等经济参数分析、计算项目对国民经济的净贡献，评价项目的经济合理性。

项目国民经济评价与上述财务评价的结果可能不完全相同，当出现这种情况时，其处理原则是：

① 国民经济评价与财务评价均可行时，则拟开发建设项目是可行的；

② 国民经济评价与财务评价均不可行时，则拟开发建设项目不可行；

③ 财务评价可行，而国民经济评价是可行的，一般应该提出对项目实行经济优惠政策或措施（如调整价格、减免税收等），并据此重新设计方案。

（7）国民经济评价指标的计算

项目国民经济评价的指标有：经济内部收益率（$EIRR$）、经济净现值（$ENPV$）等。

经济内部收益率是反映项目对国民经济净贡献的相对指标，它是项目在计算期内各年经济净效益流量折现值累计等于零时的折现率。经济内部收益率大于或等于社会折现率，表明项目对国民经济的净贡献超过或达到了要求的水平，表明项目在国民经济收益方面是可行的。

经济净现值是反映项目对国民经济贡献的绝对指标，它是指用社会折现率将项目计算期内各年的净效益流量折现到建设期初的现值之和。经济净现值等于或大于零时，表明项目除去建设、营运等支出外，还可以得到符合社会折现率的社会盈余或超额社会盈余，表明项目是可行的。

4.5.5.2 项目的社会效益分析

城市大规模开发项目除了以自身产品或功能直接满足城市的需求或服务外，往往还能间接地为城市创造社会效益，而这部分效益是项目为社会作出的贡献，而项目本身并未得到收益。例如，城市给水排水工程、文化教育、科研、卫生、体育、环境保护等城市基础设施和社会公益设施建设项目就是如此。项目的社会效益除去一部分可以量化外，大部分难以直接进行货币计量。

社会效益评价中可以定量分析的指标有：

（A）就业效果

$$单位投资总就业效果 = \frac{新增总就业人数（包括本项目与相关项目）}{项目总投资（包括直接与相关投资）}$$

（B）分配效果

$$国家收益比重 = \frac{上缴国家的资金}{项目税金与利润之和} \times 100\%$$

上缴国家的资金：指项目按照规定应上缴中央财政的税金及利润。

$$地方收益比重 = \frac{上缴地方的资金}{项目税金与利润之和} \times 100\%$$

上缴地方的资金：指项目按照规定应缴纳给地方财政的税金及利润。

$$企业收益比重 = \frac{企业收益}{项目税金与利润之和} \times 100\%$$

企业收益：指企业税后利润。

（C）资源利用效果

$$单位投资占地 = \frac{项目总占地量}{项目总投资}$$

$$项目人均耗水量 = \frac{项目日均总耗水量}{项目设计总人数}$$

$$项目综合能耗水平 = \frac{项目综合能耗}{项目净产值}$$

项目的社会效益有许多方面难以计量，因此需要作定性分析。例如，分析项目对提高地区科技水平的影响；对提高人民教育水平的影响；对繁荣当地文化生活，提高人民文化水平的影响；对增进人民健康，提高医疗保健水平的影响；对节约与合理利用国家资源的影响；对国防安全、地方治安等方面的影响等。社会效益分析的评判标准是政府或国家的一些政策目标，一般注重以"效率"、"公平"、"安定"为准则。社会效益分析不完全局限于经济指标，而是把社会的良性发展作为最终评价目标。项目对促进社会良性发展所起到的作用被称为项目建设的外部效果。城市大规模开发项目的外部效果有时会大大拉动城市经济社会的发展。例如，一条道路的修建会给沿线单位和居民带来好处，尤其是地铁和轻轨的建设，会给沿线土地开发带来极大的机会。上海市地铁1号线建成通车后，位于徐汇区、闵行区地铁沿线的住宅项目比不在地铁沿线、距离市中心同样距离、建筑质量相似的宝山区的住宅项目价格高出一倍以上。有时一个项目的建设产生大量的投入产出现象，则在经济系统中往往会产生向前或向后的连锁效果。例如，一个项目产生大量产品，增加了市场供给，就会使相应竞争产品的需求和价格下降，从而使该产品生产的辅助品需求和价格上升。这就发生了一种向前的连锁效果或称"顺连锁效果"。顺连锁效果会对相关企业产生强烈的刺激作用。再如某项目建设的结果，会刺激大量相关的投资活动，这一过程不断循环下去，引起投资规模的迅速膨胀，从而导致国民收入和消费的增长。我们在支援落后地区经济发展时，就应当选择这种项目，通过其开发建设来刺激社会需求，增加就业和提高社会生产力，从而促进经济社会的积极发展。

综上所述，对城市大规模开发项目进行可行性研究时，其社会效益评价是不可忽视的内容。尽管大多数城市建设项目的社会效益很难直接以货币量化指标来评定，但这正是我们强调的，在项目可行性研究中定量计算与定性分析必须相结合的道理所在。正如富有经验的世界银行的专家强调指出的：较粗略的然而敏锐的分析往往比在某些方面过细的计算更为重要。

4.5.5.3 项目的环境保护效益分析

环境保护是城市大规模项目开发建设中必须考虑的一项重要内容，尤其在环境污染日趋严重，生态环境不断恶化的发展中国家，任何建设都要重视对环境的影响。我国有关部门规定，城市大型建设项目必须做到事前制定出对环境的保护措施和将达到的质量标准，否则审批部门将不予批准立项。

城市大规模开发项目建设的环境保护可行性研究内容包括：对建设地区现状的环境质量评价；确定本项目建设对周围环境不利影响的内容和程度；根据国家环保部门和卫生部门的有关规定，提出环境保护标准、目标；判定环境保护措施和方案。

20世纪后期，我国城市化发展速度越来越快，城市大规模开发活动方兴未艾，新的城市开发区不断出现，这无疑是国家经济繁荣的表现，但因此造成的城市生态环境危机万万不可忽视。为此，本书建议对涉及面很大的城市大规模开发项目，其环境保护可行性研究除必须包括上述内容外，还应有针对性地包括以下内容：

（1）区域环境功能研究；

（2）区域内各环境要素的环境容量和区域总体环境容量研究；

（3）区域产业结构因项目建设而发生变化后对环境的影响；

（4）环境系统工程规划及实施要求；

（5）环境保护投资。

在城市大规模开发项目建设中，社会效益和环境效益往往难以用货币量化，但在项目总体效益中它们又是不可缺少的部分。尤其是世界银行等金融机构的贷款项目，其专家们非常重视这两方面的研究和分析。所以，如项目建设涉及改善城市功能结构、治理环境污染，致力于与人民生活密切相关的事业时，其可行性研究应深入进行，如实反映。当社会效益、环境影响评价结论与经济分析的结论有重大矛盾时，应以慎重的态度决定项目的取舍，或对项目进行必要的修正。

4.5.5.4 项目的不确定性分析

城市大规模开发项目建设的可行性研究，是项目实施前期策划工作的一部分，当时许多投入产出的数值都还没有发生，也就是说在有许多假设的条件下进行的。由于许多相关因素随后有可能发生较大的变化，即投资效益存在着不确定性，因此会给投资项目的建设带来一定的风险。为了预计和防范项目在建设过程中及竣工后营运过程中可能遇到的风险，需要在项目策划期间对其进行不确定性分析。

不确定性分析是对影响项目经济效益的主要不确定性因素进行分析预测，研究这些相关因素变化后对项目经济效益的影响程度，以避免和防范因此造成的损失。

不确定性分析包括盈亏平衡分析、敏感性分析、概率分析等。

（1）盈亏平衡分析

盈亏平衡分析是大部分经营性项目都可以采用的风险预测方法。它是分析研究不同生产水平上的成本与收入之间的关系，找出生产经营总成本和总收入相等的盈亏平衡点。这一分析有助于项目策划者选择适当的生产规模和企业发展计划，并据以对项目的风险作出判断。

在盈亏平衡分析中，生产总成本根据分项成本的性质分为固定成本和可变成本两大类。固定成本包括固定资产投资（折旧）、利息、营运管理费、房产租金等，可变成本包括原材料费、动力费、人工费等。

盈亏平衡点的计算有两种方法。

① 数学方程法

该方法是通过确定项目营运总收入和总支出之间的数学关系来计算盈亏平衡产量（营运规模）。其数学表达式为：

$$W = \frac{C}{P-V-S}$$

W：企业达到盈亏平衡时的产品年产量（项目年经营规模）；

P：单位产品价格；

V：单位产品的可变成本；

C：年固定成本；

S：有关税费。

W 称为企业盈亏平衡产量，也称项目盈亏平衡点，就是说当企业产量（或项目营运规模）达到 W 时，其总收入与总支出相等。

② 作图法

根据上述数学表达式，在平面直角坐标系内绘出产品产量与产品销售收入及成本支出关系的直线图形，两条直线的交点即为盈亏平衡产量时的盈亏平衡点。

盈亏平衡分析的目的在于根据求得的盈亏平衡点，分析判断项目的抗风险能力。一般说项目的盈亏平衡点越低，表明项目适应市场变化的能力越大，抗风险能力越强；反之，结论也相反。

在盈亏平衡分析时，需要假定在计算期内单位产品的售价不变化，而实际运用中难以做到，所以在计算时应选取较合适的单位作为计算数据来源。对于有多种产品、产品成本和价格各不相同的项目，应分别计算其盈亏平衡值，并按相应的比例折算，进行综合分析。

（2）敏感性分析

敏感性分析是指对不确定性因素变化所引起的建设项目经济收益变动幅度而进行的分析比较。在进行城市大规模开发建设之前，及建设过程中和竣工后营运中的许多相关因素将会怎样变化，谁也不可能未卜先知。如现金流量是否会按照我们预计的模式运行，通货膨胀率高于预期的时候应该采取何种对策，由于资源短缺影响了正常运行会有怎样的结果等。为了最大可能地预测敏感性因素对项目效益造成的影响程度，就需要对敏感性因素进行分析。敏感性分析可以显示建设项目经济效益随不确定性因素变化而变化的程度和范围，并从中找出对项目影响最大、最直接的因素。对于一般城市大规模开发项目来说，计算期内最敏感的因素有投资强度、建设工期、汇率、产品产量等。

建设项目敏感性分析的步骤如下：

① 确定具体经济效益指标作为敏感性分析的对象。

② 找出敏感性因素。影响项目效益的不确定性因素很多，需要从众多的不确定因素中筛选出最敏感因素。筛选的方法一般是按照项目的特点和实践经验进行初选，也可以通过计算少数指标而进行初选。

③ 根据敏感性因素可能的变动，重新计算有关经济效益指标，看其受影响的程度如何。项目对某种因素的敏感程度可以表示为该因素按一定比例变化引起评价指标变动的幅度；也可以表示为评价指标达到临界点（如财务内部收益率等于财务基准收益率，或者经济内部收益率等于社会折现率）时允许某个敏感因素变动的最大幅度（表4-26）。

上海 ×× 项目一期工程敏感性分析（百万美元）　　表 4-26

建造成本与折扣率变化

NPV	建造成本增长率（按年度及季度计算）									
	5%	6%	7%	8%	9%	10%	11%	12%	13%	14%
	1.23%	1.47%	1.71%	1.94%	2.18%	2.41%	2.64%	2.87%	3.10%	4.22%
折扣率 50%	−4.64	−4.98	−5.33	−5.69	−6.05	−6.42	−6.8	−7.18	−7.57	−9.61
45%	−3.09	−3.48	−3.87	−4.27	−4.68	−5.09	−5.51	−5.94	−6.38	−8.67
40%	−0.88	−1.31	−1.75	−2.2	−2.66	−3.13	−3.6	−4.09	−4.58	−7.19
35%	2.41	1.92	1.41	0.9	0.38	−0.15	−0.69	−1.25	−1.81	−4.79
30%	7.48	6.91	6.34	5.75	5.15	4.54	3.92	3.28	2.63	−0.8
25%	15.74	15.09	14.42	13.74	13.05	12.34	11.61	10.87	10.12	6.11
20%	30.23	29.46	28.68	27.89	27.07	26.24	25.39	24.53	23.64	18.92
15%	58.13	57.23	56.31	55.36	54.4	53.41	52.4	51.37	50.32	44.69
10%	118.36	117.28	116.18	115.04	113.89	112.7	111.49	110.25	108.98	102.19
5%	266.14	264.83	263.49	262.11	260.71	259.26	257.79	256.27	254.73	246.42
0%	680.28	678.66	677.01	675.31	673.57	671.79	669.96	668.09	666.17	655.86

租售率和折扣率变化

NPV	租售率									
	0%	1%	2%	3%	4%	5%	6%	7%	8%	9%
折扣率 50%	−8.15	−7.84	−7.51	−7.16	−6.8	−6.42	−6.03	−5.62	−5.18	−4.73
45%	−7.22	−6.84	−6.43	−6.01	−5.56	−5.09	−4.60	−4.08	−3.53	−2.95
40%	−5.84	−5.36	−4.85	−4.31	−3.73	−3.13	−2.49	−1.80	−1.08	−0.30
35%	−3.76	−3.13	−2.45	−1.74	−0.97	−0.15	0.73	1.67	2.68	3.77
30%	−0.51	0.35	1.28	2.29	3.37	4.54	5.81	7.19	8.70	10.35
25%	4.76	6.02	7.39	8.89	10.53	12.34	14.33	16.52	18.96	21.67
20%	13.85	15.83	18.03	20.47	23.20	26.24	29.66	33.51	37.87	42.80
15%	30.85	34.30	38.20	42.63	47.66	53.41	60.00	67.57	76.30	86.40
10%	66.14	72.91	80.75	89.82	100.38	112.7	127.11	144.01	163.88	187.29
5%	148.98	164.26	182.31	203.69	229.07	259.26	295.25	338.2	389.55	450.99
0%	371.65	411.49	459.48	517.37	587.28	671.79	774.03	897.8	1047.67	1229.21

④ 绘制敏感性分析曲线图或指标对照表，即在平面直角坐标系上，根据项目某项经济指标（纵轴上表示）和某敏感性因素（横轴上表示）的函数关系，绘制出其一个或多个敏感性因素不同变动情况下时的曲线图，此函数曲线图就可反映出敏感性因素在不同变动情况下项目的经济效益情况。

（3）概率分析

在城市大规模开发项目建设可行性研究中，常常采用概率分析的方法来分析判断项目的风险程度，也就是各种不确定因素变动的可能性大小，以及对建设项目经济效益的影响程度。它是根据不确定性因素在一定范围内的随机变动，分析确定这种变动的概率分布和它们的期望值以及标准偏差，进而推断一个项目在风险条件下获利的可能性大小，为项目的决策提供依据。

概率分析方法主要有解析法和蒙特卡洛模拟法，前者主要用于解决一些简单的风险问题，一般不多于 2~3 个变量。当项目评估涉及若干变量，每一变量又有多种取值范围时，比较适合采用蒙特卡洛法进行概率分析，分析方法可按以下步骤进行：

① 先从众多不确定性因素中选定一个最不确定性因素作为分析对象，同时将其余不确定性因素假设为确定性因素。

② 确定这个最不确定性因素的变化范围，并将其变化域内分布值简化为离散的几个值，对每个值确定其概率，这几个值的概率总和要等于 1，然后列出概率分布表。

③ 计算数学期望值，即该种不确定性因素的最大可能性。

④ 计算标准偏差，它表明数学期望值与实际值之间的偏差程度。

⑤ 将不确定性因素的最大可能值及其偏差值用于重新计算项目的经济效益，从而得到该因素不确定的情况下项目的经济效益指标。将此指标与原假定情况下的经济效益指标进行比较，即可为我们的决策提供依据。

⑥ 按上述步骤依次对其余主要的不确定性因素进行概率分析。当然也可对几个不确定性因素一起进行概率分析，这样可同时得出几个不确定因素最可能出现的值，并同时用于重新计算项目在不确定因素变动时的经济效益，并以此与原假定情况下的经济指标进行比较，以便决策。

实际工作中，一般事先找出几个最主要的不确定性因素，分别确定它们最可能出现的值（期望值），据此计算出一个内部收益率。然后再分别以其中一个因素最不利的概率值与其余几个不确定性因素最可能发生的概率值相配合来计算各组方案的内部收益率。如果立足于最不利情况下的内部收益率仍然高于基准收益率，那么该项目就有充足的把握是可行的。如果这个内部收益率明显低于基准收益率，那么就要对前述情况进行具体分析，看哪一种情况出现的可能性最大，然后再作出决定。

以上三种方法中，概率分析方法需要准确估计各变化因素的变化范围和变化概率，因此需要掌握大量准确的市场资料信息，由于我国现在城市开发市场资料不完善，难以保证分析结果的准确，因此实际运用中使用盈亏分析和敏感性分析较多，敏感性分析方法的应用参见附录四。

4.5.6　城市开发项目的资金筹措

4.5.6.1　项目资金筹措的原则

我国城市大规模开发项目建设常见的筹资渠道有政府投资、自有资金、银行贷款、社会集资、私人投资、外资等多种方式可供选择，而资金筹措研究的任务在于选择最优惠且可靠的资源。

对于城市大规模开发项目来说，应首先争取银行贷款，以银行贷款作为项目开发的启动资金。其次，利用项目开发权利的转让，吸引投资开发商联合参与开发建设，以项目产品良好的市场前景来筹集资金。随着城市大规模开发项目的投资主体多元化，这种方式筹集的资金将成为城市大规模开发资金的主要来源。第三，应争取利用国际融资，向国外银行争取贷款，特别是城市基础设施项目。第四，应创造条件在海内外发行专项建设基金。最后，进行大规模开发建设的公司要争取发行股票，面向社会筹资。如浦东新区陆家嘴金融贸易区开发股份有限公司、金桥出口加工区开发股份有限公司（例4-11）、外高桥保税区开发股份公司都曾利用股票市场上募集的资金进行开发区的开发。

例4-11　上海金桥出口加工区开发股份有限公司募集A、B股[1]

上海金桥出口加工区开发股份有限公司1993年3月26日在上海证券市场上发行名称为"浦东金桥"的社会公众股A股7500万

---

[1] 按照其股票2002年12月31日在上海证券交易所的收盘股价，本书计算整理。

股，同年 5 月 31 日发行"金桥 B 股"14300 万股。股票代码分别为 600639 和 900911。其中 A 股发行价格为 2.5 元 / 股，募集资金人民币 18750 万元。经过几年的发展，现在公司股票市值已经超过 77 亿元，流通市值 25.17 亿元。

4.5.6.2 项目资金筹措的渠道

（1）政府投资

政府投资是我国城市兴建大规模开发建设的主要投资来源，尤其在计划经济时期，特大规模项目一般列入国家及地方政府的经济发展计划中，由中央、省、项目所在市分摊出资，一般项目由所在市政府投资。由于城市大规模开发项目所需资金一般数额巨大，由国家投资，必然影响其他地区或部门的发展，并有可能增加国家财政的赤字。由国家投资，在国家财政资金有结余的情况下，城市大规模开发项目对国家经济风险的影响较小，当财政资金紧张、难以满足各部门正常发展时，可能对国家的经济、政治方面带来较大的风险。而由地方政府出资建设大规模开发项目，可通过政府财政收入的投入带来城市功能的完善，但另一方面也可能给城市财政带来不小的负担，造成城市政府的政治风险。例如，加拿大蒙特利尔市成功举办了 1976 年的第 21 届奥运会，但是奥运场馆建设规模巨大，奥运会后的财政结算表明，收支相抵后赤字高达数亿美元，蒙特利尔市政府不得不向当地居民征收特别物业税，十多年后方才还清债务，给纳税人带来很大的经济负担。

（2）开发方自有资金

一般来说开发方的自有资金满足不了像城市大规模开发这样大规模项目的资金需求，同时，即使有足够的自有资金，开发方也会从风险及机会成本的考虑出发，不会将全部自有资金投入到整个项目中。

开发方自有资金通常作为项目的启动资金或流动预备金，其成本可按发行股票的资金成本计算。

（3）利用项目部分开发权利的出让

以项目的部分开发或经营权利折价成立合资企业，吸引国内外投资者前来投资，共同进行项目的开发。这种筹资方式，通常促使大规模开发方采取分期进行的滚动开发模式进行开发；即用前一期出让部分开发权利后的收益作为后一期项目开发投入的资金来源，不断循环，直至项目开发结束。对于城市基础设施建设一类的项目，由于其占用的资金大、回报率低、回收期长、产品和服务收费不能太高的特点，政府通常会采取一定的措施补贴项目的开发，比如将从项目开发中受益的部分地块使用权和开发权划拨或低价出让给开发投资商，使其通过与基础设施开发相连的地块上房地产开发的收益或者转让开发权利的收益来贴补大规模项目开发的资金缺口或亏损。

目前这种滚动开发模式越来越被进行大规模开发的城市及开发投资方所接受、所采用。

（4）银行贷款

银行对项目贷款分为长期贷款和中短期贷款，工程项目使用贷款要支付利息，利息连同本金一起计入项目成本中。对于城市大规模开发项目，银行贷款期限有时小于工程建设期，往往在项目实施中需进一步借款，偿还前期贷款的本息和支付建设工程的费用。银行贷款同项目的经济效益和金融市场环境有密切关系，实现城市大规模开发项目经济效益的风险较大，可能为资金筹措带来困难。

无论采用哪种银行贷款方式，都要涉及四个因素：一是贷款额，主要由投资总额与融资分配方式决定；二是贷款利率，利率可分为固定利率和活动利率，选择时要进行大量的比较分析；三是贷款期限，贷款期限的长短既受到投资进度的影响，也受到企业还债能力的影响；四是贷款的币种选择，项目如采用国外贷款，在增加国家外汇资金负担的同时，也可能会加剧国内通货膨胀和外汇短缺的状况，应选择成本小、风险低的币种。

（5）社会集资

项目社会集资的渠道较多，有项目所在地区或部门集资、发行项目债券、建立项目股份公司发行股票等形式。但是，社会集资往往只有小资金流入项目投资之中，这与大规模开发建设项目巨大的投资风险有关，也与金融市场的条件等有密切关系。

① 发行债券

发行债券，通常需要预先规定利息率，而且一般要比同期银行存款利率为高，以吸引资金。因为很多情况下利息可以计入开发成本，从而减少一部分所得税的支出。

计算债券成本率的公式：

$$K_d = \frac{I(1-T)}{Q(1-f)}$$

式中，K_d：债券成本率；I：债券总额的每年利息支出；T：所得税税率；Q：债券发行总额；f：债券发行筹资费率。

② 发行股票

通过股票的发行而获得的资金可视为自有资金，持股者获得的收益为股息和红利，股息只能在税后的净利中支出，不能减少上缴的所得税。

其成本率计算公式如下：

$$K_C = \frac{D_C}{P_C(1-f)} + C$$

式中，K_C：股票成本率；D_C：下一年发行的股利总额；P_C：股金总额；f：筹资费率；C：预计股利每年的增长率。

（6）国际融资

海外融资活动通常采用三种方式，即项目筹资、发行股票和发行债券。从我国在国外的融资经验看，项目筹资是最为常用的方法。

项目筹资是一个以具体投资项目为基本实体，根据该项目实际需要，按先后顺序而进行的一种筹资活动。

用这种方式融资到的资金一般要求国内有相应配套的建设资金作为保证。此外，按我国规定，在国际资本市场中进行项目融资前，其建设项目必须纳入国家建设计划之中，如扬子石化、大亚湾核电站等项目。

项目国际融资通常以国外商业银行为主要渠道，这是因为商业银行利率虽高，但贷款的条件限制较少，贷款时间长，一般都在5年以上，利息一般以活动利率计算。另外，一个项目所需资金还可同时从几家商业银行中获得。其缺点是利率高，收取的手续费、管理费使借款成本增加。此外，与开发银行相比，其贷款期限较短。

项目筹资渠道主要有两种，即私人资本市场和官方筹资市场。私人资本市场属于私募，而私募是工业发达国家常用的一种形式。但对于发展中国家来说非常困难，因为私募资金来源于保险公司、养老基金会等机构，其资金投向有较多限制。

官方筹资市场属于双边援助。国际性地区开发银行是国际官方筹资的主要来源，如成立于1966年的亚洲开发银行，从1987年开始向我国贷款1.33亿美元，1988年为2.82亿美元，根据亚洲开发银行公布的《2003~2005年国别战略规划修订报告》，预计2003~2005年内亚洲开发银行对我国的年均贷款总额将增加至15亿美元。❶

官方筹资市场筹措的资金主要为具体项目使用。

（7）国际援助

国际援助支持的项目，一般偏重于对受援国的基础设施和公共设施项目提供无偿援助或低息贷款，受援国政府是项目资金的接受者，并负责项目资金的运用。对城市大规模开发项目提供国际援助的组织主要有世界银行、国际开发协会及其他区域性经济组织。美国的城市土地协会（ULI）就参与了大量的城市开发活动。另外，友好国家的援助也是发展中国家国际援助的主要来源。

（8）国际信贷

大规模开发建设项目运用的技术成分高，许多设备和工具先进、投资巨大，很多都是来自国外。国外许多政府和银行提供出口信贷，以协助其国家的设备参与国际竞标，这样出口与进口信贷也是大规模开发项目的资金来源之一。

从国外案例看，城市大规模开发项目的筹资有多种渠道，特别是社会上闲散资金、各企业机构的资金都是重要来源。在政府的担保下，保险公司、投资公司、银行等的资金都可能投入城市大规模开发项目的建设之中，其中包括来自项目的受益地区或部门的集资。

我国是一个发展中国家，国民经济相对比较落后，城市大规模开发项目的筹资能力是对我国综合国力和各城市实力的重大考验。在社会主义市场经济条件下，应采取多渠道筹资的方式，具体项目具体分析。在适当的政策、法规指导和约束下，应在国家计划外尽可能多地利用外部资金，在国家鼓励基础设施建设带动相关产业，扩大内需的

---

❶　http：//www.adb.org.

国情条件下不难做到。近期我国兴建的一些城市大规模开发项目，投资渠道已初步做到多元化，并出现如利用 BOT、ABS 等方式建设的项目实例。

4.5.7　城市开发项目融资策划的原则和程序

4.5.7.1　项目融资策划的原则

由于国家经济发展水平的限制，城市大规模开发项目不可能全部由政府投资，项目的投资来源涉及许多方面，除国家投资外，其他还有国内外的贷款、发行的债券、项目受益地区及部门的集资、项目前期工程滚动开发的收入以及发行的股票等。随着投资建设主体及渠道的多元化，有些项目甚至不是由政府发起建设，筹措方式更加复杂。但是对大规模开发项目来说，任何时候政府的参与都十分必要，因为项目建设中不仅需要政府的协调、政策的许可与配套，很多时候也需要有来自政府的直接投资或融资担保。因此，不论是项目的发起人与否，不论直接投资与否，政府都是大规模建设项目资金筹集的组织者和管理者。

城市大规模开发项目的投资来源不仅涉及项目建设的资金问题，还要涉及项目的承建单位、项目受益地区或部门与投资者之间的责任、权力、利益分配等问题。不同的投资来源，使政府负担不同的经济风险、社会风险和政治风险。对于项目建设者来说，这是一个综合性的问题，既有物质性的，又有非物质性的因素，涉及国家的产业结构、投资结构、价格结构等经济结构，涉及项目的受益者、使用者，并且同中央与地方、政府各部门之间的关系密切相关。

根据城市大规模开发项目的开发周期长、资金需求大等因素，项目融资应遵循以下原则。

（1）尽可能筹集外部资金

利用外来资金进行项目开发是在市场经济条件下开发商的经验所得，也是对政府部门财政收入不足的有效弥补手段。一方面，开发方一般没有如此巨额的自有资金投入，另一方面，开发方即使有足够的自有资金，从机会成本和规避风险等经济角度出发，也不宜将其全部投入；此外，外部资金的筹措使用，对开发行为起到了监督促进的作用。因此，筹措外部资金应该成为城市大规模开发项目融资的主要手段，自有资金最多占整个开发费用的 1/3，而外部资金至少应该占到 2/3。

（2）按需融资

由于使用资金需要支付利息（即融资成本），而且大规模开发项目需要的资金数额巨大，融资成本相当可观。因此，需要根据项目建设实际的资金需要数量和进度，决定项目融资的数量和进度。在项目策划阶段，根据初步财务分析的结果安排融资的计划，这样既保证项目建设的需要，又尽量节约融资的成本。

（3）分期融资、滚动开发

所谓滚动开发，就是以前一期开发所产生的资金收益，作为项目后续阶段的开发资金，如此循环利用，直至项目结束。对城市大规模开发项目来说，由于建设的规模大、时间跨度长，宜在项目前期筹措充足的启动资金进行项目的前期开发，然后考虑利用前期开发（或者是相联系的房地产开发活动）所获得的部分资金收益进行后续部分的开发，这就是大规模开发项目的分期滚动开发模式。

因此，项目开发方一般在项目前期筹措足够的启动资金，采取滚动开发的模式进行开发。对于开发过程中预计资金不足时，再进行新一轮的融资活动，直到项目开发结束。

（4）融资渠道的多元化

城市大规模开发项目是周期相当长的大型综合项目，项目开发的各阶段以及各个功能组成部分、各个单体的建设不仅耗资大，而且各部分建设相距的时间可能很长，通常不可能也不应该从单一的融资渠道获得全部开发建设资金，只有通过投资渠道的多元化，来实现资金成本少、风险低的融资目标。

（5）避免出现还贷高峰期

考虑到项目自身收益情况，对于所借债务要进行合理分配，确定合适的还贷方式和还贷日期，避免对多家债权人同时还贷，并根据所融得资金的还贷时限时间差，获得更多的资金贷款。

（6）规避外汇汇率变化的风险

当项目开发涉及外国货币时，必须考虑外汇币种的选择与汇率变化的风险。即首先要考虑项目的开发有无外汇偿还能力，同时考虑汇率变化可能带来的外币升值压力。如一些项目在几年前使用日元借款，而今用美元偿还时，因日元对美元大幅度升值，借贷方蒙受巨大的美元贬值损失。因此，进行外汇融资时，要对币种及外汇市场的风险进行充分的调查和预测。

（7）遵守相应的法律、法规

融资方案必须符合我国政府的有关法律和有关规定，因此需要了解有关的税收政策，如项目建设是否符合国家鼓励发展的产业方向、贷款的税收问题（如利息是否可以进入成本、税后还是税前还贷等问题）以及国内吸引外资的特殊政策规定。

4.5.7.2　项目融资策划的程序

项目融资工作首先应该对项目的投资进行分块、分解，然后根据工程的进度达到不同阶段时资金的需求量，确定项目资金流量计划，从而对资金来源和融资方式进行分析，编制融资方案，并根据可行性研究报告选择融资方案，最后根据方案进行融资。融资的工作流程如图 4-39 所示。

在选择融资方案时，应注意考虑以下的因素：

① 资金融出机构的资金来源和财务状况；

② 资金融出机构的办事效率；

③ 各项融资取费的合理性；

④ 对资金调动和转移的灵活性。

融资活动存在一定的风险，一是可能得不到资金，二是可能得到的资金代价太高，在进行融资决策时，一定要对融资风险进行分析，包括：

① 可能遇到的风险种类；

② 可能遇到的风险级别；

③ 防范和分散风险的方式。

通过加强项目融资可行性研究工作，并采用多种融资方式，可以有效地降低项目建设因缺乏资金而拖延、甚至下马的风险。

4.5.7.3　项目融资可行性研究报告

与一般的工业及建筑项目的可行性研究有所不同，城市大规模开

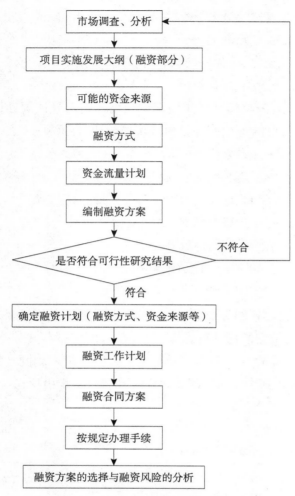

图 4-39 融资工作流程示意图

发项目用于融资的可行性研究强调的是开发项目的可行性与操作方式
的实践性。主要内容有以下几点。

（1）总体环境分析

① 开发地块的地理位置；

② 周围地块的经济状况和交通条件；

③ 所在城市的经济状况和交通条件；

④ 总体构思简介。

（2）大规模开发项目的实施计划分析

① 总进度计划分析；

② 动拆迁成本分析；

③ 房产开发阶段的投资规划分析；

④ 项目融资策划方案分析。

（3）项目开发权转让与土地使用权出让的实施计划分析

① 所在城市的土地使用权出让市场分析、预测；

② 土地出让方式分析；

③ 土地出让收益的投入安排。

（4）项目财务分析

① 项目前期现金流量预测；

② 项目前期的经济指标计算、分析。

（5）项目资金平衡及相关问题分析

4.5.7.4 资金使用计划

城市大规模开发项目规模大、投资大，为了保证资金的有效使用和调配，项目策划阶段还应编制资金使用计划。资金使用计划应与总工期和项目实施阶段计划的工程量和资金投入量来编制。估算项目总投资和制订资金使用计划时都应留有余地，以防止出现失误（表4-27、表4-28）。

某项目投资与资金使用计划表（万元）　　　　　　　　表4-27

序号	项目	合计	建设经营期					
			2010年		2011年		2012年	
			上半年	下半年	上半年	下半年	上半年	下半年
1	投资总额	37725	2167	3340	11240	13175	6009	1794
1.1	建设投资	35465	2167	3067	11240	12341	6009	640.8
1.1.1	土地成本	6000	1500	1500	1500	1500	0	0
1.1.2	前期工程费	1199	400	500	299.3	0	0	0
1.1.3	建安工程费	20677	0	0	7000	9000	4677	0
1.1.4	基础设施费	1349	0	0	800	400	148.6	0
1.1.5	公建配套设施费	485	0	0	200	0	285	0
1.1.6	开发期间税费	2657	0	800	800	800	257.4	0
1.1.7	不可预见费	711.3	118.5	118.5	118.5	118.5	118.5	118.5

续表

序号	项目	合计	建设经营期					
			2010 年		2011 年		2012 年	
			上半年	下半年	上半年	下半年	上半年	下半年
1.1.8	管理费	891.3	148.5	148.5	148.5	148.5	148.5	148.5
1.1.9	销售费用	1495	0	0	373.8	373.8	373.8	373.8
1.2	贷款利息	2261	0	273.2	0	834.4	0	1153
1.3	流动资金	0	0	0	0	0	0	0
2	资金筹措	37725	2167	3340	11240	13175	6009	1794
2.1	自有资金	10000	0	3340	1240	5342	77.12	0
2.2	借款	20000	2167	0	10000	7833	0	0
2.3	销售收入再投入	7725	0	0	0	0	5931	1794

某项目贷款还本付息结算表（万元）　　　　表 4-28

序号	项目名称	合计	建设经营期		
		—	第一年	第二年	第三年
1	借款还本付息				
1.1	年初借款累计	—	—	—	—
	本年借款	10000	10000	10273.15	10834.35
第一笔借款	本年应计利息	1426.25	273.15	561.2	591.9
	年底还本付息	11426.25	—	—	11426.25
	年末借款累计		10273.15	10834.35	0
1.2	年初借款累计	—	—	—	10273.15
	本年借款	10000	—	10000	—
第二笔借款	本年应计利息	834.35		273.15	561.2
	年底还本付息	10834.35	—	—	10834.35
	年末借款累计	—		10273.15	0
1.3	年初借款累计	—	0	—	—
借款汇总	本年借款	20000	10000	10000	0
	本年应计利息	2260.6	273.15	834.35	1153.1
	年底还本付息	22260.6	0	0	22260.6
	年末借款累计	—	—	—	—
2	借款还本付息的资金来源				
2.1	投资回收		—	—	22260.6

4.6 城市开发项目的规划设计策划 [1]

4.6.1 现代市场营销理论中一般产品设计 [2] 的过程与方法

4.6.1.1 一般产品设计过程

按照营销观念的说法，一般消费型产品的设计与生产获得成功的关键在于正确确定目标市场（Target Market）的需要和欲望，并比竞争对手更有效、更有利地传送目标市场所期望满足的东西 [3]，企业要实现这一些目标，就需要在环境调查、分析等营销准备活动中确定目标市场及其需求，并结合公司自身的条件进行定位和产品设计，即完成宏观社会经济分析、微观竞争市场分析、市场细分化、目标市场选定、定位、产品设计及营销实施，见图 4-40。

4.6.1.2 一般产品的设计与构思方法

好的构思来自于灵感、科学技术以及勤奋的努力，许多创造性的技术正被用于帮助个人与集体产生更好的构思，如属性一览表法、引申关系法、结构分析法、问题分析法、头脑风暴法、提示隐喻法等。比如问题分析法通常就是由消费者提出使用某一特定产品中遇到的问题，再由生产者集中整理并加以细化成为具体设计的方法，如"卷胶片太花时间"的问题引出了自动卷片的构思；"拍摄到的场景太小而看不清楚"则导致了变焦镜头的产生。

4.6.2 城市开发项目产品与一般产品的相同点和差异

前文曾经论述过城市大规模开发项目相对于一般开发建设项目而言具有一些特点。不仅如此，与一般的消费产品相比，城市大规模开发项目的产品具有如下异同点：

---

[1] 这里不涉及城市规划设计自身的技术问题，因为这并非是本章重点。本章主要说明规划策划的目的是针对项目需求确定目标，并指导规划设计的进行，即规划设计策划的结果是规划设计的任务书。

[2] 此处论述的"设计"不仅仅指有形产品的形状、组成、布局等，还包括产品使用功能的创造等。

[3] 菲利普·科特勒.市场营销管理：理论与策略[M].邓胜梁，许邵李，张庚淼森译.上海：上海人民出版社，1997.

266

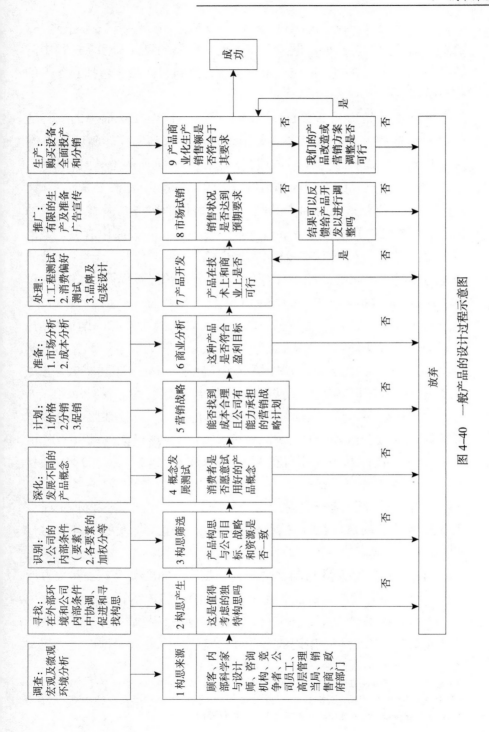

图4-40 一般产品的设计过程示意图

267

（1）城市大规模开发项目的产品与一般产品一样，具有核心产品、有形产品及附加产品的不同层次，因此在产品的设计和创意过程中需要从不同层次上着手，形成城市大规模开发项目产品（包括服务）的完整体系。

例如城市轨道交通项目，其核心产品是代表公众福利的、舒适的交通运输服务，而有形产品如车站与车厢整洁明亮，轨道班车准点、正点、快捷，站点布局合理，标志醒目，定期的地铁宣传攻势，系列地铁品牌产品的选择与创造等，包含了质量、特点、式样、品牌、包装等方面的要素。附加产品则包括了附加的服务与利益，美国的国际商用机器公司（International Business Machines，简称 IBM）是世界上最大的办公机器制造及供应公司，在一段时间里由于将产品的概念过于集中于核心产品（计算机等），公司曾经亏损严重。1993 年 4 月 Louis V. Gerstner 出任公司 CEO（首席执行官）以后，大刀阔斧地进行了改革，抓住了客户的需求，即计算机解决实际问题的能力，既不是计算机的外壳，也不仅仅是" + − × ÷"的数学计算，而是解决实际问题，促使 IBM 从软件提供（IBM 是全球最大的软件服务提供者），到企业问题解决方案，再到现在的电子商务系统（e-Business）。现在，IBM 公司不仅是全球最大的硬件供应商，其软件服务业超越了软件业的巨头微软公司（Microsoft），成为全球最大的软件服务供应商，每年软件销售、服务的销售额达到 63 亿美元，而这正是目前大规模公益型项目最欠缺的，即不能创造出具有完整体系、包含核心产品、能够持续产生附加价值的项目产品，如果不能够使项目实现经济效益的良性循环，就难以形成项目建设与发展的有效运行机制。

因此，在产品设计与创意阶段，需要从不同层次上着手，竭力形成城市大规模开发项目产品（包括服务）的完整体系。

（2）大多数情况下，城市大规模开发项目提供的是一种公共产品❶或服务，因此不论使用的是公办公营、公办商营、特许经营还是

---

❶ 公共物品（public goods）是指那些可供全体居民或部分居民消费（享有）或受益，但不需要或不能让这些居民（受益者）按市场方式分担其费用或成本的产品。一般而言，公共物品有两个重要特征，即非竞争性和非排他性。

私营的经营方式，都需要在尽可能降低经营成本的前提下，提供高质量的服务。有时候不论市民（消费者）是否会按照市场的方式支付使用这些产品或服务的价值，仍然必须提供，因此在大规模开发项目的产品设计方面需要更多地考虑提供优质产品，既防止所提供公共产品的闲置现象，又避免相应的公共或者私人开发部门形成垄断、官僚主义、低效率、高成本、"寻租"行为等非市场运作方式。

例如，香港的公共物品供给方式就根据具体公共产品的特点而采用了不同的方式，对于盈利甚微甚至是无利可图而又关系民生，具有极多显著的"外部性"的产品，如机场、邮政、自来水、部分隧道等，实行公办公营；对于盈利率不高，或盈利前景不明朗，但投资庞大的公共物品，如香港土地发展公司、九广铁路公司经营的铁路、地下铁路公司经营的地铁等，采用公办商营方式。其产品设计方面特别注重降低成本价格、积极改善服务、适应消费者需求，因此极大地提高了公共物品的供给效率，这些开发项目都取得了较好的社会与经济效果。❶

（3）城市大规模开发项目规模大，建设周期及使用寿命长，与市民生活息息相关，社会影响广、风险大、项目前景预测难度大。因此，产品的设计创意必须保持一定的周期性和持续性，以保证策划者与产品设计者在长期关注并了解大众需求的前提下设计产品。

目前，我国的住宅物业市场中积压着大量的空置房，其中上海市的空置房源约 1000 万 m^2，这些积压的产品除了市政配套设施不完善、开发资金不够，未能及时拿到政府的相关许可外，其房型、小区环境等方面的设计大都存在着不适应市场需求的问题。如上海前几年建造的一部分外销商品房项目，其建设质量、项目地段、开发商实力均不错，最后依然难逃待字闺中的命运，根本原因是设计中照搬了流行于港澳及新加坡等地的小厅、小卧、窄过道的房型，小区环境则由几幢点式高层组成，缺乏良好的室外活动及休憩环境。而据调查，如今具有高标准住房（单价 5000 元 /m^2 以上）购房能力的消费者大多需要大厅（62.6% 的消费者需要 24m^2 以上）、大卧（36.2% 的消费者需要主卧室

---

❶ 汪永成，马敬仁.香港的公共物品供给模式及其启示 [J]. 城市问题，1999（2）.

在 $16m^2$ 以上）的房型 ❶，小厅、小卧的过时设计成了这些外销房空置的主要原因。残酷的市场竞争现实说明，不能真正掌握消费者的实际需求，设计开发出的产品就无法得到市场的认可。

（4）城市大规模开发项目的进行与宏观政策环境关系密切，要求更多的政府协助，受到的政府干预也会更多，故其产品的设计过程中对政策环境的研究分析、与政府机构的沟通协调更多。

（5）随着市场经济建设的深入，要求产品不仅要形成完整的后续服务体系，还要与相关产品配合，共同提供市场需要的服务。

一般产品存在着相关产品，包括配套的产品和竞争的替代产品，例如汽车同摩托车、自行车在门类上是竞争产品，都能够为人类提供代步的使用功能，而与汽车零配件、汽油、柴油等则是配套的相关产品，相关产品的发展一般都会促进或阻碍汽车产品的发展。城市大规模开发项目的产品也是如此。如城市新型能源（管道煤气、天然气）的大量发展必然会影响供电设施项目的使用量，而城市选择限制私人交通发展的政策，公共交通项目就会得到快速的发展，城市快速轨道交通系统的发展和延伸就会吸引居民迁往城郊居住，从而带动沿线区域住宅等房地产业的发展，轨道交通系统与常规公交系统的便捷换乘会促进两者的协同发展。因此，在城市大规模开发项目的产品设计中必须注重整个产品服务体系的创造，以及与相关产品的协调，包括与配套产品的协同发展、与竞争项目的错位发展和避免恶性竞争。香港地铁公司在地铁站点上建造高层住宅与写字楼，尽享地铁便利带来的物业价值提升，仅 1998 年一年就实现利润 15 亿港元，在全球城市地铁运营普遍亏损的背景下，香港地铁却由于成功的相关产品经营而实现了盈利，不能不说是城市大规模开发项目的成功范例之一。

（6）城市大规模开发项目大多是由政府推动，公共机构投资或参与建设，由于诸如预算软约束、部门之间存在的本位主义、官僚主义的工作方式等原因，项目产品的设计与建造中能否真正针对用户的需求，进而真正使项目投资创造出最大的经济效益，令人质疑。

---

❶ 上海社科院房地产业研究中心调查数据. 上海住房需求综合调查资料汇编（1997 – 1999 年）[M].

为了真正实现项目的效益，城市大规模开发项目的开发与经营中需要更多地借鉴企业管理经营的思路，根据需求制订产品与服务的策略，尽量满足市场的有效需求，包括有可能使用这些城市大规模开发项目产品与服务的居民、外来旅游者、投资商、实业家等。

4.6.3 城市开发项目的规划设计策划

在如今市场经济大潮的汹涌冲击下，满足市场需求（远期/近期）、引导市场健康发展是政府与商家共同的目标，城市大规模开发项目体现了政府宏观发展战略及意愿、开发投资商的投资策略以及社会的巨大需求，集巨大的社会综合效益和各种投资与建设风险于一体，其产品的创造成为如何加快效益的实现、降低风险的关键因素，城市大规模开发项目规划设计策划就是针对大规模项目的产品和服务而作的，也能成为提高规划编制、规划设计、规划管理可行性的必要条件。

明确设计任务与目标是进行规划设计策划的起点，体现了策划机构在进行规划设计策划时的工作思路、方法及技术路线。

通常项目开发机构或多或少都有关于项目目标的构想，有的能够提供目标明确的规划设计任务书，有时由于开发机构经验不足或是市场状况不够明朗，开发机构难以提供足以作为规划策划机构进一步规划设计工作依据的任务书，因此需要规划策划机构通过仔细的调查与分析，在理解开发者开发实力和开发意图的基础上代为拟定任务书。

根据一般产品的设计过程和方法，结合城市大规模开发项目的特点，可以在城市开发策划中有针对性地加强环境研究和实施过程的研究。具体程序如下：

（1）准备阶段：包括明确设计任务与目标、制订规划设计的工作计划；

（2）调查分析阶段：包括基础资料的收集和环境调查分析；

（3）概念选择阶段：包括设计理念和产品概念的选择，明确项目产品中的核心产品、有形产品、附加产品；

（4）总体方案构想阶段：包括项目总体规划设计的构想和产品系

列、服务体系的建构；

（5）实施构想阶段：形成项目总体的规划目标及行动计划；

（6）方案设计阶段：形成详细的项目方案规划设计。

表4-29、表4-30是某项目前期设计的工作成果要求。

某项目概念策划确定的产品户内空间（一）　　　表 4-29

总体描述			（在概念设计阶段完成）
1	产品类型组合		
2	总体容积率		
3	地形特点		
4	项目风格定位		
5	结构形式		
6	预期售价		
7	单方成本		
8	停车配比及形式		
外立面			（在实施方案阶段完成）
1	单方造价		
2	材料1		使用部位
3	材料2		使用部位
4	材料3		使用部位
住宅公共空间			（在实施方案阶段完成）
1	首层大堂	面积	
		层高	
		功能配置	
		装修标准	
2	标准层大堂	装修造价	
		电梯要求	轿厢尺寸
			运行速度
		候梯厅	面积
			进深
3	架空层	层高	
		功能要求	
4	地库管理口	面积	
		层高	
		功能配置	

某项目概念策划确定的产品户内空间（二）　　　表 4–30

交楼标准（在实施方案阶段完成）	毛坯	交付要求
	精装修	装修单方造价
户型指标	属性	
	面积	
	实用率	
主要厅、房尺度	客厅	开间
		面积
		特殊要求
	主卧室	开间
		面积
		特殊要求
	次卧室	开间
		面积
		特殊要求
	厨房	开间
		面积
		特殊要求
	主卫生间	开间
		面积
		洁具件数
		特殊要求
	次卫生间	开间
		面积
		洁具件数
		特殊要求
	主阳台	开间
		面积
		特殊要求
	服务阳台	开间
		面积
		特殊要求
	佣人房	开间
		面积
	附送地下室	
附加空间	入户花园	面积
		层高
	空中庭院	面积
		层高
	底层庭院	面积

4.7　城市开发策划工作的组织

如前所述，策划的概念现在已经深入社会、经济、文化等活动的各个方面，为实现某一目的而进行筹划也已经成为许多经济、社会、文化活动的必然环节。随着城市大规模开发活动的日益广泛、规模的日益扩大、种类和开放方式的日益增加，对项目策划的需要也更加迫切和复杂，对策划活动深度和广度的要求也不断提高。在这种情况下，对大规模开发项目策划的自身组织与管理也提出了要求。

根据各自发挥的作用，可以将参与开发活动的各方划分为城市开发项目的使用者、开发者、策划者，三者间的关系见图 4-41。

在具体的城市开发活动中，其策划的组织工作也可以采取不同的方式。对于城市政府的总体发展策略项目和采用市场化方式运行的政府项目来说，策划通常是由城市政府自行组织的政府相关部门和研究机构为主完成，一些新出现的问题，特别是技术政策方面的问题可以委托专门的咨询机构完成。由私人开发者委托的项目策划工作既可以委托各方面的专门咨询机构完成，也可以由开发者自行组织专业人士进行。由于大规模开发项目的规划策划涉及诸如市场调查、管理、经济、财务、规划、法律、工程技术等方面的内容，而一般的开发者并不具备强大的技术力量以组织各方面的专业人士共同工作，为了确保策划的质量，加强决策的科学性和实施方案的可行性，宜委托具有资质的规划机构牵头，组织各方面的专业机构共同完成。

城市开发策划的组织模式有以下几种。

（1）城市政府自行组织项目规划策划（图 4-42）

这一模式是目前政府发展项目最常使用的方式，适应过去计划经济体制下运作模式、建设资金较有保证的项目，其优点是可以发挥政府调动各方资源的优势，掌握权威的数据、资料，实施的时候也容易得到各方面的理解和支持。缺点是这种方式通常是按照政府决策者既定的目标制订实施方案，从而难以真正探究城市发展项目的可行性与可操作性，并按照市场经济规律进行项目的实施。此外，策划与建设时需要特别注意照顾到各方面的利益。

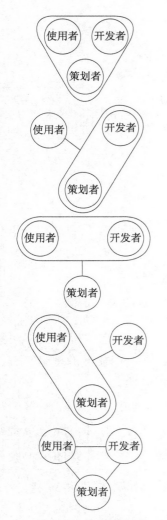

类型一：传统的公共开发项目，城市开发项目的开发者、使用者、策划者均为城市政府，策划系由城市内部人员与机构完成

类型二：开发项目的使用者为政府机构或公众，开发者与策划者均为外包，策划系由开发者内部完成。典型的项目如当前的大型居住社区项目，其土地出让过程通常会要求投标人同时提供土地出让报价及项目开发计划，这时通常由各开发者自行完成策划方案

类型三：策划工作外包关系，城市开发项目的开发者与使用者为政府或公众，政府将各种要求提供给独立的策划机构完成策划方案

类型四：开发项目的使用者与策划者为同一方，其将要求和策划方案提供给开发者代为开发。典型的项目如各大型企业或机构，将其办公楼等类型项目的要求及方案，委托开发者进行开发建设

类型五：开发项目的开发者、使用者、策划者各自独立，开发者根据独立的策划方提供的策划方案进行开发活动，并将项目出售、出租给使用者。大多数涉及经营性开发机构的项目属于这种类型

图 4-41　根据使用者、开发者、策划者关系划分的城市开发策划类型

（2）项目开发者（政府以及私人开发商等）委托具有规划设计、评估等资质的咨询机构总策划（图 4-43）

这一方式有利于协调并产生整体较优的方案，开发者协调比较方便，策划工作的时间进度容易安排，策划的总体质量比较有保证，但对策划机构的总体筹划能力要求很高。

（3）开发者分别委托不同的专门咨询机构（图 4-44）

这一方式要求开发者的策划负责人具有较强的组织协调能力和综

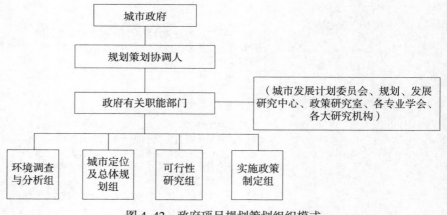

图 4-42　政府项目规划策划组织模式

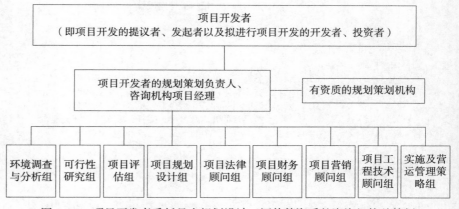

图 4-43　项目开发者委托具有规划设计、评估等资质的咨询机构总策划

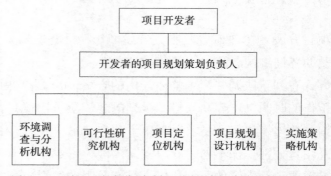

图 4-44　项目开发者分别委托不同的专门咨询机构进行策划

合能力，自己出面协调不同专业方面的机构，包括工作思路、时间计划、成果形式，甚至方案中出现冲突的地方。此外，策划负责人对开发机构最高决策者的思路要非常了解，策划工作的周期也可能较长。

根据以上三种模式的特点，需要政府协调较多，针对宏观决策、无须详细实施方案的项目（如城市发展长远规划等）宜采用模式（1），项目规模较小、开发具有较强专业能力与经验，协调能力较强时，宜采用模式（3），而绝大多数大规模项目由于开发机构经验的缺乏，宜采用模式（2），从而保证策划的整体进度与总体质量。

我国的规划机构从事方案设计与规划的工作较多，在领会政府决策者的意图并按照计划经济体制下的模式准备可实施方案方面具有一套完整的工作方法，但是市场经济的模式导致了投资渠道的不确定性和市场需求的不可知性，按照目前的人员配置和工作方法，规划机构难以完成真正意义上面向市场的策划工作。另一方面，规划机构由于掌握大量关于城市发展的总体规划资料和开发建设项目的相关建设资料，理应承担起城市开发策划工作，成为政府和投资者进行城市开发活动的智囊。因此，著者认为借鉴策划的思想与方法手段是规划机构适应当前与今后市场经济下城市建设与开发模式的必经之路，也只有这样，现在的城市规划机构才能真正意义上成为城市建设与开发活动必需的咨询机构。

4.8　城市开发策划的成果

策划的成果是项目评价与实施的依据和蓝图，因此，需要根据不同的项目及其管理机构的需求来制定成果。

以下以某城市中心主干道及沿线地区改造与开发项目为例，概述城市开发策划的成果（例 4-12）。

4.8.1　调查

1）宏观环境——针对外部环境，把握整体趋势

（1）城市环境

（2）产业环境

（3）市场环境

2）微观环境——针对项目要素，分析自身问题

3）调查类型

（1）定性调查

（2）定量调查

（3）调查法（双向沟通）

（4）观察法

（5）普查

（6）重点调查

（7）典型调查

（8）抽样调查

4）调查内容

（1）国家政策、法规及城市总体规划

（2）自然条件和历史沿革资料

（3）经济环境资料

（4）项目区位地理资料

（5）市场情况

（6）最终用户需求

例4-12 某项目基础资料成果标准

1.1 基地自然条件介绍

应附图：包含基地红线图、基地现状照片、基地地形图、须保留植物与水面分布图（表4-31）。

基地自然条件　　　　　　　　　　表4-31

图纸、图片名称		内容要求
基地位置	基地城市位置图	表达基地在城市范围内的位置，可在城市地图基础上制作
	基地周边区域位置图	表达基地在城区范围内的位置，可在城市地图基础上制作
基地现状	基地红线图	基地面积、角点定位、红线尺寸、标高
	基地现状照片	标明拍摄点与目标点位置
	基地地形图	基地为复杂地形时，表达现状地形、标高（等高线）、现状地貌
	须保留植物与水面分布图	须保留植物与水面的定位

1.2 基地社会条件介绍

（1）项目现状发展状况：项目区位、周边公共配套、交通条件、人文环境。

（2）政府规划条件：项目区域规划构想、宗地的规划设计要点、国家及地方的规范、法规限定。

（3）开发商的设计要求：市场和产品、成本因素、开发计划（表4-32、表4-33）

基地社会条件表一　　　　　　表4-32

图纸名称	内容要求
区域现状图	表示基地及其周边（道路、周围建筑物等）的现状特征
区域总体规划图	表示政府对基地所处区域的规划设想和建设计划
区域交通分析图	表示地铁、轻轨、码头、公交流线及基地附近站点；表示私家车赴基地的可选路线
周边交通分析图	表示基地周边道路名称、级别、尺寸及拟建道路的拟建时间等
周边道路断面图	表示基地周边道路断面的各分项尺寸
周边公共设施图	表示基地周边对项目设计存在影响的公共建筑名称、类型、面积、基本功能、形态及建成时间；表示对项目设计存在有利与不利因素的设施：广场、公园、城市雕塑，高压线、变电所、烟囱、垃圾场、排污沟、其他构成噪声和污染的设施
市政管线图	表示给水、雨水、污水、煤气、电力、热力等接口位置，管径、埋深、标高等

基地社会条件表二　　　　　　表4-33

当地政策法规要求	日照间距系数	
	消防要求	
	人防要求	
	抗震设防烈度	度
	立面风格要求	
	环保节能要求，材料限制	
	其他要求	
规划设计要点	总用地面积	hm^2
	总建筑面积	m^2
	容积率	
	建筑密度	
	绿化要求	
	车户比	
	限高要求	层或m
	配套的名称与面积要求	
	退线要求（退道路红线、退征地边界、退绿线、退黑线、退蓝线等）	
	其他要求	

4.8.2　战略目标与定位

1）战略目标体系

（1）主题概念——定性、定档、定形象

（2）业态分布——定量、定界、定结构

（3）目标定位——优势最大化、利润/效益最大化

2）定位方法

（1）问题分析法（理性主导，综合最优）

（2）条件过滤法（单向限制，辩证对待）

（3）专家意见法（权威效应，快速成型）

（4）头脑风暴法（创新导向，难于掌控）

（5）个案观摩法（深度剖析，难于突破）

（6）试错法

（7）排除法

（8）交集验证法

3）主要步骤：逐步深化、动态循环

4.8.3　策划分析（例4-13）

1）不同物业市场研究分析

（1）住宅市场调查研究

（2）商业市场调查研究

（3）写字楼市场调查研究

（4）酒店市场调查研究

（5）文化娱乐市场调查研究

（6）旅游地产市场调查研究

2）城市开发项目的构思

（1）项目背景条件研究

（2）环境调查分析

（3）项目定位设想

（4）项目构架设想

（5）项目总体定位目标体系

3）项目分析和可行性研究

（1）项目背景

（2）开发项目地块分析

（3）开发项目市场调查与分析

（4）开发项目 SWOT 分析

（5）开发项目的市场定位

（6）开发项目的产品策划及其规划建议

（7）项目的规划与建筑设计策略

（8）项目开发建设时序

（9）开发项目的定价及价格策略

（10）开发项目营销策划

（11）投资估算与资金使用

（12）项目经济效益分析

（13）项目风险分析

（14）项目社会效益和影响分析

（15）项目可行性研究结论与建议

（16）项目的组织与实施

（17）项目的监控与评价

（18）城市开发策划的结论与建议

例 4-13　某开发项目的实施策划成果要求

1. 设计总说明

1）设计依据

a）现行的国家与地方的设计规范及对项目建设的有关规定。

b）甲方提供的《方案设计任务书》。

c）甲乙双方有关方案设计过程中讨论的会议纪要。

2）项目概况介绍及分析

a）设计的内容和范围，包括功能项目和设备设施的配套情况。

b）工程规模（如总建筑面积、总投资、容纳人数等）和设计标准（包括建筑类别、耐火等级、抗震设防烈度、人防等级、防水等级、装修标准、建筑节能和建筑智能化等要求）。

c）自然条件介绍及分析：对设计任务书中提到的自然条件中有

利因素的利用，以及对不利因素的处理对策。

d）社会条件介绍及分析：

● 项目现状发展状况：对项目区位、周边公共配套、交通条件、人文环境的分析。

● 政府规划条件：对项目区域规划构想、宗地的规划设计要点、国家及地方的规范、法规限定的理解。

● 开发商的设计要求：对市场和产品、成本因素、开发计划的对策。

3）总体方案设计构思

a）总体规划设计概念：概述场地现状特点和周边环境情况，详尽阐述总体方案的构思意图和布局特点，建筑的平面和竖向构成，包括建筑群体和单体的空间处理、立面造型和环境营造，以及在竖向设计、交通组织、景观绿化等方面所采取的具体措施。

b）拟采用的新技术、新材料、新设备和新结构的情况。

c）有关满足日照、通风，和防止废水、废气、噪声、垃圾污染等环境保护方面所采取的具体处理措施。

2. 规划与建筑设计说明

应包括对设计方案的介绍、分析，针对《策划设计任务书》中提出的各类要求，应专门阐述解决方案。

a）总体布局

● 功能分区与住宅产品类型分布。

● 配套公建规划。

● 主要室外公共空间的功能和特点。

b）交通组织

● 小区出入口、路网结构和道路分级规划。

● 交通流线设计：交通流线设计应体现出的各种交通流线与住宅以及地块的开放区域如公共景观、商业设施、学校、幼儿园等的相互结合关系。

● 结合城市公交流线设置公交站点的位置。

● 各种停车场的形式、位置及规模。

● 消防车道及高层建筑消防扑救场地的布置。

c）单体设计

● 首期住宅单体设计方案介绍：户型平面、建筑形态、风格等。

● 会所单体初步方案介绍。

● 商业单体初步方案介绍，包括商业与会所如何满足前期销售时两者的多功能性与功能使用的时间顺序。

● 学校、幼儿园参考方案介绍。

● 防火设计中的建筑分类、耐火等级、防火防烟分区的划分、安全疏散设计说明。

● 在建筑声学、热工、建筑防护、电磁波屏蔽以及人防地下室等方面有特殊要求时，所采取的特殊技术措施。

● 关于无障碍、节能和智能化设计方面所采取的特殊技术措施。

d）景观方案设计

● 景观的设计主题。

● 景观的空间组织结构设计：体现不同景观空间的分级及相互之间的关系，主要景观轴线与景观节点的组织结构设计。

● 景观的功能设定：设定不同功能性质（包括参与性、观赏性和经营性等）的景观空间以及它们的位置、范围构想方案。

e）物业管理模式

● 物业管理分区：不同开放程度的管理单元的性质、分类、分区范围以及相对应的管理方式（管理方式包括管理的对象：人流和车流；管理的分级及程度；管理实现的手段：人管还是机器管等）。

● 管理单元设计：管理单元的数量、规模、形式（管理单元形式包括管理单元的围墙范围、入口设置、门卫设计等）。

● 物业管理用房的功能设置、规模、位置及其服务的有效性。

f）销售分期

● 分期的期数、规模和范围以及开发顺序介绍。

● 每期的设计主题。

● 各期物业的衔接：入住流线、销售流线、施工流线的协调组织关系。

● 分期开发时物业管理模式的可行性方案。

● 分期开发时各期卖场的统一规划。

3. 结构设计说明

1）设计依据

主要阐述建筑物所在地与结构专业设计有关的自然条件，包括风荷载、雪荷载、地震基本烈度及有条件时概述工程地质简况等。

2）结构设计

● 结构抗震设防内容。

● 上部结构选型概述。

● 新结构采用情况。

● 条件许可时阐述基本选型。

● 人防地下室的结构做法。

● 需要说明的其他问题：简要说明相邻建筑物的影响关系；深基坑的围护措施及其他事项。

4. 给水排水设计说明

1）设计依据

简述本工程所列有关设计规范、批准文件和依据性资料中与给水排水专业有关的内容及其他专业提供的相关资料。

2）给水设计

● 设计范围。

● 水源情况简述。

● 用水量统计。

● 给水系统。

● 消防系统。

● 热水系统。

● 重复用水、循环冷却水、中水系统及采取的节水节能措施。

3）排水设计

● 污、废水及雨水的排放出路。

● 排水系统说明。

● 污、废水的处理设计。

● 中水系统的处理设施。

● 卫生洁具等涉及建筑标准的设备器材的选用。

● 需要说明的其他问题。

5. 电气设计说明

1）设计依据

简述本工程所列有关设计规范、批准文件和依据性资料中与电气专业有关的内容及其他专业提供的相关资料。

2）设计说明书

- 负荷估算。
- 电源。
- 高压配电系统。
- 变电所。
- 应急电源。
- 低压配电干线。
- 主要自动控制系统简介。
- 主要用房照度标准、光源类型、照明器型式。
- 防雷等级、接地方式。
- 需要说明的其他问题。

6. 弱电设计说明

1）设计依据

简述本工程所列有关设计规范、批准文件和依据性资料中与弱电专业有关的内容及其他专业提供的相关资料。

2）设计说明书

- 电话通信及通信线路网络。
- 电缆电视系统规模，接收天线和卫星信号、前端及网络模式。
- 闭路应用电视功能及系统组成。
- 有线广播及扩声的功能及系统组成。
- 呼叫信号及公共显示装置的功能及组成。
- 专业性电脑经营管理功能及软硬件系统。
- 楼宇自动化管理的服务功能及网络结构。
- 火灾自动报警及消防联动功能及系统。
- 安全保卫设施及功能要求。

7. 暖通设计说明

1）设计依据

简述本工程所列有关设计规范、批准文件和依据性资料中与暖通专业有关的内容及其他专业提供的相关资料。

2）设计说明书

- 采暖通风和空气调节的设计范围。
- 采暖、空气调节的室内设计参数及标准。
- 冷、热负荷的估算数据。
- 采暖热源的选择及其参数。
- 空气调节冷热源的选择及其参数。
- 采暖、空气调节的系统形式及其控制。
- 通风系统简述。
- 防烟、排烟系统简述。
- 需要说明的其他问题。

8. 动力设计说明

1）设计依据

简述本工程所列有关设计规范、批准文件和依据性资料中与动力专业有关的内容及其他专业提供的相关资料

2）设计说明书

a）供热

- 热源及燃料。
- 供热范围。
- 耗热量估算。
- 锅炉房、热交换站面积、位置及层高要求。
- 环保、消防安全措施。

b）供煤气

- 煤气气源。
- 煤气供应范围。
- 煤气计算流量。
- 消防安全措施。

4.9　城市开发项目策划实施的困难及建议

4.9.1　实施的困难

（1）缺乏权威性。策划本身只提供建议，而非强制性规定，加上整个流程耗时长，变数多，故策划本身易被忽视或改动，在实施中得不到保障。

（2）环节多，难协调。从策划到实施的流程上环节多，跨越不同的专业，专业之间协调和理解难度大。

（3）策划执行的责任难以落实。在整个策划—实施的流程中，缺少负责策划执行的责任人。

4.9.2　解决问题的建议

（1）建立科学的评价体系，加强策划本身的科学性和权威性。通过市场竞争，优胜劣汰。对于长时间的开发项目，需持续追踪策划的执行，并根据监测的结果不断修正策划成果。

（2）加强与设计师和规划师的协作，加强与政府相关部门的协作。将策划的工作引入规划和建筑流程之中，使设计师与规划师尽早加入项目的准备过程，使各方都能更好地理解项目的需求，并使策划工作贯彻到项目的整个流程中。

（3）设立项目总负责人制。对于市场主导的开发项目，由业主负责策划的执行；对于政府主导的开发项目，由政府权力机构及其代表或规划部门担任总负责人。同时，建立项目追责制，并通过第三方（市民代表、专家）组成的监督组织，对工程的过程进行监督。

5

规划策划理论与方法的应用

5.1 案例一：上海市复兴东路改造规划策划

正如前面论述的那样，在当前迈向社会主义市场经济的背景下，参与大规模开发活动的规划师正试图运用更多的经济学与社会学的理论、方法及语汇来说明自己的构思，市场分析、谈判和特定项目的投资策划，以及其他商业上应用的预测方法被广泛应用到城市规划的技术中。

在具体的规划实践中，由于各级政府已经投入大量启动资金进行城市基础设施等市政项目的建设，旧城改造具体地块的资金就主要来自各开发商。不论他们怎样标榜自己的目标，包括外资、集体及私营资本在内的各种经济成分，其投资参与城市开发的根本动力就是要有利可图，因此他们必须看到某一项目明确可行，达到或超过其预期投资回报率后才会实施其投资开发活动，这种情况下仅仅运用传统的规划方法已不能适应规划管理和开发实践的需要，规划师的工作已经超越过去的工作范围，开始结合经济和社会原理，制订更具可操作性的规划方案，为决策者提供令人信服的经济与社会分析和论证。为了使建设与改造方案得以实施，处在政府、开发商以及居民之间，需要兼顾三方利益的规划师的处境之艰难可想而知。我们在上海南市区 ❶ 复兴东路旧城改造的规划工作中就遇到了这样一种挑战。

5.1.1 项目概况

南市区位于上海市中心区东南部，属于上海市的人口高密度区域之一，平均每平方公里 7.16 万人，最高达 12.7 万人。复兴东路改造基地的地理位置十分优越，然而其现状绝大多数为低层民宅、旧里弄，以及散布其中的危棚简屋。根据抽样调查，居住其间的居民约有 34.7% 至今仍在使用马桶，39% 的家庭人均建筑面积低于 $6m^2$，生活质量无法保证。新中国成立后历任上海市市长都曾指示要尽快实施改造，改善居民生活条件。然而，由于政府财政上的困难，难以拨出巨

---

❶ 南市区现在已并入黄浦区，下同。

款独自进行更新，而开发商也因这里现状密度高、拆迁负担重、投资回报率低而缺乏积极性，使这里成为久拖不决的老大难问题，该地区居民户口曾先后冻结 8 次，但都因为财力不够而作罢。随着位于本区内的复兴东路拓宽工程、220kV 变电站工程、6 万门电话交换局等全市性市政工程的启动，使这一上海市最大、最复杂的旧城改造项目的实施成为可能。

然而，面对着现有超过 135 万 m^2 建筑面积的住宅和其中混杂的工厂、仓库，规划用地的使用性质又是以居住为主，其改造难度可想而知。根据初步匡算，这一工程包括动迁、基础设施以及今后的建设，总体投资将达到 200 亿元人民币左右。另一方面，由于区政府前期必须投入的 12 亿元动迁和启动资金需要通过该区域土地出让回收的使用费实现平衡，因此需要在该项目的规划策划工作中研究高容量开发的可能性和土地开发的财务可行性，明确该楼面地价是否能为开发商所接受，即这一开发计划是否可行。

基于这些先决条件以及区政府的一些开发设想，规划中首先摸清了现状的建筑容量、人口容量、建筑质量，然后通过深入的市场分析和发展可行性评估后确定改造范围与更新的目标，为发挥该区域的区位优势，确定以发展中高档住宅和服务南市区居民的各种商业设施为主，穿插以周围的豫园旅游商贸区、南外滩金融贸易区以及老西门商业区配套的一些中档旅馆、市场。然后，在控制性详规前期基于政府作为动迁部分的投资主体进行了经济估算，并深入到规划中划分的 63个地块进行现金流量测算，使规划方案和今后的投资实施之间具有更加清晰的透明度，这样既能从宏观上指导改造活动，真正实现更新与改造的目标，又使政府和开发商都能从经济上把握项目的财务平衡。

5.1.2　总体构思与定位分析

5.1.2.1　规划与建设原则

本旧城改造项目利用改造地区位于城市中心的区位优势进行商品化的房地产开发，以实现以下目标：

（1）利用土地区位差异使原有居民居住质量得到改善；

（2）政府解决了"改变老城厢地区形象"的民心工程，该地区居住环境、交通环境、城市生态环境、治安环境均得到显著提高；

（3）定位于中高档住宅项目开发既可以改变地区形象，还可以吸引商业服务设施，增加政府税收；

（4）此外，项目的发起人联合了一批积压空置商品房的开发商，通过将空置房折价后作为动迁房源参与开发活动，取得部分开发权，既消化了空置商品房，又降低了项目前期投资的门槛。

经过对项目开发宏观及微观环境的调查与分析，明确进行项目规划策划所需要的各项参数，作为进一步定位和可行性分析的依据。

5.1.2.2 地区特色定位

上海城市中心区的区位优势与优越的交通条件是本地区开发建设的重要因素，老城厢的特色也是规划与建设时应认真考虑的问题，应在本地区做到综合体现南市区的旅游、商贸、服务及居住整体发展战略。

5.1.2.3 居住定位

面向 21 世纪的中高档居住区是本地区的发展目标，具体居住标准定位如下：

（1）面积水准：中档为 60~90m²，房型为一房一厅、两房一厅和三房一厅；高档为 90~120m²，房型为两房一厅与三房两厅两卫。原则上每套住房面积不宜过大，以降低每套住房的售价。

（2）设备水准：考虑各类家用电器的方便使用，以及电脑在一般家庭中的普遍运用。基本做到电表、煤气表、自来水表三表出户，要适应住宅产业化的发展要求。

（3）装修水准：基本装修一步到位，避免二次装修产生的大量建筑垃圾。

（4）配套水准：尽量采取整体开发居住片区完成大配套，避免小地块开发带来配套难的矛盾。

（5）环境水准：整体上满足 10% 集中绿地、30% 绿化覆盖率要求，对小地块环境质量的控制，引进人均户外活动场地指标的概念。

（6）管理服务水准：强化物业公司的管理，配合以居委会居民自治的方式。

（7）销售价位：6500 元 /m² 以上，这样的售价，原住户中约有 8%

以上能够通过住房贷款等方式回迁。

（8）住户收入水准：每户月收入 6000 元以上。

5.1.2.4　商业定位

分为四个层次：

（1）豫园商业旅游区的延伸，可吸引一些原豫园内的特色商业项目，吸引国内外顾客和游客进行中高档消费。

（2）上海市中心特有的特色商业，兼营批发的特色市场，强调特色与大众化，消费层次为中低档。

（3）地区级商业服务，是老西门及中华路地区商业中心的延伸，主要吸引南市区 40 万人口的中高档消费。

（4）社区商业配套，为社区居民日常生活所必须的商业服务配套设施，以就近消费为原则，消费层次为中高档。

5.1.2.5　旅游定位

充分发掘区内现有的旅游资源，使本区成为联系"豫园商贸旅游区"、"老西门分区"和"南外滩旅游区"的纽带，成为整个南市区旅游业中的一个有机组成部分。

本地区旅游规划中的游客定位不同于片面定位于外国游客和国内高消费游客的一般旅游规划，而是根据所处周围环境具体情况定位于本市及国内的一般游客，游客消费层次为中档。

与游客定位相一致，本地区旅游业中的旅游设施规划也定为中档，餐饮、娱乐等服务设施既为旅游业服务，又为周围居民服务。

在全区规划改建中，考虑布置了一定数量的以中档为主的旅游旅馆，使旅馆和居住相互穿插，不同于其他旅游区内只有餐饮、娱乐等服务设施而独缺旅馆的情况，既可解决游客的住宿问题，又可避免那种白天热热闹闹，晚上冷冷清清的局面。

结合本地区现有情况，规划过程始终将"上海老城厢"这一特色放在优先考虑的地位，这一特色贯穿于从游憩项目设置到旅游设施安排的整个规划过程。

5.1.3　投资估算

该地区迟迟得不到改造的主要原因是政府部门缺乏建设与改造资

金，而该地区居住的居民收入偏低，难以进行自我改善。在复兴东路拓宽的市政建设的契机下，该地区的更新与改造前景出现了转机。本项目的投资主要包括以下几个方面：区政府负责前期动迁投入、道路及地下管线投资，开发商负责各地块的开发投资。现在主要讨论区政府的前期动迁投入的平衡。

根据上海市关于旧城改造和市政设施建设中居民动迁的一些规定和其他地区改造的一些经验，确定居民和单位动迁的补偿标准为：居民每户16.5万元，单位每平方米建筑面积6000元。区政府的前期动迁投入如表5-1所示。

政府前期动迁投入估算　　　　　　　　表5-1

项目	类别	数量	金额
市政动迁	居民	5587户×16.5万元/户	92185.5万元
	单位	45000m²×0.6万元/m²	27000.0万元
	小计		119185.5万元
非市政动迁	居民	30280户×16.5万元/户	499620.0万元
	单位	350758.6m²×0.6万元/m²	210455.6万元
	小计		710075.3万元
总计			829260.8万元

由于区政府不直接参与开发行为，此次改造活动确定的原则是建设的投入需要通过复兴东路沿线地块出让的收入来平衡，其中市政性动迁分摊地块面积107.54hm²，分摊的地块范围包括南外滩、老西门和复兴东路地区，非市政性动迁分摊地块面积为48.26hm²，由复兴东路地区地块分摊。

则每公顷土地分摊动迁费用为：

[710075.3+（119185.5×48.26÷107.54）]/48.26=15821.827万元/hm²

预计平均楼面价[1]：400美元/m²，按照1.0美元=8.3元人民币计算，即楼面地价为3320元人民币/m²。

---

[1] 这里的楼面地价指熟地价格，即"七通一平"后的土地价格。

则容积率为：

15821.827 万元 /hm^2 ÷ 3320 元 /m^2=47656m^2/hm^2，即容积率 ≈ 4.77。

根据项目开发财务平衡的要求，在不同的楼面地价预期下，本地区的建筑容量（即平均容积率）估算如表 5-2 所示。

建筑容量估算表 表 5-2

预计平均楼面价		财务平衡点预计平均容积率
美元 /m^2	元 /m^2	
300	2490	6.35
350	2905	5.45
400	3320	4.77
450	3735	4.24
500	4150	3.81

根据市场上同期的土地成交资料，确定该地区的平均土地出让价格为 400 美元 /m^2，折合人民币 3320 元 /m^2。

根据这一估算的结果，确定在规划设计时的容积率下限（即低于此容积率时项目在开发时政府难以通过土地使用权的出让而实现项目开发与动拆迁的财务平衡）为 4.77 左右。

以下从进行房地产开发活动的开发商的立场出发，以财务分析的现金流量法和假设开发法❶进行土地出让与受让价格的可行性测算。

经过测算，在商业面积售价 13200 元 /m^2（约合 1600 美元 /m^2）、住宅面积售价达到 7000 元 /m^2、容积率为 4.5，平均期望利润率为 20% 时，开发商可以接受的楼面土地价格约为 395~400 美元 /m^2（表 5-3、表 5-4）。

---

❶ 假设开发法（hypothetical development method），即预计评估对象开发完成后的价值，扣除预计的正常开发成本、税费和利润等，以此估算评估对象的客观合理价格或价值的方法。这里使用假设开发法来推导开发商在一定的利润率目标下可以接受的土地价格。

复兴东路改造项目规划设计可行性分析基本参数表　　表 5-3

项目	数量	单位
土地面积	10000	m²
容积率	4.5	
总建筑面积	45000	m²
项目性质（高级住宅与商业）		
项目组成		
商业面积（占 15%）	6750	m²
住宅面积（占 85%）	38250	m²
建造成本	2000	元 /m²
开发周期	24	月
预计销售价格		
商业面积售价	13200	元 /m²
住宅面积售价	7000	元 /m²
年利率	10.98%	
预测使用方法	假设开发法	

复兴东路改造项目规划设计土地价格可行性分析表（元）　表 5-4

编号	项目	数量	编号	项目	数量	单位
1	预计总开发价值	356850000	4	总土地价值		
2	预计总开发成本		4.1	地价（假设为 X）	X	
2.1	建造成本	90000000	4.2	土地购置费用（地价的 1.2%）	0.012X	
2.2	专业人员费用（取建造成本的 10%）	9000000	4.3	利息（24 月，i=10.98%）	1.2317X	
2.3	利息支出（假设建设期 24 月内均匀支付，i=10.98%）	10394797	4.4	总土地成本	1.2437X	
2.4	物业代理费用（GDV 的 1%）	3568500	4.5	总土地成本利润（目标利润率 20%）	0.2487X	
2.5	市场推广费用（物业代理费用的 25%）	892125	4.6	总土地价值	1.4924X	
2.6	开发商利润（成本利润率 20%）	22771084	5	地价（开发商在既定利润目标 20% 下愿意支付的土地价格）		
2.7	总开发成本	136626506	5.1	总地价（X）	14756	万元
3	余值	220223494	5.2	土地单价	14756	元 /m²
			5.3	楼面地价	3279	元 /m²
			5.4	折合美元（1 美元 =8.3 元人民币）	395	美元 /m²

最后完成的规划策划方案技术指标如表 5-5 所示。

复兴东路规划策划方案的技术指标　　　　　表 5-5

项目	数量	单位
总用地面积	82	hm^2
总建筑用地面积	61.32	hm^2
规划总建筑面积	240	万 m^2
居住建筑	204	万 m^2
非居住建筑	36	万 m^2
平均毛容积率	3.0	万 m^2/hm^2
平均地块净容积率	4.7	万 m^2/hm^2
地块最高容积率	6.0	万 m^2/hm^2
规划居住人口	7.0	万人

根据以上总体构思、环境分析以及开发可行性的财务测算后，整个改造区域规划设计中的再开发强度从财务可行性上有了依据，既不是规划设计人员凭空想象出来的（容积率越低，规划设计方案发挥的余地越大），也不是单纯遵照开发商的意愿（以为通过单纯提高容积率、多造面积就可以实现更多经济效益）。

注：本章引用的复兴东路改造规划与设计方案，由上海市南市区城市规划管理局委托，同济大学城市规划设计研究院完成，项目组织者及指导陈秉钊教授，项目负责人包小枫，项目规划策划及可行性分析马文军，参与设计的还有周俭、李京生、童明、高晓昱等。复兴东路改造后于 1997 年 12 月底通车，沿线已经有太阳都市花园等中高档住宅项目完成，土地出让价格超过 400 美元 /m^2，住宅平均售价达到 6500 元 /m^2 以上，销售情况良好。本案例中使用的环境分析结果以及财务估算的技术参数参见附录一、二、三、四。附加的材料包括居民意向调查问卷（空白问卷 / 问卷整理结果）、用地现状图，参见附录六、七。

5.2　案例二：××生态科技工业园区（Green Zones）的规划策划

5.2.1　现状条件分析与说明

5.2.1.1　环境分析

（1）上海市经济整体发展分析

新科技革命向新的广度和深度发展，各国创新能力和综合国力此消彼长，势必引发新一轮国际产业重组，逐步形成新的分工体系。中国以其低廉的成本，潜在的市场机会和稳定、开放的环境，获得全球投资者的青睐。中国自1994年起已连续6年成为世界上仅次于美国的第二大引资国，截至2002年11月，中国吸引国外直接投资已经超越美国而成为全球第一大吸引外资国家，中国作为世界工厂和全球制造中心的态势也初露端倪。

上海作为"一个龙头、三个中心（经济、金融、航运）"这一国际经济中心城市功能的日益完善，背靠长江三角洲经济带成为中国联动最显著、发展腹地最广大的经济区，正在成为海外资本都在积极寻求、开拓运筹进军中国市场的辐射中心。

"海纳百川"的上海，人流、物流、资金流、信息流优势汇集，也是国内企业走向世界市场的最好展台，形成了吸引内资的"强磁场"。据统计，2002年各地来沪开设全资、控股、参股的企业620多家，引进资金58.4亿元。到目前为止，累计各地在沪企业已逾12000家，在沪实际投入资金1402亿元。目前，全国各地在上海的办事处多达850家。

（2）奉贤区的市场机会

上海最大限度地加快对外开放步伐，加速融入世界经济大循环。根据上海"十五"发展计划，"十五"期间上海产业发展将加快向滨江沿海地区转移，上海国际航运中心洋山深水港和上海化学工业区的开发建设，将使杭州湾北岸滨海地区成为上海发展的又一片热土。

上海新一轮产业和人口的转移为奉贤经济社会发展提供跨越机遇。繁华看市区，实力看郊区。上海区域空间发展战略继东进后发生明显的南移，奉贤地处濒海和临江两条经济发展轴线上，是接纳市区大工业和中心城人口有序扩散的重点地区。就极化与扩散效应而言，兼具天时、地利、人和优势，其经济发展腹地和生产服务两大基本功能将进一步得到发挥。

一批重大市政交通设施的动工建设将对奉贤产生巨大影响。从奉贤周边环境看，沿海大通道、莘闵轻轨、深水港等重大工程的建设，与境内建成的奉浦大桥、"九纵六横"的公路网络及与莘闵线接轨至南桥的轻轨，将使奉贤区从相对滞后的边缘地区变为发展的重点地区之一，从"远郊"变为"近郊"。

5.2.1.2　××生态科技工业园区及周围环境分析

（1）××生态工业园位置及其范围（略）

××生态科技工业园区总面积为4600亩（含用地内水域面积）。

（2）自然条件分析（表5-6）

自然条件分析表 表5-6

空气质量	开发区北临黄浦江，南靠"杭州湾"。上海每年8个月的东南季风，将干净的海风吹入奉浦；冬季的西北风时，因黄浦江水蒸气的蒸发形成的蒸汽气幕将市区的尘埃挡在江边，降尘量为市中心的十分之一
地形地貌	本区为长江三角洲冲积平原，地貌形态单一，地势平坦。地基承载：$8\sim10t/m^2$
气候	北亚热带海洋性气候
气温	最高37.9℃、最热7~8月，最低–10.1℃、最冷1月，年平均15.5℃
降雨量	年雨日：33.9天，年均雨量：1089.2mm
湿度	年平均相对湿度为82%
台风	历史记载，台风从奉贤区两侧的金山、南汇登陆过，但台风至奉贤时，已减弱2~3级，历史上均未造成大灾
洪潮水	历史上百年一遇高潮位记录，黄浦江最高潮位为吴淞"0"点上4.19m，低于奉贤区平均4.5m的标高
地震	建筑设计地震设防烈度为6度

（3）交通状况分析（略）

5.2.1.3　生态工业园功能定位

（1）产业导向分析

配合上海市"东进南下"战略，与上海支柱产业配套发展。"十五"期间对电器、建材、轻工机械、电子仪表、金属加工、食品加工等具有相对优势的传统行业，全面加强技术改造，实现产业升级，争创企业名牌；努力扶植和培育高新技术产业以及相关配套产品如信息产业、现代生物与医药、新材料、环保产业等。

近年来，随着全球制造业向我国转移，信息、电子仪表、轻工机械类产品制造业开始成为此次转移的重点，吸引外商投资的步伐明显加快。2001年1~8月，我国吸引外资实际金额344.4亿美元，同比增长25.5%，其中电子和信息产业吸引外资金额已超过15%，居各行业之首。上海具有良好的电子、信息及轻工产业制造与研发优势，协同长江三角洲的苏锡常地区和杭嘉湖地区，将更好地发挥集聚效应。

（2）产业发展导向

经过论证，确立××生态工业园的产业发展导向是："以高新技术产业为导向，新兴信息、电子、轻工等科技型制造产业为重点"。

（3）生态工业园功能定位

设立生态工业园的目的在于建立一个符合新技术产业、无污染的中小科技制造企业要求的生态型、公园型生态工业园，该工业园的主要功能为帮助企业降低成本，并开拓全中国（首先是长江三角洲）市场及满足未来持续经营与发展需要，成为一个具有发展潜力及科技产业特色、环境景观优美的科技型工业园。

本生态工业园的规划符合国际上新兴的第三代生态科技工业园区形态，即经济、社会和环境可持续发展的生态型生态工业园。

生态工业园主要以吸引我国的中小型科技制造厂商为主。

5.2.2　规划说明

5.2.2.1　规划依据

（1）××镇总体规划（2002年）；

（2）《城市规划编制办法》及有关规范标准和要求；

（3）××公司关于××生态科技工业园区的概念规划要点。

5.2.2.2　规划要解决的问题

（1）把握信息时代脉搏，建设面向国际的现代化生态科技工业园区；

（2）适应高新科技产业发展的趋势，建立综合化、系统化的科技工业园区；

（3）体现生态观念与绿色的文化内涵，创造良好的企业发展外部环境；

（4）注重区域标志性与组团识别性，培养独特的景观形态与园区文化；

（5）营造互相依存与渗透的室内外空间环境，创造有时代特色、多样的科技空间视觉效果。

5.2.2.3　规划目标

目标一：顺应城市规划与设计的发展趋势，设计一个自然环境生态、产业环境生态及建筑环境生态相协调的亲切宜人的空间，将生态社会要素作为设计语汇，体现人类新世纪更健康的科技文化精神。

目标二：创造具有新时代特色的多功能、多元化生态科技工业园区；按照科技企业发展的需要合理配置土地资源，道路系统方便快捷，从整体发展角度出发，建立一个科技研发与生产、生活配套协调发展，资源共享的新型高科技工业园区。

目标三：注重增强生态科技工业园区的特色，以可识别性与地域性为追求目标，形成企业与人才对园区的心理归属感，创造个性鲜明的形象特征，把园区建设成为地区性的标志性区域。

5.2.2.4　规划指导思想

根据各项规划依据，结合规划中应考虑的问题，为实现规划目标，确定规划指导思想为：

结合高新科技产业发展的趋势，充分考虑生态科技工业园区整体的可持续发展，结合良好的自然与生态环境，规划整体结构和谐统一，资源共享，适合知识经济与信息时代特点，产业服务相互依托的开放型园区，力争使之成为周边地区建设的新重点，科技与经济发展的新增长点。

整合园区与外部交通的联系，形成内部既安全又方便快捷的交通秩序，组织研发区域与生产区域之间顺畅的车行交通与亲切的步行交通环境，为区内人员的活动创造层次分明的空间序列、幽静典雅的外部环境，建设一流的生态科技工业园区。

5.2.2.5 规划构思

（1）总体构思

21世纪是注重生态保护的新世纪，环境保护意识与可持续发展观念深入人心，在规划设计中的影响也日益加深。基于此，本园区规划中高度重视生态环境设计，在"设计结合自然"的思想指导下，确定规划总体布局，以配合形成完善的产业服务网络，吸引投资、人才以及客户群体。

① 以生态为主题，以"绿色生态主轴"为中心，以人为本、结合自然、动静分区

将生态思想引入规划当中，分层次设计绿化生态环境，点、线、面的绿化与人文景观充分结合，营造清幽的园区环境。

② 方便、快捷，人车分流，自然流畅的道路交通系统

交通系统规划的成功与否，关键在于成功组织各功能分区间的机动车与非机动车交通。规划方案的道路交通系统通过东西向以黄家湖路、红湾快速路为园内主要道路，南北向以2条区内干道为主，并与3个组团内的环路形成整个园区的主体交通框架，既提高了中心区的可达性，又提高了综合服务区与各个科研与生产地块间的相融性。园区内次要道路线形流畅自然，间或点缀以绿地和广场。

步行系统方面则结合一条南北向的景观主轴贯穿园区，作为连接生活配套区和生产区之间的步行及非机动车交通系统。如此人车得到分流，人行交通行进在景观绿化丛中，车行交通则少受干扰，且视野良好。

（2）布局特点

① "一轴二带多心"结构：

南北向的景观轴（结合蓝绿线）是贯穿整个生态科技工业园区的主轴，它既是连接配套生活区与生产区之间的步行及非机动车上班通道，同时也是本工业园区的景观活动中心；而东西向贯穿生产用地的绿化带（绿带）以及贯穿综合配套用地的水系（蓝带）则是构成本生态园区的主要景观视线。基于工业园区后续阶段项目招商及管理的需要，本规划结合道路将地块分隔成为三大生产用地和综合配套服务用地，并且各自规划有分区中心，不仅设置招商管理中心大楼，而且配备银行、超市、邮局等设施，提供各自便捷的生产、办公及生活综合

配套管理、服务功能。

② 以生态绿带为核心，各园区分布于两侧，形成了连接园区南北的绿化系统，既连接各园区使其成为一个整体，又为研发和生产提供了休闲放松的公共环境。

③ 功能分区中空间序列层次分明，形成园区逻辑分明的理性化结构布局。

（3）特色规划理念

① "绿色生态轴"

自 20 世纪 60 年代麦克哈格提出"设计结合自然"的口号以来，生态对人类活动的重要性越来越受到重视，作为生产高科技产品并聚集高素质科技生产人员的地区，高质量的自然环境必不可少。规划中的生态景观大道，不仅可以为园区人员的工作、交流提供安静舒适的自然环境，而且形成一定的文化氛围，对人们的心智健康，形成归属感，亦至关重要，同时与中心区绿化广场、园区绿化带更是融为一体，构成了生态环境良好的园林化新型园区。

本规划最具特点的便为纵贯南北的生态绿轴，集中体现了本规划的生态设计思想，同时起到促进生态科技工业园内部交往的作用。

② 空间布局特点：一轴、两带、多心，点、线、面相结合的空间格局

"一轴"：利用穿越园区的科技大道的连贯性，在其东西两侧设置生态绿带，重点布置绿化、美化、彩化的小空间——具有吸引力的景点，将人们引入内部具有良好景观的休憩步行区，清新舒畅，引人驻足。"两带"：为垂直于生态主轴的两条绿色及蓝色生态景观水景渗透带，作为绿带向园区内部的渗透。"多心"：为各分区中心区，绿化以装饰性和娱乐活动小广场为主。

③ 外露内藏的景观特点

生态绿轴的外部形象以绿为主，内附安静温馨的游憩空间，既是生态协调区又是休闲娱乐区。功能层层深入，形象步移景异，为区内人员创造一个虚实有致的园林化空间。

④ 具有连续性、流动感、纵横开阖的空间形态

绿色生态步行轴以带状绿地为主，时而放开、时而收拢，为空间

上连续构图增加层次感与景深感，平面曲直收放富有新意，竖向高低错落起伏多变，结合各企业绿色空间，组成丰富而又多层次、开合隐显、虚实变化的流动空间。

⑤ 特色鲜明，立意新巧

整个生态科技工业园区，无论整体还是各研发生产单位，布局均严谨中不失明快活泼，环境优美，有明确的轴线关系，有的院落重重，有的典雅大方，塑造具有丰富文化内涵、有典型东方特色的生态科技工业园区。

⑥ 建设可持续发展的生态科技工业园区

本规划着重规划发展过程而不确定最终形态，与开放性关联性很大，由于要从长远角度考虑，需重视规划发展的可持续性。

⑦ 道路系统

本规划建立了一个人车分流，机动车与步行分离，秩序良好的企业间交通脉络。为使园区内获得一个秩序井然、宁静舒适的环境，同时保证科研人员和生产人员的工作、生活效率，方便快捷而密度较高的交通网络是基础。

园区内道路分三级，主干道贯穿全区，把各个地块和主要功能活动区串联起来，主干道人车混行，发挥各种方式的交通作用，两条主要道路横贯东西，是连接园区主要部分的动脉（图 5-1）。

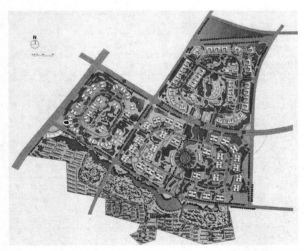

图 5-1　××生态科技工业园区（Green Zones）总平面规划

次级道路遍布地块与地块之间，起到各地块间的桥梁与纽带作用。遍布各角落的次级交通担当了组织地块分布，联系科研、生产与综合配套服务区的重任。

园区的规划还将与周边地区的肌理紧密连接，充分发挥生态科技工业园区的生产科研优势，以及良好的园林式生态景观，带动整个地区的发展，提升地区整体形象。

5.2.2.6　工程规划说明（略）

5.2.2.7　技术经济指标（表5-7）

技术经济指标　　　　　　　　　　表5-7

	占地面积（hm²）	百分比（%）
A 厂房用地	187.5	60.00
A1 自建厂房	174.8	57.00
A2 标准厂房	12.7	3.00
B 服务用地	11.7	3.81
B1 相关产业区	3.1	1.00
B2 仓储转运区	4.6	1.50
B3 住宅区	0	0.00
B4 工商及生活服务区	1.5	0.80
B5 服务及管理中心	2.5	1.60
G 公共设施用地	107.5	35.10
G1 公园	0	0.00
G2 绿地	33.5	10.92
G3 环保设施	12	3.90
G4 停车场	1	0.30
G5 生态保护用地	0	0.00
G6 道路	30.7	10.00
G7 水面用地	30	9.80
G8 加油站	0.3	0.10
总计	306.7	100.00

5.2.2.8　项目财务可行性分析

见表5-8~表5-13。

××科技工业园区财务可行性分析表——项目基本数据

表 5-8

项目名称	财务可行性分析	备注
分析种类		
位置	上海××生态科技工业园	
业主	上海市××区××镇 上海××有限公司	
土地使用期限	50年	
计算期	25年	
开发周期	3年	
项目编号		
项目		规模
项目总投资（万元）	3066667m²	
总占地面积A	2027000m²	4600亩
可售（租）开发基地面积（B）	66.1%	
开发比率（B/A）	2514900m²	
最大总建筑面积（FA）	82%	
毛容积率（FA/A）		

土地构成指标	面积（hm²）	百分比（%）	可建容积率	可建面积（m²）
A 厂房用地	184	60.00	1.05	1932000
A1 自建厂房	174.8	57.00	1.0	1748000
A2 标准厂房	9.2	3.00	2.0	184000
B 服务用地	15.2	4.96	2.9	443500
B1 相关产业区	3.1	1.00	3.0	93000
B2 仓储转运区	4.6	1.50	3.0	138000
B3 住宅区	0	0.00	1.5	0
B4 工商及生活服务区	2.5	0.80	2.5	62500
B5 服务及管理中心	5	1.60	3.0	150000
G 公共设施用地	107.5	35.10	0.1	139400
G1 公园	0	0.00	0.4	0
G2 绿地	30	9.80	0.2	60000
G3 环保设施	12	3.90	0.2	24000
G4 停车场	1	0.30	0.2	2000
G5 生态保护用地	0	0.00	0.0	0
G6 道路	30.7	10.00	0.0	0
G7 水面用地	30	9.80	0.0	0
G8 学校用地	3.5	1.10	1.5	52500
G9 加油站	0.3	0.10	0.3	900
总计	306.7	100.00		2514900

表 5-9

××科技工业园区财务可行性分析表——项目基本参数Ⅰ

A 项目数据 / B 开发数据

项目	第一期	第二期	第三期	总计
位置	上海××科技工业园			
业主	上海市 ××区 ××镇 上海××投资实业有限公司			
面积	306.7 hm²			4600 亩
土地使用期限	50 年	计算期		25 年
土地面积	hm²	hm²	hm²	hm²
厂房用地	46.0	55.2	82.8	184.0
服务设施用地	3.8	4.6	6.8	15.2
公共设施用地	26.9	32.3	48.4	107.5
总用地	76.7	92.0	138.0	306.7
建筑面积	m²	m²	m²	m²
A1 自建厂房	437000	524400	786600	1748000
A2 标准厂房	46000	55200	82800	184000
B1 相关产业区	23250	27900	41850	93000
B2 仓储转运区	34500	41400	62100	138000
B4 工商及生活服务区	15625	18750	28125	62500
B5 服务及管理中心	37500	45000	67500	150000
G2 绿地	15000	18000	27000	60000
G3 环保设施	6000	7200	10800	24000
G4 停车场	500	600	900	2000
总计建筑面积	615375	738450	1107675	2461500
建设分期比例	25%	30%	45%	100%

C 财务分析假设

项目	年增长率（每年）	季增长率（即每季度）
厂区用地价格增长率	10%	2.41%
厂房出售价格增长率	5%	1.23%
厂房出租价格增长率	5%	1.23%
年利率 (j)	8%	1.94%
建筑成本增长率	10%	2.41%
生活服务场地租金增长率	5%	1.23%
折现率	25%	5.74%

D 租售计划

项目	第一期 IA, IB, IC	第二期 II, IIB	第三期 III
出让土地的出让计划	2003 年 3 月（Ph. IC）	2004 年 12 月	2005 年 12 月
出租土地的出租计划	2003 年 3 月（Ph. IA）	2004 年 6 月	2005 年 6 月
出售厂房的出售计划	2003 年 6 月（Ph. IA）	2004 年 12 月	2005 年 12 月
出租厂房的出租计划	2003 年 6 月（Ph. IC）	2004 年 6 月	2005 年 6 月
其他设施土地出租计划	2003 年 3 月（Ph. IC）	2003 年 12 月	2004 年 12 月

E 时间计划

项目	第一期 IA, IB, IC	第二期 II, IIB	第三期 III
A1 自建厂房	2003 年 1 月 /2003 年 9 月	2003 年 10 月 /2004 年 6 月	2004 年 7 月 /2005 年 6 月
A2 标准厂房	2003 年 1 月 /2003 年 6 月	2003 年 7 月 /2004 年 3 月	2004 年 3 月 /2004 年 12 月
B1 相关产业区	2003 年 1 月 /2003 年 9 月	2003 年 10 月 /2004 年 3 月	2004 年 4 月 /2004 年 12 月
B2 仓储转运区	2003 年 1 月 /2003 年 9 月	2003 年 10 月 /2004 年 6 月	2004 年 4 月 /2004 年 12 月
B3 住宅区	2003 年 1 月 /2003 年 12 月	2004 年 1 月 /2004 年 6 月	2004 年 7 月 /2005 年 6 月
B4 工商及生活服务区	2003 年 6 月 /2003 年 12 月	2004 年 1 月 /2004 年 9 月	2004 年 10 月 /2005 年 6 月
B5 服务及管理中心	2003 年 6 月 /2003 年 12 月	2004 年 1 月 /2004 年 9 月	—
G2 绿地	2003 年 1 月 /2003 年 9 月	2003 年 10 月 /2004 年 6 月	2004 年 7 月 /2005 年 6 月

表 5-10

×× 科技工业园区财务可行性分析表——项目基本参数 Ⅱ

A 土地费用	土地取得成本	土地追加成本	土地数量	总计	D 建筑成本	元/m²	建筑面积	元/m²	占地面积	小计
	万元/亩	万元/亩	亩	万元		元/m²		元/m²		万元
A 厂房用地	9	4.5	2760	37260	A1 自建厂房	1500	1748000			262200
B 服务用地	9	4.5	228	3078	A2 标准厂房	1500	184000			27600
C 公共设施用地	9	4.5	1612.5	21768.8	B1 相关产业区	1200	93000			11160
总计土地成本				62106.8	B2 仓储转运区	1200	138000			16560
B 地价支付时间表					B4 工商及生活服务区	1500	62500			9375
厂房用地（5年内平均支付）				万元	B5 服务及管理中心	2000	150000			30000
2003 年 1 月				7452	G2 绿地	1200	60000	150	300000	11700
2004 年 1 月				7452	G3 环保设施	1200	24000	150	120000	4680
2005 年 1 月				7452	G4 停车场	800	2000	100	10000	260
2006 年 1 月				7452	G6 道路（含管线）			100	307000	3070
2007 年 1 月				7452	G7 水面用地			100	300000	3000
小计				37260	G8 学校用地					
服务及设施用地（3年内平均支付）					G9 加油站	1000	900	100	3000	120
2003 年 1 月				8282	总计					379725
2004 年 1 月				8282	E 建设费用支出					
2005 年 1 月				8282	签约日期		第一期 2003 年 3 月	第二期 2004 年 3 月	第三期 2005 年 3 月	第四期 2006 年 3 月
小计				24846.8	F 专业费用					
C 税率					建筑与工程		10%（占建造成本比例）			
房地产增值税	利润率小于 20% 时为 0				项目管理	5%				
营业税	5% 营业额				造价工程师	2%				
所得税	33% 净利润				其他	1%				
					G 其他费用与支出					
					其他	2%				
					营销及法律费用				2%（占销售收入比例）	
					H 不可预见费	5%（占土建成本比例）				

××科技工业园园务可行性分析表——现金支出（万元）（整个园区） 表5-11

	净现值	票面值	年份/分期	2003年/0	2004年/1	2005年/2	2006年/3	2007年/4
			日期	2003年1月	2004年1月	2005年1月	2006年1月	2007年1月
土地取得及追加成本	49558	62107		15640	15640	15640	7594	7594
A厂房用地成本	27164	37969		7594	7594	7594	7594	7594
B服务用地成本	2198	2369		790	790	790		
G公共设施用地成本	20196	21769		7256	7256	7256		
建造成本	605906	652075		221808	221808	208458		
A1自建厂房	486515	524400		174800	174800	174800		
A2标准厂房	53021	57150		19050	19050	19050		
B1相关产业区	10354	11160		3720	3720	3720		
B2仓储转运区	10242	11040		3680	3680	3680		
B4工商及生活服务区	5219	5625		1875	1875	1875		
B5服务及管理中心	14444	15000		7500	7500			
G2绿地	11267	11700		5850	5850			
G3环保设施	4342	4680		1560	1560	1560		
G4停车场	891	960		320	320	320		
G6道路	2848	3070		1023	1023	1023		
G7水面用地	2783	3000		1000	1000	1000		
G8学校用地	3897	4200		1400	1400	1400		
G9加油站	83	90		30	30	30		
扣除出让土地厂房建造成本后小计	119391	127675		47008	47008	33658	0	0
专业费用	11939	12768		4701	4701	3366	0	0
不可预见费	5970	6384		2350	2350	1683	0	0
营销成本								
总计	673372	733333		244499	244499	229147	7594	7594
扣除出让土地厂房造价后成本	186858	208933		69699	69699	54347	7594	7594

×× 科技工业园区财务可行性分析表——现金收入假设（万元）　　　　表 5-12

分项	价格（万元/亩） 日租金（元/m²）	数量（亩） 数量（m²）	净现值	总收入 年租金	账面值	2003年6月	2004年6月	2005年6月	2006年6月	2007年6月	总账面收入
A1 厂房出让	15	2622	39330	39330	42709.2	9832.5	19114.4	13762.4			42709.2
A2 厂房出租	0.7	381000	46042.8	9734.6	53789.5	9734.6	10221.3	10732.3	11269	11832.4	53789.5
B1 相关产业区	0.7	93000		2376.2	13129.7	2376.2	2495	2619.7	2750.7	2888.2	13129.7
B2 仓储转运区	0.7	138000		3525.9	19482.8	3525.9	3702.2	3887.3	4081.7	4285.8	19482.8
B4 工商及生活服务区	0.9	37500		1231.9	6806.9	1231.9	1293.5	1358.1	1426	1497.4	6806.9
B5 服务及管理中心	0.9	50000		1642.5	9075.8	1642.5	1724.6	1810.9	1901.4	1996.5	9075.8
小计			85372.8		144994.1	28343.5	38550.9	34170.7	21428.8	22500.2	144994.1

×× 科技工业园区财务可行性分析表——现金流量分析（万元）　　　　表 5-13

年份/分期	净现值	2002年/0 账面值	2003年/1	2004年/2	2005年/3	2006年/4	2007年/5
土地取得及追加成本	57619.8	62106.8	20702.3	20702.3	20702.3		
建造成本	50174.6	53670.0	19698.3	19698.3	14273.3		
专业费用	4014.0	4293.6	1575.9	1575.9	1141.9		
不可预见费	2508.7	2683.5	984.9	984.9	713.7		
营销费用	1707.5	2899.9	566.9	771.0	683.4	428.6	450.0
管理及营运费用	1707.5	2899.9	566.9	771.0	683.4	428.6	450.0
总计成本	117732.1	128553.6	44095.1	44503.4	38197.9	857.2	900.0
总计收入	85372.8	144994.1	28343.5	38550.9	34170.7	21428.8	22500.2
税前净现金流量	-32359.3	16440.4	-15751.6	-5952.5	-4027.2	20571.6	21600.2
营业税			1417.2	1927.5	1708.5	1071.4	1125.0
总利润			-17168.8	-7880.0	-5735.8	19500.2	20475.2
所得税			0.0	-2600.4	-1892.8	6435.1	6756.8
净利润			-17168.8	-5279.6	-3843.0	13065.1	13718.4
净利润累计			-17168.8	-22448.4	-26291.4	-13226.3	492.1

注：第 3.75 年实现当年财务平衡，第 5 年内实现项目收回全部投资。

6

结论——城市大规模开发项目的
发展趋势及城市开发策划理论的展望

6.1　城市发展趋势与对策

城市是现代社会发展的中心。当今世界最活跃的生产力总是集中于城市，然后再逐渐向乡村扩散和转移，所以，城市的发展对于整个经济和社会的发展起着龙头作用。21 世纪是策划的时代，我们应该认真分析市场经济和城市化进程发展的背景，分析城市发展的趋势，从而更好地进行城市策划，指导城市的发展。

6.1.1　全球的城市发展趋势

进入新的世纪，世界范围内的城市化随着全球经济一体化而加快，特别是经济最不发达国家的城市化速度最快，与此同时，全球化成为城市学界关注的热门话题 [1]，此外，国际金融及贸易全球化、对于全球气候与可持续发展的关注、城市在国家的重要性不断提高，也成为城市研究的重要背景。[2]

6.1.1.1　全球化背景下产业的发展

伴随着全球流动与信息网络的形成，国际政治经济秩序逐步建立，世界性的城市网络也逐渐稳定，各大城市的经济结构发生重大调整，传统的世界城市如纽约、伦敦、东京奋力自保，香港、首尔、迪拜等国内外城市也力争成为新兴的国际性中心城市。受益于过去 30 年中国的渐进式开放战略的成功，上海、北京等国内城市也取得了规模与品质的快速提升。而未来 30 年，中国是否还能够像过去 30 年一样取得成功，很大程度上取决于城市在全球化背景下的成就，取决于经济结构的优化与民族文化的复兴。

发达国家的科技、信息与金融等产业迅猛发展之余，新兴制造业也在回流，比如发展中国家的或是接受转移而来的附加值低下的产业，或者是资源消耗与环境影响较大的产业。全球生产在地理空间上的重新组织与金融贸易的国际化，引发了各城市第三产业的迅速发展，推

[1]　徐毅松. 迈向全球城市的规划思考 [D]. 上海：同济大学博士论文，2006.
[2]　联合国人居中心. 世界城市状况报告 [R]，2011.

动不同国家和地区城市地域空间结构的转变，也带动整个城市迅速走上国际化进程。

6.1.1.2　环境意识的崛起与可持续发展思想的深入人心

生态与环境问题日趋严重，不仅伤害了发展中国家的生态环境与人民健康，也使整个世界都面临着资源枯竭与污染的挑战，可持续发展作为世界各国共同接受的关于未来发展的基本理念和行动纲领，已经成为衡量社会经济发展的重要指标。

6.1.1.3　公平与贫穷的挑战

城市，特别是大城市，作为经济系统的主要载体，代表所在国家或地区参与全球经济分工和合作，竞争发展必须的资源与机遇，因此也吸引着来自国内外的移民，越来越多地涌现有关移民、族群及各种阶层的争端，甚至引发公平与贫穷问题。

6.1.1.4　城市体系的重新排序

历次工业革命与科技革新造就了伦敦、巴黎、纽约等一批世界城市，随着东亚地区经济的高速增长，亚太地区崛起了东京、中国香港、新加坡、首尔等国际中心城市。中国作为新兴经济体国家，北京、上海、广州都提出了建设国际性中心城市或世界城市的战略目标，作为其顺应经济全球化潮流、实现提升全球竞争能力重大战略的途径。新的经济形势与新的科技挑战，造就了在更大范围、更广领域和更高层次上参与国际性合作和竞争的机遇，抓住这一机会，能够有可能建成新时期的世界城市、国际性中心城市。

6.1.2　我国的城市发展趋势

6.1.2.1　我国城市发展的时代背景

城市的发展与所处的时代背景有着密不可分的关系，社会、经济、文化科技等多方面因素影响着城市的产生与发展。随着社会经济文化等的进步，在解决人们基本生产生活问题的基本前提条件下，城市建设需要更加注重人们的生活质量和精神层面的需求，不仅要注重眼前，更要注重未来，不仅要有物质性建设，还需要城市精神与文化的建设。

1）经济全球化

经济的全球化削弱了国家对地方区域的行政干预，作为经济活动的主要载体,城市在全球贸易体系中扮演着特殊的综合性实体角色。随着经济全球化凸显出新的发展趋势,我国城市也在经历高速增长期后进入关键的转型时期,城市发展面临新的挑战。

2)城市建设热潮

在世界经济发展的潮流中,我国近些年经济持续高速增长,综合国力显著提高,使得城市发展一日千里,建设速度之快为世界震惊。突出表现在20世纪90年代以来各种蓬勃的建设热潮,如开发区热、会展中心热、大学城热、机场建设热等。北京、上海、广州等一些经济发达城市,近几年纷纷在建设国际性城市的口号中,酝酿或实施战略性的重大城市更新项目,如中央商务区、体育中心、大学城、国际会展中心、大型机场、轨道交通等,这种现象正在全国范围内蔓延。

3)产业结构调整

"近10年来所有发达国家的经济空间都显示了一个类似的现象,即金融活动与生产性服务业在一些中心城市迅速聚集,促进了国际金融和商务中心的形成"。生产性服务业已成为许多发达国家大城市巩固和发展工业、带动收入和促进就业的主导产业部门。如果说已过去的30年里,我国城市的快速建设是在奠定城市发展的基础,那么接下来的时间里,我国城市需要调整和优化产业结构,完善城市综合服务功能,推动创新型经济的发展。

4)全球金融危机后的城市发展

2008年爆发的全球金融危机冲击了欧美发达国家的市场,如被戏称为"四小猪"国家(PIGS)的葡萄牙(Portugal)、爱尔兰(Ireland)、希腊(Greece)、西班牙(Spain)都经历过国家主权债务危机,也给新兴经济体和其他国家带来极大的影响,如金砖国家(BRICS)中的巴西、南非都出现了经济增速放缓。为确保经济发展不受影响,出于拉动内需、激活市场、惠及民生的良好愿望,中国政府推出了四万亿元的救市计划,试图通过加大铁路、公路、机场等固定资产投资来拉动国民经济的增长,各地也纷纷推出自己的政策以维护自身的发展态势。这些政策拉动了城市基础设施、经济适用房等项目的超常规建设,同时也带来一些问题与挑战。

6.1.2.2 我国城市面临的四大挑战

1）城市全球化

为了迎接全球性的竞争，发达国家城市试图吸引跨国集团总部、营运中心等全球经济活动控制中心，通过各种大规模活动来复兴、重新开发和利用大量的旧厂房、旧仓库和闲置码头，营造了多样化的城市中心区与综合体，提升了城市运营效率。

我国地缘辽阔，既有初级工业化快速进行的中西部地区，也有东南沿海初见成效的现代化城市，为避免在全球经济版图中被边缘化的局面，北京、上海、广州、深圳诸城市渴望融入世界经济产业链并扮演重要角色，在不断质疑中诞生着全球化时代的建筑风格与环境品质。

2）空间市场化

在世界范围的城市更新中，新建筑的创作和原有建筑的更新营造了多样化的城市生活和景观。历史城区、传统建筑和本土文化的价值逐渐彰显，然而土地的有限性激化了空间的市场化特质，文化传统在保护与发展的空前对立中脆弱地延续，并在磕磕碰碰的保护和继承中迎接挑战与新生。

3）信息网络化

工业革命使人们向城市集聚而疏远大自然，信息革命则使人们的居住和工作空间扩散并亲近大自然，城市建设的时空关系迟早会在电子货币、电子图像、电子声音、信息高速公路、云储存和智慧城市模式的影响下发生变革。通过现代信息网络，家庭有望重新与工作场所相接近或结合。网上购物的兴起，冲击着传统的商业空间，而人们更盼望共享空间和交往场所，与真实体验有关的更多新类型建筑与城市场所将不断涌现。

4）全球城市化

发达国家大致在20世纪70年代相继完成了城市化进程，随后的主要城市问题是公平与持续发展，更新换代的改造任务繁重。而我国尚处在城市化加速发展期，对于经济与财富的追逐让很多人不顾对自然资源和能源的消耗，不顾环境与健康状况的恶化，殊不知环境问题，已经不再是城市本身，而是牵涉到整个地区、跨国界，乃至全球范围的环境恶化整治（例6-1）。

例 6-1 2013 年 6 月的印尼"烧芭"事件

印度尼西亚苏门答腊岛上每年 5、6 月份传统农耕方式的"烧芭"所引起的林火都使邻国遭受烟霾侵袭，而 2013 年 6 月中旬以来的"烧芭"使新加坡和马来西亚遭受了有史以来最严重的烟霾。

新加坡空气质量 19 日开始恶化，到当晚 10 时，空气污染指数达到 320，打破该国历史纪录，21 日则突破 400 大关，这意味着新加坡目前的空气状况可能引发疾病等健康方面的问题。马来西亚南部城市空气污染指数达 383，有 200 多所学校停课。

这一事件已经引发东盟 5 国的共同关注，7 月 17 日新加坡、马来西亚、印度尼西亚、文莱及泰国在吉隆坡召开部长级会议，商讨蔓延东南亚多国的烟霾污染问题，并讨论《防止跨国界烟雾污染协议》。[1]

20 世纪 70 年代起可持续发展的战略思想逐步形成，并已得到全世界的共识，但这一战略的实施必须在区域开发、城市建设和建筑营造的各个层面得到全面贯彻，相对较低的城市化水平给中国城市提供了调整城市发展政策的良机。

6.2 城市大规模开发项目的发展趋势

经过了改革开放以来 20 多年的迅猛发展，我国的国民经济取得了令世人瞩目的成就，城市的面貌也焕然一新，居住、工作、休憩、交通环境质量得到了极大的改善，城市基础设施服务水平也有很大提高，这里城市大规模开发项目建设所发挥的巨大社会、经济、环境效益功不可没。

以上海为例，改革开放初期，上海的市区交通状况不佳，"行路难"成了市民最大的困扰之一。公共汽车上拥挤不堪，曾经有资料说每天上下班高峰时间公交车上每平方米车厢空间可以容纳 13 名乘客，而研究表明 $1m^2$ 的空间甚至摆放不下 13 双成人鞋子，说明这些乘客不可能都正常站立在车厢地面，他们或是踮脚，或是金鸡独立，有的甚至半悬在空中，一般市民出行的窘迫可见一斑。另一方面，市区道路

---

[1] 人民日报，转自环球网，2013 年 7 月 18 日。

机动车平均车速很低，仅为 14km/h，高峰小时通行速度仅有 5~7km，有时候公交车 1 站路要走上超过半个小时，比步行的速度还要缓慢，而从浦西的外滩到虹桥国际机场，即使是乘出租车也要准备至少 2 个小时的时间，否则就可能会误机。

而如今上海市政府通过吸收多方资金，投入了大量的资源，改造了城市已有道路系统，建设了旧区高架道路和新区的高速路，并初步形成了"十字交叉"的轨道交通格局。在城市机动车保有量增长了 3.5 倍的情况下，市区道路机动车平均车速仍然由 1988 年的 14km/h 提高到 17km/h，内环线内机动车高峰小时通行速度由 10 年前的 5~7km 提高到 10~15km。另一方面，政府还投入了大量的新型公交车辆，改善了居民的出行质量，空调车、小巴、大巴与各种专线车、出租车、地铁一起为市民提供全方位、多层次的公共交通服务。

而住宅方面的改善更是令人兴奋。1949 年上海的人均居住面积仅为 3.9m²，经过 1950~1979 年这 30 年间的建设，共建造住宅 2006 万 m²，57.53 万户迁入新居，除了第一个工人新村曹阳新村外，还完成了长白、控江、凤城、鞍山、甘泉、曹杨、天山、日晖、广灵、龙山、东安、崂山、宜川、武宁、彭浦、泗塘、桃浦、田林、长桥、沪东等居住区。但是由于总人口数量同步增长，1979 年人均居住面积仅仅上升为 4.3m²。其间尽管时日变迁，而住房问题始终是萦绕居民心中的首要问题，许多邻里之间甚至家庭内部产生的矛盾都与狭小的居住空间有关，而外滩著名的"情人墙"也是那个阶段的产物。进入 20 世纪 80 年代后，上海开始采用多种方式扩大住宅建设规模，伴随着经济发展、城市土地使用制度改革的契机，1980~1998 年的 19 年间共投资 2255.69 亿元，竣工住宅 13069 万 m²，市区人均居住面积由 1979 年的 4.3m² 提高到 1998 年的 9.7m²，建成了曲阳、运光、凉城、甘泉北块、开鲁、国和、管弄、康健、古美、潍坊、梅园、竹园、罗山等一大批新村。❶

国内城市需要大规模开发项目，是因为城市发展加快、规模扩大急需补上过去基础设施方面的欠账，以满足城市正常运行的效率，而

---

❶ 上海市房地产市场，1998.

西方发达国家也在酝酿大规模的公共开发项目。德国鲁尔工业区在20世纪50年代GDP居整个德国之首，而今由于产业结构的变化和全球性制造中心的转移，该地区面临工业发展崩溃、环境遭受污染、地区特色丧失的危机，而重要的港口城市汉堡，其地位也由于东方的上海、香港、新加坡等新一代航运中心的崛起而岌岌可危，城市的发展缺乏强劲的动力，城市财政状况恶化、失业率居高不下进一步导致了收入下降、人口外迁、投资减少，城市的竞争力江河日下。在全球化的时代，为了竞争发展所需的资源，也为了重塑城市的活力，大量城市开始策划和启动大规模开发项目，以期改造自身形象，吸引投资者（资金资源拥有者）、投知者（知识教育资源拥有者）、投智者（科技资源拥有者）、投咨者（经验拥有者）、投职者（劳动力资源拥有者等）、投支者（指前来消费的花钱者，如旅游、购物消费者），以及提高本地居民的满意度。英国的格拉斯哥、美国的底特律、匹兹堡等城市都是如此，如格拉斯哥的"城市更新与全民营销计划"通过大规模的古迹保护、住宅环境改良、公共设施改善、文化建设等城市形象再造活动，使之从传统型工业城市成功转变成"旅游文化建筑艺术之城"，传统工业城市也成功转型成为服务型城市。

6.2.1 城市大规模开发项目面临的困难

在目前的发展过程中，城市大规模开发项目建设已经碰到了一些困难。

首先，也是最重要的困难，是资金问题。由于大规模开发项目，特别是一些风险较大的城市公共基础设施项目主要由城市政府出面牵头组织建设，其投资中大部分来源于各级政府有限的财政收入以及由政府担保而获得的银行贷款，因此经过了近些年大量的大规模项目建设后，相当数量的城市各级政府已经在举债运作。由于公共设施项目的公益性质决定了他们提供的产品或服务的收费不能太高，因此项目的投资回收慢，吸引其他渠道资金的能力较弱，各级政府展开新一轮大规模项目建设存在一定难度。

其次，由于各种类型城市都面临着对发展机会、资金的竞争，各城市存在着竞相上马大规模建设项目以提高竞争力的趋势，但是很多时候存在着重复建设的问题；有时又有一些跨区域的项目由于各地区从各自利益出发而难以实现项目建设的整体目标。例如，上海市实行了市区"两级政府、两级管理"的思路，以调动区级政府的财政、建设积极性，但在一些跨区的大规模开发项目建设中就曾经出现一些区从自身利益出发，致使一条高架轨道交通系统的地面道路在两个相连接的区规划了不同的红线宽度，一个为50m，一个为30m，如果没有更高层次的宏观协调，恐怕该道路无法发挥50m道路的效益。大规模开发项目时间、空间跨度大的特点提醒我们需要时刻注意时间及空间上的协调，既要在项目前期明确项目的投资、效益以及在各区域、各时间段的分配，又要在项目建设中从总体上控制项目的进行。

另外一个事例，上海市内环线高架道路的建设，1992年建设时部分城区（普陀、杨浦、长宁）由于当时资金不足，因此少建设了几个高架路出入口及预留匝道，致使内环线建成后武宁路出入口、黄兴路出入口严重拥塞，以及徐家汇方向经由内环线无法直接进入延安西路高架前往虹桥机场，影响了内环线高架整体效益的发挥。而1998年增加这几个出入口时的建设投资额已比当时建设所需投资额大幅上升。

第三，城市大规模开发项目建成后虽然可能发挥很大的社会、经济及环境效益，但是许多项目并不总是能够取得成功，产生应有的效益，其中主要的原因就是对大规模建设项目的前期论证不足。如福州市的江滨路建设项目，对城市战略目标和全局关系研究得很少，就直接进入技术问题的研究阶段，结果项目建设难以实现预想的目标。

一些大规模开发项目或许由于在建设前的策划阶段考虑不够周全，出现了项目设计能力得不到有效利用、与相关的其他大型项目或者配套设施衔接不够、与用户或消费者实际需求有差异或者是项目完成后的有关信息没有能够迅速有效地传达给消费者，因此未能充分发挥项目的全部效益。对于耗用大量资源而建设的大规模项目来说，这些无疑也是一种投资的损失，需要通过加强充分准确的前期策划工作以及调整项目生命延续期的结构和配套来改善。

6.2.2　城市大规模开发项目发展的契机

在本书第一版出版后的8年时间里，我国国民经济发展及社会发展形势有了很大的变化，在国内宏观调控、国际金融危机后，国民经济发展速度趋缓，经济形势经历了通货膨胀与紧缩的交替，如此这些都给城市大规模开发项目的发展带来了契机。

由于我国目前的国民经济及社会发展水平仍然不太高，许多地区人民生活刚刚达到小康，因此不论经济发展、社会基础设施方面都存在着继续发展的空间与需求。同时，职能转变后的城市政府已经开始在维护公正的市场秩序及组织公共基础设施建设方面发挥积极的作用，为争取发展的机会，城市对大规模开发项目的需求和城市政府实施大规模项目的欲望不会削减，"通过项目实现规划"已经成为城市战略目标实现的基础和根本方式。

（1）为了促进新一轮大规模城市开发项目的顺利展开，抓住发展的契机，从策划、管理、资金等方面入手，最大限度地发挥大规模项目建设的效益

国家通过发行国债等方式募集大量资金投入基础设施建设，以带动社会总需求的增长，拉动经济发展。其中，城市大规模基础设施项目，如城市交通设施项目、城市大众化住宅项目等占有相当比例。这样，不仅城市自身的居民受益于这些项目提供的产品和服务，而且这些项目产生的需求（如建材、设计、施工等）也有效地拉动了 GDP 的增长。

（2）新的发展机遇与城市提升竞争力的要求带来对大规模项目的新一轮需求

产生于 20 世纪中而蓬勃发展的计算机信息技术为城市带来了新的发展机遇，全球互联网络（Internet）更是将我们居住的星球变成一个"地球村落"，新的生活与工作方式已经产生，网络化生存、网上购物、在家上班（SOHO，Small Office & Home Office）等已经成为学者研究及媒体报道的热点之一，新的产业革命（如信息产业的增长速度几倍于传统产业）和传统产业的信息化发展（电子商务模式）也正在孕育，传统的城市生活形态和方式、城乡分离关系乃至城市间的强弱分布态势都面临着变革。在发展的机遇和竞争的压力下，发达国家试图保持其原有的有利竞争地位，发展中国家则不断探索发展经济、迅速提高竞争力，同时还要改善环境质量的途径，这样，城市政府与市民的共同愿景始终驱使着城市大规模项目的建设和发展。

由德国、新加坡、巴西、南非四国政府官员和联合国有关组织发起了以"新世纪的挑战和机遇"为主题的针对 21 世纪城市的研究（Urban 21），并提出了范例城市（Model City）❶的概念。如何抓住新世纪及知识经济时代来临的发展契机建设范例城市，成为各国城市政府官员及学者的极大兴趣，创建范例城市已经成为城市面对新世纪全球竞争和发展机会的一种对策。

（3）大规模开发项目既是城市发展的物质基础与管理提升的必然结果，也是进一步提升城市实力的必要条件

要使城市发展的物质条件得到充分利用，使其作用得到充分发挥，使战略的主观愿望与客观条件得到平衡，首先就要对城市进行充分的调查、研究与辨识，通过对城市进行全面的战略诊断，了解城市发展的物质基础。只有摸清了"家底"，才能全盘考虑，物尽其用，才能进一步推动城市发展。

（4）大规模开发项目能够帮助实现能源、水源、不可再生资源的可持续利用

在城市的资源条件中，能源、水源和不可再生资源是城市系统运行中不可或缺的要素，对城市发展尤为重要。只有高瞻远瞩、深谋远虑，城市才有望实现长久和持续的发展。特别是以不可再生资源作为主要劳动对象和主导产业的矿业城市，一旦资源枯竭的时候，大批从业者将面临失业的危险，前期的投入也将成为沉没成本，从而造成巨大浪费。因此，对不可再生资源的使用以及所在城市的产业转型必须尽早规划和安排，避免城市陷入衰败的困境（例 6-2）。

例 6-2　玉门市搬迁

玉门，这座位于西北的小城，曾因诞生中国第一口油井和中国第一个油田而兴，被誉为中国工业的摇篮。在鼎盛之时，曾有 13 万人在玉门居住，然而，自 1995 年开始，玉门油田原油储量急剧减少，油田年产量下降到 35 万 t。2003 年，玉门市政府驻地开始向西迁回玉

---

❶ 范例城市，是城市发展中可以参照、借鉴的范例，其经济建设与产业发展、城市功能更新、城市形象及地方特色创造的经验可以给其他的同类型城市树立榜样，对范例城市的研究已成为当前国际学术界关于城市研究的前沿热点之一，范例城市也已成为一些发达国家政府城市建设的目标。

门镇。2009 年，玉门市被国务院列入第二批资源枯竭型城市名单。

随着玉门市政府的搬迁，一座城被分割成了两半，距离玉门市 70km 的是玉门镇，也就是现在新的玉门市，当地人习惯将此称为新市区，而原来的玉门市称为老市区。目前，不到 4 万人的老市区，玉门油田仅在此保留了生产基地，这里仍然是石化产业区，却早已繁华不在。

现在看来，玉门市政府与玉门石油部门的关系正是这样。当初将市政府搬迁到发现石油的场所支持石油事业，却没有及时发现资源枯竭的事实，未实现产业完善与升级，建设城市服务设施。几十年过去了，石油采得差不多了，城市却没有发展起来，现在市政府驻地又迁回，但市政府迁的方向是往西，而石油部门迁的方向却是往东，相互间拉开了距离。

经历了迁城之痛的玉门，如今更像是一座被遗忘的城市，热闹和繁华已然不在，只剩下满目的衰落和荒凉。

展望新的世纪，我们有理由相信，大规模的开发建设活动会继续成为城市发展和城市化过程中的亮点。

6.3   城市开发策划理论建设的意义、理论建设以及城市开发策划理论的发展展望

如前所述，由于竞争的存在，策划的概念已经被广泛地接受，为实现某一目的而进行策划也已经成为许多经济、社会、文化活动的必要环节。随着城市大规模开发活动数量日益增加、规模日益扩大、种类和开发方式日益增多，对项目规划策划的需要也更加迫切和复杂，对策划活动的深度和广度方面的要求也不断提高。城市大规模开发项目建设作为城市建设与开发活动中最为重要的组成部分之一，理应得到城市规划工作的特别重视。另一方面，大规模开发项目对规划的要求更高，也是促使规划策划理论建设的契机。在这种情况下，迫切需要加强对大规模开发项目规划策划的自身理论建设和方法的研究，以满足项目建设与开发、项目规划设计以及规划管理时的需要。

6.3.1　城市开发策划理论建设的意义

（1）加强规划策划，完善城市规划工作

随着城市规划法规的逐步完善，在城市规划从业人员的努力下，在各级领导的重视下，城市规划日益得到社会的尊重，并在城市建设中发挥着日益重要的作用。从城市规划工作的构成来看，传统的物质性规划设计与日常的规划管理工作依然占据着城市规划工作中的主要部分。从具体的项目建设过程来说，虽然有许多规划技术人员与规划管理人员参与其中，但是他们要么是作为专业人士，以顾问专家的身份参与开发方案的评审，要么是作为设计人员，仅仅从事项目的规划方案设计，要么则是按照现行的规划设计管理规定进行报批方案的审核与发证。在城市规划的范围内对项目的可行性研究工作进行得较少，即使在项目规划方案设计中对于前期工作的重视也不够。而这部分前期的策划工作（可以称作"规划咨询"）不论是对于具体项目开发建设的前期筹划与决策，还是对指导项目规划设计方案的构思、深入来说都具有重要作用，许多时候规划人员从前期介入项目的决策既是提高项目决策科学性与准确性、把握项目建设方向、性质、构成的重要手段，也是规划设计工作自身的要求，是城市规划管理过程的重要组成部分。

因此，在城市规划工作的构成中需要开拓城市开发策划的工作，强化城市规划与实施中前期准备阶段的调查与分析工作的深度和广度。

（2）加强环境调查与分析是市场经济机制的要求

（3）进行规划策划工作是规划设计机构提高竞争力，特别是加入世界贸易组织（WTO）以后，国内规划设计咨询机构参与来自境内外规划设计咨询机构竞争的有效手段之一

（4）规划策划工作是帮助城市建设项目提供的产品更好地适应市场需求的有力保障

（5）规划策划也是城市规划设计机构人员以营销观念接受市场经济挑战的有效方法

（6）规划策划工作的展开是城市规划管理部门维护规划权威的有力后盾

6.3.2 加强规划策划，增加规划设计方案的可能性、可行性、可实施性

随着规划工作深入到城市建设活动的各方面，关注规划的领导、专家及市民越来越多。时常听到社会上有人议论，认为规划人员"富于幻想，纸上谈兵，图面上画来画去，试图运筹帷幄、决定城市未来几十年的发展"，而规划设计人员则常常会抱怨自己的设计意图不被理解和接受，自己忠于专业职守，辛辛苦苦做的方案即使能够获奖、中标，仍然难以得到实施。

诚然，城市规划人员在工作中必须秉承专业道德，但是规划的准则从来都不是也永远不应该与社会的需求相背离。事实上，理解应是相互的，规划人员如果不能够了解社会的实际需求，埋头做出的方案怎能够得到公众的理解，得到政府领导、开发商的理解呢？只有更多地介入到开发活动的环节中去，真正理解市场的需求——即社会公众的需求，将自己的工作定位于为人民服务的职能，才能够达到"两个根本转变"的要求，做好自己的工作。

随着现代城市社会生产力的发展，充分认识社会的需求是满足全体社会成员需要的前提，也是城市大规模开发项目获得成功的必要条件。大规模开发项目要取得成功，策划工作要有成效，规划人员的策划、规划设计与规划管理意图要获得接受，理解和体现社会需求是根本要求。

在这方面，企业已经走在了前面。经过200多年的发展，资本主义企业在经历了销售、推销的营销观念后，已经广泛地接受了市场营销和社会营销的观念，主张将企业利润目标、消费者需求和社会福利三个方面统一在一起，要提供既满足消费者需要，又符合社会长远利益的产品，这样才能实现企业的目标。我国大规模开发项目也是如此，只有树立起以城市的社会需求为导向的社会营销观念，项目的开发才有可能实现目标，取得社会、经济、环境效益的丰收。

6.3.3 加强规划策划可以增强国内规划机构同国外同行的竞争能力

规划专业人士的评估报告还是一些金融机构选择合适的开发项目

进行融资活动前必要的技术报告之一。亚洲开发银行在贷款给浦东开发项目之前，就曾经支付数十万美元，委托进行浦东开发可行性的规划咨询。最后中标的澳大利亚 Chreod Development Planning Consultants 与 PPK Consultants、Kinhill Engineering 一起，并联合了同济大学、上海市城市规划设计院等国内机构的专业人员，从经济发展战略、平衡发展的城市发展战略、交通、基础设施、环境管理、资金投入计划、战略实施等几个方面进行了调查、分析和研究，最后不仅就浦东发展的政策选择提出了建议，还成为亚洲开发银行考虑对浦东发展进一步投资决策过程中的重要因素。

国际性金融机构和一些境外公司为了保证投资的安全性及收益前景，特别重视前期的研究，但是由于我国规划机构在规划咨询方面的重视不够，既没有工作深度、成果要求，也没有形成完整的工作方法，像样的咨询报告也不多，因此境外机构通常只委托境外的规划咨询机构完成。这些境外的咨询机构通常只是派出几名专家来华设立一个办事处，主要的资料收集、分析工作委托国内的规划机构、大专院校及研究机构完成，而最熟悉我国国情的国内专业技术人员往往只能作为受聘专家和顾问，不是研究的主体，而仅承担着收集、提供资料的职责。在我国发展的过程中确实需要引进国外的一些先进技术和方法，但是如果引进后不能够加以吸收、消化而形成自己的工作方法，积累规划咨询经验，那么始终会落后于国外的同行。

我国已加入世界贸易组织，对外开放国内市场已成定局。2008年北京奥运会、2010年上海世博会、上海黄浦江两岸开发等众多的大规模项目都吸引了全世界规划设计机构的广泛瞩目，2003年4月，全球177家设计机构报名角逐北京奥林匹克公园与五棵松文化体育中心设施的方案设计，而全美前十大建筑承包及咨询公司则早已经进入中国市场，其中的 HOK、SOM、RTKL 等都已取得了很大的成功。随着我国进入快速城市化阶段以及城市提高综合竞争力的需要，大规模的城市建设与发展还会持续相当长的时间，原建设部与外经贸部已共同发布《外商投资城市规划服务企业管理规定》，宣布自2003年5月1日开始，外资可以投资城市规划服务企业，从事除城市总体规划以外的城市规划的编制、咨询活动。可以预见国内更大规模、更高层次的大型项目的展开将越来越多，外资参与国内大型项目建设也将会持续增加，对项目规划咨询的需求在数量和层次上相应会上升，国内规划咨询机构若不能够及时抓住发展的契机，也会将这一市场拱手让出，从而与许多国内的建筑设计单位一样，沦为国外城市规划服务企业的辅助单位。

6.3.4 城市开发策划学科的理论建设

6.3.4.1 规划策划学科建设的目标

城市经济建设的发展、城市物质性环境建设以及全球经济文化一体化的进程对中国城市规划学科的建设提出了更高的要求，需要"从计划经济下的终极型静态规划到市场经济下的过程型动态规划，从地域体系下的功能定位到全球体系中的功能定位，从作为管理功能的被动开发控制到作为经营职能的主动开发促进，从单目标的价值体系到多目标的价值体系" [1]，而"规划师要具有社会关系学家的语言能力、金融家的理财本领和政治家的审时度势、机敏决策能力"。[2] 只有这样才能够从实施的角度实现对建设活动的动态规划与引导，从国际竞争的大环境中把握城市（尤其是特大城市）的总体功能定位，从经济效益方面构建多元化开发主体的价值体系，从城市建设的基本单位——项目出发来实现城市规划促进建设发展的职能。

6.3.4.2 城市开发策划学科的组成与架构

城市开发策划理论的提出就是针对上述目标，力图从适应市场需求以建立决策科学化的机制、加强实施环节的研究来衔接规划设计与规划管理等方面，完善中国的城市规划模式。同时，转变城市规划过去"等米下锅、按书（委托方设计任务书）规划设计"的工作模式，主动介入城市开发项目的策划，真正将项目建设的产品与服务及规划设计方案作为市场经济时代的产品来进行创意与生产，以营销的理念为城市政府领导者、开发机构以及城市规划管理部门提供可以依据的，可能、可行、可操作的行动方案。

---

[1] 唐子来 . 中国城市面临的若干议题 [C]//"迈向 21 世纪的城市"国际研讨会论文 . 转引自：陈秉钊 .21 世纪的城市与中国的城市规划 [J]. 城市规划，1998（1）.

[2] 陈秉钊 .21 世纪的城市与中国的城市规划 [J]. 城市规划，1998（1）.

在城市开发策划理论建设的过程中，要始终贯穿营销的理念，按照系统工程的理论与方法进行思考，综合运用包括市场分析、财务分析、空间分析、项目管理及行动计划在内的新的规划工具和技术。

学科的建设通常包括基础理论、运作机制、学科体系、实施机制四大部分，城市开发策划作为城市规划中的应用性新理论，其理论也应该从以下几个方面加以探索。

（1）"城市开发策划基础理论"解释的是规划策划的基本问题，如规划策划的定义、研究的客体、范围、与城市规划的关系、规划策划的方法论等。

（2）"城市开发策划运作机制"研究的是规划策划自身的编制与实施进程，"规划是一个动态而循环往复的过程"，但是作为一个特定的活动，每一次的策划都具有开始与结束的过程和步骤，它包括了明确目标、收集和分析相关信息、制订规划策略、评价修正、实施反馈等主要阶段。

① 城市规划的目标通常是由社会确定，并经过规划工作对这些目标进行诠释与转译，成为规划过程中可以应对的具体目标。规划策划的目标则不同，通常是围绕开发者的意图且存在着社会、环境方面的要素，但大多数情况下更重要的是经济方面的目标，需要通过规划策划工作加以注解，有时甚至是开发者都不太明确了解的目标。

② 收集和分析相关信息是规划策划的基础，根据初步确定的目标，从宏观及微观环境方面收集和分析"有利于"或"不利于"项目发展的相关因素及其之间的联系，得出项目是否适宜建设、项目目标是否可行的结果并反馈于目标的修正过程。

③ 制订规划策略是根据确定的目标和收集的项目相关信息，经过规划分析和策划，拟定项目开发建设的定位和实施策略。

（3）城市策划的阶段性作用——更好地实现促进城市建设与发展的功能

① 总体规划阶段——弄清城市发展的合理定位、功能、空间结构模式与总体发展目标，并展开各相关的主题研究，给城市决策者提供决策的基础，即做到有"策"可"决"；

② 控制性规划阶段——经过竞争性环境分析，准确确定容量与

布局；

③ 修建性详细规划阶段——明确客户群，创造准确的形态与风格定位，营造合适的概念；

④ 城市规划实施与管理阶段——形成准确的目标，确定实现手段与方式，统筹安排各相关项目及主题、阶段。

（4）"规划策划的学科体系"包括了规划策划理论内部各部分的相互关系，以及规划策划本身与其他相关理论的关系。规划策划的种类包括：规划制定前期的调研工作、基于城市或区域发展的策略规划、基于单一项目开发建设的策略规划等

如前文所述，规划策划不同于建筑设计、城市设计、城市规划、项目评估、项目管理、项目营销、融资、物业管理，但这些学科在不同的方面对规划策划产生影响，其理论与方法帮助规划策划成为有关项目开发和城市规划学科体系中的一门重要分支学科。

城市开发策划理论借鉴了包括市场营销学、经济学、策划学、城市规划学、社会学、估价学、土地经济学、房地产经济学、决策科学、公共关系学、财务学、项目管理学等方面在内的理论与方法，运用市场调查、项目产品设计与创造、宏观及微观经济分析、项目策划、城市规划、社会分析、房地产估价、土地价格分析、决策方法与手段、公共关系、财务可行性分析、项目管理等方面的理论与方法，形成城市规划的策划理论。

在实际的城市开发策划过程中，规划师应该是把握全局的统筹者。针对项目的建设组织环境调查与分析，确定建设目标、规模、定位的财务及技术可行性，并在项目的方案设计中合适地运用这些研究成果，这些都是规划师应该加以组织和直接参与的工作。

项目的策划、立项及申报过程中，业主（开发商、投资商）也应该予以积极地配合，各方面的工程技术顾问、市场调查者、营销顾问、今后参与营运管理的管理者、用户、财务顾问、法律顾问、融资顾问、造价工程师、交通顾问、消费者代表、相关政府机构人员都应该参与其中的全部或部分工作内容。

（5）"规划策划的实施机制"反映了规划策划的实施过程中，各主体所发挥的推动或阻碍作用。具有相应资质的规划设计及策划机构

是规划策划的主要力量；城市规划管理部门是规划策划执行的日常操作部门；各类社会组织、相关政府其他部门以及广大的项目用户（广大市民）在规划策划的编制、实施过程中都将成为参与者；其他如城市政府、立法机构则从决策、立法等方面保证项目规划策划的顺利进行与实施

6.3.5 城市开发策划理论发展的展望

孔子曰："逝者如斯夫"。

新世纪的城市、城市规划都面临着辞旧迎新的趋势，全球化、城市化、城乡一体化、可持续发展、市场营销观念的渐变、城市竞争投资的战争、对历史文化与传统的保护、对民众利益的关心、对土地等资源短缺和全球生态状况的关注，这些都是规划师们思考的问题。吴良镛教授在"迈向 21 世纪的城市"国际研讨会上的发言中曾经要求中国从事城市建设的专业工作者"战略上要抱乐观的态度，对事业有必胜的信心和执着的追求；在战术上怀谨慎的态度，有忧患意识，甚至杞人忧天，防患未然"。❶重大的发展契机与潜在的危机并存为当代城市规划工作者提供了广阔的舞台，也使得学术研究的成果有了尽快地结合实际并付诸实际行动的可能。

展望新的时期，我们有理由相信，在中国经济体制转型的大背景下，在全社会策划意识逐步形成的基础上，城市策划理论与方法的建设必定能满足城市建设与开发活动在发现需要、适应需求、设计产品、创造价值、规划实施、经济可行、有效管理等方面的要求，适应多元化的城市建设和开发主体的各种需要，适应规划管理有效性和权威性的需要。这一天的到来，将使城市规划专业真正得到社会的承认和尊重，也使规划工作者的职业理想得以实现。

---

❶ 吴良镛.城市规划，1998（1）.

附录一

上海市住宅社区项目开发的宏观环境研究报告提纲 ❶

---

❶ 本研究始于 1992 年，主要资料截至 2002 年。

1　概要

2　研究目的

3　需要考虑的因素

4　经济、社会及人口情况

4.1　概况

4.2　经济与人口

4.3　社会

4.4　居民生活水平、消费水平和消费结构

4.5　主要交通出行方式

4.6　主要的金融支持方式

4.7　房地产开发情况

5　主要的基础设施建设

5.1　上海浦西现有的部分基础设施

5.1.1　内环线
5.1.2　南浦大桥
5.1.3　杨浦大桥
5.1.4　南北高架路
5.1.5　延安高架路工程

6.6　与房地产有关的税项

6.6.1　营业税

6.6.2　房产税

6.6.3　房地产增值税

6.6.4　城镇土地使用税

6.6.5　所得税

6.7　其他税项

6.8　规划管理法规、技术规范与审批流程

6.8.1　规划管理法规、技术规范

6.8.2　审批流程

7　居住物业市场的发展

7.1　土地市场

7.2　外销房建设

7.3　内销房建设

7.4　投资来源、开发商

7.5　重点开发区域

7.5.1　南京路

7.5.2　淮海路

7.5.3　虹桥涉外贸易区和古北新区

7.5.4　徐家汇

7.5.5　陆家嘴

7.5.6　地铁沿线

8 市场发展趋势

8.1 近中期供给量得到适度控制，二、三级市场需求强劲

8.2 住宅项目产品制造方面，开始呈现回归自然、不再片面追求容积率的趋势

9 结论与建议

附录二

上海市住宅社区项目开发的微观环境研究报告提纲[1]

---

[1] 本研究始于 1994 年，主要数据资料截至 1997 年 4 月。

1 概要

2 研究目的

3 需要考虑的因素

4 市场概况

4.1 项目建设背景

4.2 城市发展定位以及城市总体规划的要求

4.2.1 城市发展定位

4.2.2 城市总体规划

4.2.3 城市居住规划布局、依据及住宅分布策略

5 潜在消费者意向调查与分析 ❶

6 竞争者分析

7 结论与建议

---

❶ 本节数据主要根据著者研究及上海社科院房地产业研究中心 1997 ～ 1999 年进行的住房需求调查整理。

附录三

海天新城住宅社区项目规划策划

1　项目的基本情况

海天区位于城市南部。东临海天科技园，西至 A8 高速路，南至黑木河，北接城市快速干道，可建设用地 400hm²。地形南高北低、东高西低，坡度 2%~3.2%。

海天区北侧是占地 50 多 hm²，拥有海天软件、海天通信等企业的海天科技园，科技园的西侧将建设大学园区。项目地块南侧在建或规划有世纪新园、世纪之苑等以居住为主的大、中型居住社区。项目地块内和周边有丰富的水体景观，其中金鸡湖现状绿化植被较好；南面则水网密布，森林楔入城区。项目南侧拥有丰富的湖滨旅游资源，是城郊优美的风景区，与海安和天安共同构成旅游区。

海天区对外交通较便利。项目地块以东是 A8 高速路，红线宽度 100m，为城市区通往南城和海安、天安等城市的交通干线。沿 A8 高速路规划有轨道交通。项目北边界为世纪大道，红线宽度 80m，是城市的主干路。世纪大道以北，正对金鸡湖与黑木河之间规划有平安路，A8 高速路以北是太极路，此两路均是城市主干道，红线宽度 60m，是从市中心前往海天区的主要道路。

2　策划目标

综合考虑新城区开发的社会效益、环境效益和经济效益，使新城建设成为拥有便捷的城市交通网络、完善的基础设施、优美的建筑空间景观、丰富的绿化环境，能够体现 21 世纪高水平的综合性现代化城市新区和标志性地段。

结合基地自然地形，新城应该建设成为具有浓郁自然特色的大型生态花园式居住区，拥有密布的水系、交错的绿网和高质量的人居环境。

3　策划依据

对海天区进行研究和定位的主要依据包括：

- 《中华人民共和国城市规划法》；
- 原建设部《城市规划编制办法》；
- 原建设部《城市规划编制办法实施细则》；
- 《中华人民共和国环境保护法》；
- 中华人民共和国国家标准《城市用地分类与规划建设用地标准》（GB 50137—2011）；
- 中华人民共和国国家标准《城市居住区规划设计规范》（GB 50180—1993，2002 年版）；
- 《城市总体规划》（1996~2010 年）；
- 《城市规划管理办法》；
- 其他有关标准和技术规范。

以及：

- 规划局《关于海天新城开发项目城市规划设计咨询要求的复函》中给定的规划条件；
- 城市经济、社会和城市发展的历史、现状和发展战略；
- 城市现有各类物业的市场情况；
- 海天区周边主要竞争物业的开发和销售情况；
- 国际、国内类似城市及城市新区的比较。

4 开发时限

预计开发时限为 5~8 年。

5 开发原则

- 高标准保护自然生态环境；
- 体现优美自然环境的现代化城市特色；
- 以区域行政中心和市民广场为核心，创造出既体现历史传统，又体现市民参与、开放民主的环境氛围。

6　功能定位

根据对城市历史现状和未来发展规划的研究，结合对城市各种居住人群的调查研究，以及对国内外若干城市新区的比较研究，确定将海天区定位为城市新的商务园区和中高档居住区，并发展与此配套的商业设施和文化、娱乐设施，使海天区成为具备完善功能的综合性新城区，为居民创造内容丰富和秩序良好的人居环境。

7　人口规模策划

7.1　策划思路与方法

（1）根据有关规划控制指标计算得出海天区人口的最高限额，最终人口规模必须少于该限额；

（2）以城市总体人口密度的现状及未来的情况为基础，从新区功能定位及其与城市的总体关系初步确定海天区的人口范围；

（3）参考国内外同档次城市新区的人口密度对以上人口范围加以适当调整。

7.2　根据《城市居住区规划设计规范》（GB 50180—1993，2002 年版）中居住区用地控制指标确定的人口最高限额

（1）居住用地的最大范围

海天区定位为城市的区域行政办公中心、新的商务园区和高档居住区，办公用地已确定为 80hm²，而商业和市政配套用地面积尚未确定。海天新城总用地面积 400hm²，其中 A8 高速路和城市快速干道的用地 19.55hm²，主要河道占地 4.8hm²，则可建设居住用地 295.65hm²。

（2）《城市居住区规划设计规范》（GB 50180—1993，2002 年版）的人均居住区用地控制指标

《城市居住区规划设计规范》（GB 50180—1993，2002 年版）中 3.0.3 款对建筑气候区划 Ⅲ 区的城市人均居住区用地控制指标见附表 3-1。

城市人均居住区用地控制指标（m²/人）❶   附表 3-1

层数	人均用地控制指标 （按照户均 3.2 人计算）	户均	人均用地控制指标 （折算成户均 2.8 人）
低层	33~47	105.6~150.4	53.7~61.4
多层	20~28	64~89.6	32~36.6
多层、高层	17~26	54.4~83.2	29.7~34

根据海天区的定位，我们认为本区域属于同时具备多种建筑形式的中高档居住区，因此取表中多层、高层的居住用地较高控制指标 34m²/人。

（3）最高人口限额的确定

假定除区域行政中心区 80hm² 外全部为居住区，依照《城市居住区规划设计规范》（GB 50180—1993，2002 年版）的要求，海天区居住人口最多为 86956 人。

7.3 根据本项目居住区最大用地面积和人均规划建筑面积确定的人口最高限额

（1）居住区总建筑面积的确定

A. 根据前面的计算，居住用地的最高限额为 295.65hm²

B. 居住区容积率的确定

居住区容积率综合考虑以下几个因素而确定：

● 规划局的复函中要求总容积率控制在 1.0 左右。

● 海天区定位为高档居住区，其容积率的确定主要考虑城市中、高档住宅区的容积率现状。通过我们的调查，发现城市部分中高档住宅项目的容积率如附表 3-2 所示。

城市部分中高档住宅项目容积率 ❷   附表 3-2

项目名称	容积率	项目名称	容积率	项目名称	容积率
天鼎花园	3.15	上海春城	1.16	上海康城	2.0
中远两湾城	3.2	上青佳园	3.94	瑞虹新城	4.5

---

❶ 《城市居住区规划设计规范》（GB 50180—1993，2002 年版）。

❷ 本书整理。

● 由于海天区要体现现代化国际都市的形象，国外和国内较先进的城市的高档社区的容积率应作为主要的参考依据。国内外几个高档社区的容积率：加拿大太平洋协和新城：1.3；青岛银都花园：1.01；北京万泉新新家园：1.25。

● 本项目的周边项目容积率（附表3-3）。

海天区周边项目容积率 ❶　　　　　　　　　附表 3-3

项目名称	影汇花园	鲲鹏广场	嘉辉花园	世纪新园
容积率	1.8	1.5	1.8	1.3

周边项目的平均容积率为 1.6。

● 海天区现状自然环境优美而安静，这一良好的环境优势会带来较高的附加价值。因此，容积率应当比城市中高档项目的平均容积率及周边项目的容积率更低。

综合考虑以上因素，我们确定海天新城的容积率在 1.0，其中住宅为 0.7~0.8 左右，办公商业区以 1.8 为宜。

C. 海天区居住区最大的建筑面积为 300 万 m^2

（2）人均规划建筑面积

人均规划建筑面积是在综合考虑以下因素的情况下确定的：

● 城市总体规划中住宅规划 2010 年人均居住面积超过 $16m^2$，折合建筑面积为 $32m^2$ 左右。

● 根据我们对本项目的基本定位，海天区的居住人群为中、高收入人群，居住区为中、高档居住区。

现有部分中高档住宅项目的人均建筑面积见附表3-4。

现有部分中高档住宅项目的人均建筑面积　　　附表 3-4

	总建筑面积（m^2）	套数（套）	人均建筑面积（m^2）
滨江花园	165000	1220	48.3
海星广场	78500	550	51.0

---

❶ 本书整理。

由上表计算得出城市中高档项目平均人均建筑面积为 50m²。

● 通过市场需求调查，我们发现城市中高收入者（人均年收入在 4 万元以上）现在人均住宅建筑面积已达到 32m² 左右，而其希望的人均住宅建筑面积为 50m² 左右。

● 周边项目人均建筑面积计算见附表 3-5。

周边主要竞争项目的人均建筑面积表　　　　附表 3-5

	总建筑面积（m²）	总户数（户）	人均建筑面积（m²）
影汇花园	130000	1320	35.2
鲲鹏广场	85000	800	37.9
世纪新园	109600	900	43.5
嘉辉花园	220000	2340	33.6

由上表计算得出周边 4 个主要竞争物业的平均人均建筑面积为 37.5m²。由于影汇花园、鲲鹏广场和嘉辉花园是中档居住区，其定位和用地规模与海天区相差很大，可比性不强，而世纪新园规划为高档居住区，定位和用地规模与海天区较类似，因此我们以世纪新园的人均建筑面积 50m² 为主要的参考依据。

● 北京的中高档项目的平均人均建筑面积为 53m²，国外发展较早的加拿大温哥华太平洋协和新城的人均建筑面积为 56m²。

综合考虑以上因素，并结合 8 年左右的规划期，确定海天区人均规划建筑面积 53m²。

（3）最高人口限额的确定

根据以上计算和定位，确定海天区居住人口最多为 6 万~7 万人。

7.4　海天区的定位

海天区的定位是城市的区域行政中心、新的商务园区和高档居住区，既要体现民主性、开敞性，强调民众的参与，又要体现国际化标准和对外进一步改革开放的精神；作为高档居住区，目标客户是中高收入阶层，要为其提供宽敞、舒适的居住条件和优美安静的居住环境；配套的商业和文化设施，不仅要便利本地区的居民，而且要对周边地

区产生辐射作用，吸引人流到本区消费。为完整地实现以上功能，整
个海天区要提供优美的自然与人工环境，营造良好的生态环境，因此，
人口密度不宜过大，以免造成人流拥挤，环境嘈杂，影响以上功能的
实现。

7.5 海天区与城市的人口密度关系

目前，城市中心城区人口过于集中，部分区的人口密度超过
50000 人 /km²（附表 3–6），环境自净能力差，不利于保护城市历史文
化风貌。因此政府已制定了旧城改造的措施，扩大城市面积，建设多
中心的城市体系，改变人口过分集中的现状。

上海市部分城区土地面积及人口密度概况资料（2002 年年底）[1]   附表 3–6

地区	土地面积 （km²）	户数（万户）	年末人口 （万人）	户均人口	人口密度 （人 /km²）
全市	6340.50	481.77	1334.23	2.8	2104
黄浦区	12.41	21.58	63.22	2.9	50943
卢湾区	8.05	11.93	33.38	2.8	41466
徐汇区	54.76	31.84	88.45	2.8	16152
长宁区	38.30	21.80	61.09	2.8	15950
静安区	7.62	11.39	33.24	2.9	43622
普陀区	54.83	30.55	84.36	2.8	15386
闸北区	29.26	25.97	70.76	2.7	24183
虹口区	23.48	28.83	79.72	2.8	33952
杨浦区	60.73	37.95	107.62	2.8	17721
浦东新区	522.75	63.66	172.82	2.7	3306

海天区是新城区，周边部分街道人口密度仅 0.09 万人 /km²（附
表 3–7），从建设之初就要控制好人口规模，避免出现老城区已经出
现的种种城市问题。

---

[1] 上海统计年鉴，2003 年。

	周边街道人口密度		附表 3-7
	面积（km²）	人口（万人）	人口密度（万人/km²）
A 街道	14.25	19.00	1.33
B 街道	16.00	13.00	0.82
C 街道	24.75	4.76	0.19
D 街道	13.27	5.00	0.38
E 街道	42.80	10.00	0.23
F 街道	26.90	2.55	0.09

根据以上分析，我们认为海天新城人口密度应介于目前中心城市次繁华和外围地区的密度之间，初步定为 10000~15000 人/km²。

7.6 国内外城市新区市区的人口密度（附表 3-8）

	部分国内外新城区市区的人口密度 ❶			附表 3-8
	开始开发时间	占地面积（hm²）	人口（万人）	人口密度（人/km²）
深圳市新中心区	1998 年	607.86	7.7	12667
上海浦东	1990 年	20000	210~230	10500~11500
广州天河珠江新城	1985 年	660	17~18	25758~27000
温哥华太平洋协和新城	—	83	1.6	19277

从附表 3-8 可以看出，国内外城市新区的市区人口密度总体上在 10000~30000 人/km² 之间，四个新城区的平均人口密度为 17365 人/km²。

7.7 人口规模定位

综合以上因素，确定海天区常住人口密度为 12500~15000 人/km² 左右，海天新城面积约为 400hm²，总人口约为 5 万~6 万人。

8 海天区的总体布局

根据海天区的定位，结合海天区的地形、地势等自然条件和人文环境，我们确定海天区的总体布局如下。

---

❶ 本书整理。

8.1　轴线

主轴线纵贯海天区，将是规划设计的重点，以集中体现规划主题。这条轴线需要贯穿全区最重要的建筑和最具特色的开敞空间。

8.2　行政办公区

行政办公区总占地 80hm^2，规划分为办公中心区、商务办公中心区和文化中心区。

整个行政办公区主分区的布置宜方正而对称，可以考虑使用中国传统城市设计的风格。

8.3　商业服务区

商业服务区大体沿快速干道和 A8 高速路分布在海天区的北侧和西侧，总用地面积 40hm^2，主要建筑包括五星级酒店、购物广场等。

购物广场占地 6hm^2，是集购物、休闲、娱乐、餐饮于一体的大型商业设施，位于本区的西侧，紧靠 A8 高速路。购物广场作为市级的综合商业服务设施，其服务对象不仅是本区的居民，还包括从城市其他地区以及外地来的游客，其建筑体量相对较大，建筑风格也比较新颖独特，要成为海天区吸引其他地区客户的主要卖点之一。将其布置在该处主要是利用其便利的交通条件，其西侧的 A8 高速路和规划中的轻轨可以带来大批人流。另外，此位置较醒目，可以引起过往车辆的注意。

五星级酒店布置在会展中心的西侧，占地 1.5hm^2，主要服务旅游、出差的人员和本区的政务、商务人员。该位置靠近行政办公区，接近主要消费群；其西侧即休闲广场，南侧有市民广场、市政大厦和市政广场，景观较好；北邻城市快速干道，交通条件优越。金融中心位于文化中心东侧，占地 2hm^2，是集甲级写字楼、酒店式服务公寓及配套商业设施于一体的标志性综合建筑群。金融中心和五星级宾馆均是 100m 左右的高层建筑，沿快速干道布置。

交通中心位于 A8 高速路中部入口的北侧，占地 1.8hm^2，是本区的公交总站，设于此位置便于区内外公共交通的换乘。

8.4 中、高档居住区

居住区总占地 295.65hm²，市民广场和市政广场东、西两侧的两个小区靠近行政办公区和商业服务区，定位为商贸居住区，可安排部分商住楼。区域中央沿集中绿带旁布置高档独立别墅及联排别墅区，其余居住区均以多层为主，兼有高层的住宅区。在大片的居住区内既要在各居住小区间集中设立商场、学校、门诊所等公共配套设施和公共绿地及人工水景，又要在每个居住小区内设立相应的公共配套设施和公共绿地。

8.5 广场

海天区设 4 个广场，分别是市民广场、市政广场、休闲广场和花园广场。

市民广场占地 10hm²，是供市民休闲、娱乐、开展各种活动的主要公共空间。

市政广场是举行集会和迎接宾客等重要礼仪活动的场所。

休闲广场考虑布置于城区西北角，是供市民休息、观赏的开敞空间，也是副轴线上的主要景观，占地 4hm²。

花园广场位于海天科技园西侧，占地 4.2hm²，是城区东部供市民休息娱乐、放松身心的主要场所。广场由大面积的草坪、花坛、造型活泼的人工湖面构成。

另外，在居住用地内，各个居住小区之间和小区内部可根据需要设立小型广场，以方便小区居民的活动。

8.6 公共配套设施

（1）学校

在城区的西南角设立高档学校，占地 5hm²，设小学、初中和高中部，服务本区居民并辐射周边地区甚至城市全市范围。在各个居住小区内部则根据需要分别设立中、小学校，居住区级的学校设施总占地 4hm²。

（2）医院

本区规划 1 所区级医院，位于城区的一角，紧邻学校，占地

$4hm^2$，为整个海天区提供高档次的医疗服务。在各个主要居住小区内配备相应规模的诊所，为本小区的居民提供常规的医疗保健服务。

（3）变电所

按照城市规划管理局的要求，海天区规划设 220kV 的变电站 1 座，占地 $0.5hm^2$。

8.7 道路系统

道路系统由景观大道、主干道、次干道、支路和环山路构成。

景观大道宽 80m，长 1000m，位于本区域主轴线上，承担交通干道和城市景观的双重功能。景观大道正中为宽 16m 的中央绿化带，由大片的花坛、草地和树木组成，其间安排雕塑和喷泉。中央绿化带两侧为宽 9m，单向 3 车道的机动车道。车道外侧为宽 3m 的人行道，人行道外侧为宽 10m 的绿化带，其间还可以设置雕塑、喷泉以及亭、椅、长廊等供行人游览和休息的设施。景观大道是体现以人为本的设计理念，创建与自然共生的绿色生态城市的主要区域，将能极大地丰富城市景观。

主干道是海天区的内部快速路，宽 40m，采取三块板形式。

次干道宽 20m，采取两块板形式。

环山路是别墅区内的盘山小路，宽 9m。

8.8 水系和绿化体系

（1）水系

水环境的营造可以给海天区带来更多的生机与活力，主要考虑通过广场喷泉、形态各异的人工湖以及天然沟渠改造成流动的溪流，同时满足排洪与景观的双重功能需求，在雨量大的季节作为城市排洪的渠道，在无水季节注入中水，以体现活水串流于小巷民居之间的韵味，以达成与自然共生的现代人居空间。

（2）绿化系统

海天区的绿化系统由公共绿地、道路绿化和楼前绿化等构成。全区绿化用地 $169.4hm^2$，绿化覆盖率 45.1%（不含水面），其中集中绿地率 18%。各分区中，行政办公区绿化用地 $28.8hm^2$，绿化覆盖率

36%；居住区绿化用地 127.8hm^2，绿化覆盖率 50%；商业服务区绿化用地 12.8hm^2，绿化覆盖率 32%。

9　重点项目规划设计策划

9.1　行政办公区

（1）市政大厦

● 建筑占地 4hm^2，总建筑面积 8 万 m^2，容积率 2.0。其中人大和政协办公区的面积各 1 万 m^2。

● 选址考虑位于行政办公区的中心，横跨主轴线，以突出其庄严性和地位的显要性，同时，作为全区的标志性建筑，其高度和体量应可以从城市快速路和 A8 高速路清晰地看到。

● 建筑高度 88m 左右。

● 主体造型方正，布局对称，以体现政府机构的庄严与秩序。大厦中部透空，以保持主轴线上视线的延续性。整体造型简洁通透，细部处理丰富多样，避免呆板和生硬。

● 大厦可选用钢结构，立面可采用镜面玻璃幕墙，以体现现代建筑风格。

● 平面布局既要考虑到政府部门的特殊性，保持各办公区的相对独立和私密性，又要有一定的开敞性，可以考虑通过大空间的通透设计，保持南北两广场之间的视觉联系。在各办公区可采用半透明、隔声效果好的材料加以分隔，以保障各房间的私密性。

● 大厦坐北朝南，主入口在南侧。南立面正对市政广场，设计风格应以简洁稳重为主；北立面为市民广场，处理上应细部丰富，给人以亲切近人的感觉。

（2）会展中心

● 城市会展业发展迅速，是一个新的经济热点，但目前现有展览场馆存在规模不足、设施陈旧等问题。因此，城市需要新建大型的会展中心。海天区具备了建设会展中心的环境和条件，而会展中心的建立对塑造新的城市形象亦将起到积极的作用。

● 总建筑面积 4.5 万 m^2，总占地面积 7hm^2，容积率 0.64。

- 选址在城市立交路主入口侧，邻城市快速路。
- 由于会展中心经常要集中大量的人流和车流，所以应考虑接近城市轻轨、公交站，而且要留出足够的停车面积，尽量采用地面停车。
- 建筑形式要和海天区整体风格协调，要具有鲜明的时代感，体现出城市新城的国际性与开放性。

（3）文化中心

- 经调查，该区域原有文化娱乐设施存在投资不足、发展滞后等问题。因此，我们拟定在海天区建立一个市级的综合性文化中心，包括大剧院、博物馆、青少年活动中心等多种功能。
- 总建筑面积 $40000m^2$，占地 $4hm^2$，容积率为 1.0 左右。
- 选址在城市立交路主入口侧，邻城市快速路。
- 风格典雅，富于创意，突出建筑的文化气息。
- 合理组织人流、车流，预留足够的停车面积，尽量采用地面停车。

9.2　商务园区

（1）金融中心

- 总建筑面积 10 万 m^2，占地 $2hm^2$，容积率 5.0。其中包括甲级写字楼 6 万 m^2 左右，可容纳 2400~3000 人工作，酒店式服务公寓 3 万 m^2 左右，共 500~600 套，商业及配套康体娱乐设施，在余下的面积中安排，不足部分可安排在地下。
- 选址临近城市快速干道和会展中心，接近政府行政大楼。
- 高度应大于100m，金融中心的建设目标是成为新城区的标志性建筑之一。
- 写字楼、酒店式服务公寓之间既有联系又相对独立，互不干扰。商业、餐饮、康体、娱乐等配套设施以服务内部客户为主。

（2）中高档写字楼

- 总建筑面积 25 万 m^2，占地 $6hm^2$，容积率 4.0。
- 单体数量不少于 5 栋，不多于 9 栋，单体规模不小于 2.5 万 m^2，不大于 6 万 m^2。
- 写字楼单体的布置要相对集中，形成一个中等规模的办公区。整体位置应位于新城区北部，以接近城市主干道或区内规划主干路，与政府行政大楼、商业配套设施有较好的联系。

● 高度不宜超过 60m，以保证良好的天际轮廓线。

（3）商住公寓

● 总建筑面积 12 万 m²，占地 4.5hm²，容积率 3.6。

● 数量不少于 5 栋，不多于 10 栋，单体规模不小于 1 万 m²，不大于 3.5 万 m²。

● 位置宜接近政府行政大楼、写字楼区和商业配套区，楼宇相对集中布局。

● 全部为高层建筑，高度主要控制在 90m 以下。

9.3　居住区

（1）设计原则

● 根据将海天区建成面向 21 世纪国际型新城区的总体规划目标，海天区的居住区应规划设计并建设成为城市住宅的经典代表作品，国内领先的优秀住宅小区典范。

● 海天区的 4 大功能定位中，居住区所占比重最大，要把住宅的设计放在首要的位置。居住区中不同小区的建筑风格既要丰富多样，又要相互协调。

● 处理好别墅、多层住宅和高层住宅的位置关系，使之高低错落，协调统一。

● 处理好第五立面（即屋顶面）的造型，完善区内居民视线景观体系。

● 建筑朝向：南向，南偏东 10°～15° 最好，最不适宜的方向为西偏北 5°～10°。

● 要充分考虑城市的气候特点，以及夏季与冬季的主导风向。在住宅设计中应充分考虑气候因素的影响。

● 各组团要有相应的公共配套服务设施。

（2）设计分析

A．海天区住宅物业包括 4 种形式：独立别墅、联排屋、多层住宅、高层住宅，主要户型见附表 3-9

主要户型标准　　　　　　　　　　　　附表 3-9

主要户型标准	最低功能配置	最低标准（m²）	最小开间（m）	朝向及采光
120~135m²/户 三房两厅两卫（多层主力户型）	起居室	24	4.2	南或东南
	餐厅	13		
	主卧室	18	3.9	
	主卧卫生间	5.5		
	次卧室 1	15	3.3	
	次卧室 2	12	3	
	次卫生间	4.5		
	厨房	6		自然采光通风
	主阳台	6	2.1	
	工作阳台	4		
150~160m²/户 三房两厅两卫（高层主力户型）	起居室	28	4.5	南或东南
	餐厅（独立）	18	3.3	自然采光通风
	主卧室	20		南或东南
	主卧卫生间	6.5	3.9	自然采光通风
	更衣室	3		
	次卧室 1	16	3.3	南或东南
	次卧室 2	13	3	
	次卫生间	4.5		
	厨房	7		自然采光通风
	工人房	3.5		
	储藏间或洗衣间	3.5	2.1	
	主阳台	6		
	工作阳台	4		

B. 主要指标（见附表 3-10、附表 3-11）

● 独立别墅

➢ 别墅的位置主要建设在地块中央集中的公共绿化带旁；

➢ 单栋面积应不小于 300m²，以 2 层为主，可有部分 3 层，占地面积和栋距不宜太小；

➢ 停车方式采用地面停车或半地下停车。

● 联体别墅

➢ 位置主要靠近地块中部；

➢ 单栋面积控制在 180~260m²，层数以 3 层为主，也可以为 3+1 式，联体形式以 2~3 户为主；

> 停车采用地面停车或半地下停车。

● 多层与高层

> 位置主要集中在区域两侧；

> 多层无电梯以 5+1 式为主，有电梯者 7+1 层，小高层以 14 层为主，高层以 18 层为主，超高层以 24 层为主，要求高层与多层相结合，使建筑天际线富于变化；

> 停车标准按照 1.2~1.5 个 / 户，高层主要以地下停车为主，多层主要采用地面集中停车。

居住区主要设计指标 附表 3-10

内容	比例	占地面积（m²）	容积率	建筑面积（m²）	比例
别墅区	5%~8%	147825~236520	0.25~0.3	50000	1.8%
排屋区	5%~8%	147825~236520	0.5~0.6	108000	3.9%
多层住宅区	65%~75%	1921725~2217375	0.9~1.1	1750000	62.3%
高层住宅区	15%~20%	443475~591300	2.5~2.8	900000	32.1%
合计	100%	2956500	0.95	2808000	100%

其他基本指标 附表 3-11

内容	占地面积（hm²）	比例
住宅	148~163	50%~55%
绿化	104~118	35%~40%
道路	24~30	8%~10%
公共设施	6.65	2.2%
总计	296.65	100%

C. 设计要求

● 根据城市总体规划确定各地块的功能布局，以及基础设施配套、竖向设计等，并考虑用地基本情况及其与周边环境的空间关系，组织用地的形态分布、道路交通以及景观绿化等。

● 针对不同物业交通需求的特点，考虑相应的交通组织方式。结合周边环境，确定内部道路结构及外部交通的联系。住宅区的道路组织既要便捷又要保证其私密性，尽量做到人车分流，减少主干路在小区中间穿行。

● 楼前绿地和社区集中绿地的设计应结合基地的自然地形，力求亲切自然，与环境融为一体。

9.4　商业旅游区

（1）购物广场

● 购物广场是集购物、休闲、娱乐、餐饮于一体的大型商业设施。由于区域定位为高档居住区，居民多为高收入人群，具备较高的消费能力和消费品位；同时海天区又是一个新城区，代表着城市未来发展的方向，在此引入新的商业概念购物广场，既符合海天区的定位，又能增加新城的特色和吸引力。

● 总建筑面积 40000m²，占地 6hm²，容积率 0.67。

● 拟建于基地一侧，紧邻高速路，以确保交通便利，从市中心和本区均可方便地到达。

● 购物广场的层数拟建 3 层。外观应醒目，应具备大型开敞空间和休闲空间。

● 购物广场的服务对象很多是有车族，应规划充足的停车面积。建议将机动车与自行车位的比例定为 1∶4，全部采用地面或结合部分屋顶停车。

（2）酒店

● 作为经济中心城市，上海每年都有大量的政治和商业交流活动。同时，作为历史文化名城，每年都能吸引大批来自全国乃至全世界的游客。因此，在对该区域进行分析的情况下，我们拟定海天区建一座五星级酒店，具备一定的政务职能和较强的商务职能，作为区域行政中心的配套设施和高档商务活动的场所。同时规划新建 2 座三星级宾馆，作为旅游业的配套设施和普通商务活动的场所，从而更好地营造海天区的商务氛围。

● 五星级酒店

➢ 总建筑面积 40000m²，占地 1.5hm²，容积率不大于 3.5。

➢ 五星级酒店是商务区的重要内容，布置在商务区内。同时，五星级酒店和金融中心是海天区的 2 个标志性建筑物，因此在规划上要考虑两者的相互关系。从交通方面考虑，应邻近城市快速干道。

➤ 在建筑形式上要求和海天区整体风格一致，突出其标志性。

● 三星级宾馆

➤ 总建筑面积 30000m²，占地 1hm²，容积率 3.0。

9.5 其他

（1）学校

A. 根据对人口的预测，在常住人口为 5 万人的前提下，根据千人指标计算海天区教育用地应为 5hm² 左右，容积率应在 0.5~0.6 之间。但根据海天区的定位和其高档居住区的自身特点，除了应满足居住区的公共服务设施控制指标外，还应有服务区域内高中收入家庭的区级学校，同时也可以辐射周边区域乃至全市。因此，规划除居住区内教育用地外，在居住区外设置 1 所为整个海天区服务，同时辐射区外的高档学校。

B. 设计要求：

● 拟用地 5hm²，建筑面积 4 万 m²。

● 位置要求既保证学校安静、良好的环境，在区域内又具有便捷的交通。

● 在建筑风格上要和海天区的整体风格一致，同时也要和城区内居住区的风格一致。居住区外的中学由于其高档学校的定位和其高收入家庭子女的服务人群的特点，在建筑上要具有特色，同时学校内部要有足够的运动场地和室外活动空间，预留出一定的停车位。

（2）医院

A. 根据海天区的定位和我们对区域人口的预测，拟在规划的居住区内医疗用地外，再设置 1 所为整个海天区服务，同时辐射区外的高档医院。

B. 设计要求：

● 用地 4hm²，总建筑面积 2.5 万 m²。

● 既保证医院安静、舒适的就医环境，在区域内又具有便捷的交通。

附录四

住宅社区项目开发规划策划报告内容纲要

1　基地环境分析

1.1　基地土地条件

1.2　基地基本资料

1）区域及基地位置

2）基地使用现状

3）基地面积

4）基地的土地所有权状况及所有者名单

1.3　附近环境现状

1.4　附近的交通流线

1.5　区内主要流线

1.6　区外对外道路

1.7　高速公路、轨道交通系统、快速道路

1.8　公交车站、火车站、出租车站

1.9　附近的生活服务功能

1）休憩：公园、绿地分布概况

2）教育：学校（大学、中学、小学、幼儿园）分布概况

3）行政：街道办事处、居委会、警署、消防队、变配电站分布概况

4）生活需求：邮局、银行、诊所、图书馆、市场（量贩店、便利商店、超级市场）等

1.10　尚未取得土地现况及问题

1.11　以往谈判结果或协议内容

1.12　需再洽谈或处理土地

1）企业使用土地

2）国有土地

3）开发范围内无主空地

2　市场研究分析

2.1　潜在购买区域的环境分析

2.2　社会／文化环境

1）人口结构分析

2）人口组成（年龄、性别）

3）户量（户数、户量比）

4）人口分布（依区域、邻里区分）

5）价值观

6）社会趋势

7）邻里关系

8）旅游需求

9）消费习性

2.3　政治／法律环境

1）两岸关系

2）法律法规趋势

3）其他

2.4　经济环境

1）地区产业状况分析

2）可支配所得结构分析

3）消费与购物形态分析

4）崇尚生活自由化、跨国、新兴产业发展的趋势分析

2.5　科技环境

1）新型建筑施工方法发展趋势

2）科技产品（新型建材、智能社区等）的快速转变分析

2.6　区域市场分析

1）市场供需分析

2）市场总量供需分析

3）各区域市场总量供需分析

2.7　市场销售状况分析

1）销售区域分布

2）销售价格地盘分析

3）销售案量与个案大小分析（附表 4-1~ 附表 4-4）

2.8　竞争分析（Competition Analysis）

1）邻近区域分析

2）新开发社区的开发状况与规划特色

3）基础调查资料（总价、面积、房型、销售率等）

4）广告与促销策略

5）销售模式与付款方式

6）诉求重点

7）区位、交通与其他条件分析

2.9　杰出个案分析

1）国内个案分析

2）国外个案分析

个案调查记录表　　　　　　　　　　　　附表 4-1

案名		行政区			使用分区		
公开日期	年月	楼层	规划	单价	楼层	规划	单价
工地位置		B2		万元/m²	3F		万元/m²
投资兴建	□自建□合建	B2		万元/m²	4F		万元/m²
策划销售	□包销□企划 □现场销售	B1		万元/m²	5F		万元/m²
建筑师		1F		万元/m²	顶楼		万元/m²
基地面积	m²	2F		万元/m²	露台		万元/m²
总销售金额	亿元	配比 分析		~m² 户，% 万~ 万元			
总建筑面积	m²			~m² 户，% 万~ 万元			
平均单价	元/m²			~m² 户，% 万~ 万元			
一楼单价	住：商：元/m²			~m² 户，% 万~ 万元			
房型面积	~ m²			~m² 户，% 万~ 万元			
主力房型	~ m²	建筑密度：规定 %使用 %			容积率：规定 %使用 %		
总价范围	万~ 万元	结构	□SC □SRC □RC			工期 年	
主力总价	万~ 万元	工程进度	□预售□成屋□结构体 楼				
差价	立体元/m²　平面 元	媒体 SP	□CF □NP □DM □MG □RD □报纸□夹报区 □定点□指示□告示□赠品□工地演出 □车体外□公车站牌□第四台□展览□其他				
公建比 %	大公建 %	小公建 %					
车位	个 □坡道式平面个万 m² □升降式机械个万 m²	文案重点：					
付款方式：订签 %开工 %期款 期 公司 %银行贷款 %		客源	区域 % 外来 % 区自住 % 投资 % 来人：平日假日年龄层 ~岁				
销售	高□中□低□房>房>房>房>%，销路简析： 抗性：□单价□总价□格局□方位□楼层□公建比□建材□环境□交通□学校 　　□生活机能□其他_____						
综合 分析	卖点： 困难点：	位置图： 小环境：最大路宽：m					

个案资料表　　　　　　　　附表 4-2

个案名称	工地位置	楼层	规划用途	主力房型	主力总价	平均单价	销售率（%）	公开日期
		/		~	~	万元/m²		//
		/		~	~	万元/m²		//
		/		~	~	万元/m²		//

案名		
结构		
外墙		
楼梯	地坪	
	墙面、平顶	
	扶手	
客餐厅	地坪	
	墙面、平顶	
卧室	地坪	
	墙面、平顶	
阳台	地坪	
	墙面、平顶	
	设备	
卫浴	地坪	
	墙面	
	平顶	
	设备	
给水排水系统		
一楼门厅	大门	
	地坪、墙面	
	平顶	
厨房	地坪	
	墙面	
	平顶	
	设备	
室内门	玄关门	
	卧室	
	浴厕	
	五金	
电气设备		
空调设备及煤气		
其他设备		
铝门窗		
电梯		
屋顶		

竞争个案分析表 　　　　附表 4-3

案名	××山庄	工地位置	太阳路明星街		
投资兴建	××建设	策划销售	××广告	建筑设计	××建筑师事务所
规划用途	电梯住宅	基地面积	已建 24583.48m²	建筑面积	17477.8m²
建筑楼层	地上 15、16、17 层 地下 B1~B6	规划房型	135~225m²	主力房型	135~158m²
单价范围	10000~15000 元 /m²	主力总价	180~250 万元	可售总额	15 亿元
销售户数	340 户	可售户数	340 户	售出户数	户
销售率	—	银行贷款	60%	公司贷款	无
公开日期	2001 年 11 月 6 日	调查日期	2002 年 6 月	工程进度	预售

综合分析	房型分析： 135~137m²　　3 房　　122 户　　36% 141m²　　　　3+1 房　　56 户　　16% 150~158m²　　4 房　　116 户　　35% 以上不含 12.8m² 车位 156~160m²　　4+1 房　　24 户　　7% 175~225m²　　楼中楼　　22 户　　6% 规划分析： 　　本案 A~F 六栋（15~17F/B1~B6），以湖为中心呈环抱状排列，标准层为一梯四户，1250m²VIP 会所设于 B 栋 1~4 层（由开发商持有产权及负责对外经营），其余 B4~B6 设停车位（平面 20 万元 / 个，子母 30 万元 / 个），户外另有 7500m² 的绿地及游泳池。 综合分析： 　　本案四周环境依山面水，空气清新，生活宁静。 　　本案由于位于九溪山庄内，其对外交通只有一条车道，外接研究院路，交通便利性尚可。 　　日常购物不便，距离传统市场，步行约 15min。 付款：签约时支付 12%，工程期（共分 8 期）28%，银行贷款 60%。 客源：本地占 6 成，海外华人、外籍人士各占约 2 成。 工期：2001 年 2 月开工，RC 结构，工程期 2.5 年。 不利：交通通道问题（即将解决）、单价偏高
诉求重点	环境安逸，有山、有湖泊。　　　　　基地位置图 VIP 俱乐部赠送金卡
规划用途	A：一般住宅大厦；C：商业大楼；M：高级住宅大厦；O：办公室；R：商业店铺； S：套房；T：联排住宅；V：（叠加）别墅；W：4、5 层公寓

××市中档住宅社区市场分析表　　　附表 4-4

案名	明星城市花园	世纪之苑	宏伟紫荆花园	上方绿园
公开日期	1996 年 12 月	1996 年 10 月	1997 年 6 月	1997 年 2 月
投资兴建	东北建设	西北建设	西南建设	东南建设
广告策划	新东阳广告	新远东广告	新纯真广告	新桂林广告
工地位置	明星路中山路口	太阳路人民路口	永和路太仓路口	中和路国顺路口
总销金额	10 亿元	8 亿元	7.5 亿元	5 亿元
平均单价	4600 元 /m²	6000 元 /m²	4500 元 /m²	4300 元 /m²
一楼单价	3200 元 /m²	4200 元 /m²	3800 元 /m²	3300 元 /m²
房型范围	90~145m²	75~160m²	110~220m²	100~200m²
基地面积	50000m²	75000m²	30000m²	48000m²
产品规划	27F/B5	9F/B2	14F/B3	13F/B3
主力房型	90~120m²	120~160m²	150~200m²	100~120m²
可售户数	460 户	550 户	180 户	280 户
车位数量	290 个	340 个	100 个	175 个
平面车位价格	15 万元 / 个	24 万元 / 个	18 万元 / 个	16 万元 / 个
公建比例	25%	20%	18%~22%	20%
付款比例	最高 7 成	—	最高 9 成	最高 7 成
主要卖点	地段好，信誉佳	公建比例低	地段好，公建比例低	靠近公园

2.10　消费者需求研究分析（Consumer Analysis）

1）现有生活的方式与态度（包括衣、食、住、行、育、乐等）

2）对于现有居住环境的满意态度（房屋状况、邻里互动、物业管理、邻近地区状况等）

3）对于未来生活环境的期望（各项设施、邻里互动、售后服务、物业管理等）

4）对于大型居住社区的看法与满意度

5）对于 ×× 大型社区的需求与期望

6）基地未来发展预测分析

7）基地环境的发展潜力

8）未来交通建设的发展

9）未来公共设施的发展

10）未来人口成长的趋势（自然增加、社会增加）与特性

11）未来城市（土地使用）发展趋势

2.11　产品属性分析

1）优良产品应具备之特色分析

2）大型居住社区分析

3）商用房地产（俱乐部、社区中心）分析

4）复合式功能的产品使用分析

5）未来产品发展趋势分析

6）消费者对未来产品的需求分析

7）未来产品的特性与属性分析（以日本或美国 10 年前为例）

3　产品规划构想

3.1　产品规划理念

1）××开发集团公司的经营理念

2）社区规划的理念

3.2　规划中心思想（社区诉求口号）

1）外部社区空间

2）庭院景观

3）内部空间

4）大楼外观

5）交通流线系统

3.3　产品构想

1）基地整体配置与构想

2）建筑规划发展构想

3）公共设施分布与构想

4）开放空间发展构想

5）交通流线发展构想

6）分期分区发展构想

7）社区管理发展构想

3.4　施工方法研究

3.5　初步规划平面

3.6　初步建材设备

4　行销策略构想

4.1　发展行销目标

1）利润率

2）销售成长

3）市场占有率

4）风险分散

4.2　市场细分、市场选择、产品定位

1）市场细分

- 确认细分化基础
- 总价
- 单价
- 主力房型
- 分布区域
- 年龄
- 收入
- 需求
- 分析各个区域市场

2）市场选择

- 衡量细分市场的吸引力
- 选择目标市场

3）产品定位

- 为目标市场发展产品定位

● 针对目标市场，草拟 4P 行销组合

4.3 产品策略（Product）

1）新产品的发展与管理

2）产品的品牌策略

3）产品的品质策略

4）产品的包装策略

5）产品的保证策略

6）产品的服务策略

7）产品的价值策略

4.4 价格（Price）策略

1）标价（基价、朝向价差、楼层价差等）

2）付款方式

3）折扣、折让

4）信用条件

4.5 通路（Place）策略

1）通路策略

2）涵盖范围

3）位置

4）实体分配

4.6 推广（Promotion）策略

1）行销通路系统与管理

● 广告策略与公共报道

● 促销（SP）策略

● 人员推广

● 行销控制、行销管理

● 海外行销的可行性

2）行销预算

3）广告预算

- 大众媒体（报纸、电视、电台广播、杂志等）
- 小众媒体（广告招牌、DM、派夹报等）
- 大型制作物（接待中心、模型、透视图、电脑动画等）
- 销售印制品（买卖合约书、产品说明书、海报等）
- 杂支

4）促销预算

- 赠送品预算
- 特殊包装预算
- 免费赠品预算
- 购买折让预算
- 联合推广预算

5）市场调查预算

- 消费者调查费用（观察法、访问法、问卷调查法）
- 市场分析费用
- 产品调查与分析费用
- 价格调查
- 通路调查
- 广告调查

6）销管费用

- 管销费用（公司员工及策划人员薪资及管销）
- 薪资（跑单人员）
- 策划费用（含广告设计物的制作）
- 奖金（团体奖金及个人奖金）

5　开发许可申请

5.1　开发许可申请历程与现况

5.2　开发许可申请后续流程与执行规划

6 投资分析

6.1 成本（逐列明细项目与预算）

6.2 收入（假设条件详列）

6.3 获利分析

6.4 损益表

6.5 现金流量表

6.6 内部收益率（IRR）分析

6.7 盈亏平衡点（Break Even Point）

7 预计工作内容与流程

7.1 规划设计作业：进行总体规划（Master Planning）

7.2 土地开发作业

7.3 公关作业

8 外界专业人员资源选择与利用

8.1 遴选整体开发案总建筑师、总规划师（国外）

8.2 遴选建筑师、规划师（当地）

8.3 市场调查顾问

9　全开发案执行进度表（附表 4-5）

10　全开发案组织运作构想

附录：

1）基地地籍图

2）基地地形图

3）基地的自然环境分析

4）地形

5）坡度、高程

6）地质、土壤

7）景观分析

8）水文（上、下）

9）气候（雨、日、风玫瑰图）

10）植物、动物

11）古迹、生态

12）矿坑

13）基地附近的城市总体规划

14）×× 邻近地区总体规划

15）×× 地区总体规划

16）基地附近的发展计划

17）旧有产品规划的内容概述

18）开发许可申请初步阶段内容（区级规划管理阶段）

19）开发许可同意函阶段内容（市级规划管理阶段）

20）申领执照前建筑规划内容调整

21）×× 开发项目计划书预计执行内容大纲

海天新城全案销售进度表

附表 4-5

工作要项	负责人/星期	日期	备注
（一）销售			
1.行销策划	业务部	CP（5/15）	
2.广告策划	广告公司	CP（29）、PD（29）	
3.广告预算编列			
4.价格确定			
5.人员培训		TR（14）	
6.进场销售			预定进场日
（二）现场			注意事项 一、客源 二、通路 三、预算 四、时机 五、车位配置
样板房	设计部	DS（5/15）	
外接待中心			
接待中心		DS（26） PD（6/1） PD（6/1）	清洁（工地）
销售现场园艺		DS（26） DS（6/1）	
停车场		DS（6/1）	
中庭园艺	设计部	PD840501	
公共设施完成		CP OK	
鹰架拆除			
8m路面柏油	设计部		注意事项 一、1F外围地坪之完成美化 二、1F梯间门厅各户梯间梯间之美化 三、户数多者可有两部电梯
（三）大众媒体			
（四）小众媒体		DS（26）	
1.墨线图			
2.平面图		PD（2） DS（5） PD（9）	
3.销售海报		DS（2） FB（9） PD（15）	
4.广告函件 DM		DS（2） FB（9） PD（15）	
5.指、告示牌		FB（9） PD（15）	
6.幻灯箱		FB（9） PD（15）	
7.交通示意图		PD（11） PD（16）	
（五）现场印品			
1.价目表		FB（22）	
2.名片			
3.合约书			
（六）其他			
1.业主销售确定			

代号：预定进度 DS 设计 CP 规划策划 FB 发包 PD 制作 TR 训练

附录五

海天新城项目开发财务评估报告

1　概要（略）

2　研究目的

本研究主要根据项目市场研究和规划定位的结论，进行项目开发财务评估，作为项目决策和进一步修正定位的依据，同时也是项目进行融资时可行性报告的组成部分。

3　需要考虑的因素

本研究根据规划策划中确定的项目定位与构成形成的参数，根据现行的建设造价、专业费用、融资费用等进行项目的财务可行性分析，计算净现金流量（NPV）、内部收益率（IRR）、投资回收期（Pt）等财务指标。

4　财务评估基本参数

5　分析结果（现金流量表，见附表 5-1~ 附表 5-7 及附图 5-1）

附表 5-1

海天新城财务估算基本假设一

A. 项目资料

项目名称	上海海天新城
分析目的	财务分析
位置	上海 × × 区
开发商	× × 开发公司
项目使用性质	居住
土地使用年期	70 年
财务计算年期	25 年
项目编号	2000-01-F01
计算时点	2000-01-01

B. 开发种类

项目	第一期 地块面积（m²）	第二期 地块面积（m²）	第三期 地块面积（m²）	总计 地块面积（m²）
土地				
学校	28566	34566	34566	97698
其他	83133	73933	44183	201249
总计	111700	108500	78750	298950
建筑面积（m²）				
学校	4000	5000	5000	14000
体育馆	800	800	800	2400
学生宿舍	3000	3500	3500	10000
教工宿舍	3000	3750	3750	10500
住宅	16150	40450	28950	85550
住宅 2 期（160 套）	30450	—	—	30450
医务室	250	—	—	250
运动中心	2500	2500	—	5000
商铺	1000	1000	1000	3000
总计面积	61150	57000	43000	161150

C. 财务分析因子假设

	每年计算	每季计算
商铺租金增长率	10%	2.41%
住宅售价增长率	5%	1.23%
住宅租金增长率	5%	1.23%
运动俱乐部会费增长率	8%	1.94%
建筑成本增长率	10%	2.41%
医疗租金增长率	5%	1.23%
折旧	25%	5.74%
资本化率	20%	4.66%

D. 租售计划

	第一期	第二期	第三期
商铺（100% 出租）第一期	1997 年 7 月（第一期 C）	1999 年 7 月	2001 年 7 月
住宅第一期 A（50% 出租）	1996 年 7 月（第一期 A）	1999 年 7 月	2001 年 7 月
三期出售	1996 年 1 月 第一期 A 反第二期		
住宅第一期 C（50% 出租）	1997 年 7 月（第一期 C）	1999 年 1 月	2001 年 1 月
住宅第一期 C（50% 出售）	1997 年 1 月（第一期 C）		

E. 建设分期

开始时间 1995 年 3 月

建设分期	第一期	第二期	第三期
学校	1995 年 8 月 ~1996 年 8 月	1997 年 8 月 ~1999 年 8 月	1999 年 8 月 ~2001 年 8 月
体育馆	1995 年 8 月 ~1996 年 8 月	1997 年 8 月 ~1999 年 8 月	1999 年 8 月 ~2001 年 8 月
学生宿舍	1995 年 8 月 ~1996 年 8 月	1997 年 8 月 ~1999 年 8 月	1999 年 8 月 ~2001 年 8 月
教工宿舍	1995 年 8 月 ~1996 年 8 月	1997 年 8 月 ~1999 年 8 月	1999 年 8 月 ~2001 年 8 月
住宅	1995 年 8 月 ~1996 年 8 月	1997 年 8 月 ~1999 年 8 月	1999 年 8 月 ~2001 年 8 月
住宅 2 期（160 套）	1995 年 8 月 ~1997 年 8 月	—	—
医院	1995 年 7 月 ~1997 年 8 月	—	—
运动中心	1996 年 1 月 ~1997 年 9 月	—	—
商铺	1995 年 8 月 ~1997 年 8 月	1997 年 8 月 ~1999 年 8 月	1999 年 8 月 ~2001 年 8 月

海天新城财务估算基本假设二

附表 5-2

A. 土地费用

	美元/m²	建筑面积（m²）	总计（美元）
学校			
土地	42	97698	4103316
基础设施配套	7	97698	683886
学校土地费用小计			4787202
其他土地			
土地获得	55	201249	11068695
土地税	8	201249	1609992
基础设施配套	7	201249	1408743
管道系统			250000
其他土地费用小计	—		14337430
土地费用总计			19124632

B. 土地费用付款方式

学校土地费用（5年内等额支付）	美元
1996 年 9 月	957440
1997 年 9 月	957440
1998 年 9 月	957440
1999 年 9 月	957440
2000 年 9 月	957440
总计	4787202
其他土地费用（3年内等额支付）	
1995 年 8 月	4779143
1996 年 8 月	4779143
1997 年 8 月	4779143
总计	14337430

C. 建造成本

项目	美元/m²	建筑面积（m²）
学校	500	14000
学校设备	400000	—
健身房	625	2400
学生宿舍	600	10000
教工宿舍	600	10500
住宅	600	116000
医院*	X	250
运动俱乐部	1000	5000
商铺	650	3000

D. 建造成本支付方案

计算期	第一期	第二期	第三期
支付方案	1995 年 8 月	1996 年 8 月	1997 年 8 月
	根据 S 曲线支付		

E. 专业人员费用（占建造成本的百分比）

建筑管理	5%
项目管理	2%
概预算	1%
其他	2%
总计	10%
营销及推广	
销售	2% 销售额
出租	1 月租
不可预见费	5% 建造成本
物业增值税	收益率小于 20% 免征
营业税	5% 销售额
所得税	33% 净利润

* 建造成本由医院承担人承担

383

海天新城财务估算年现金支出（百万美元）

附表 5-3

分期	净现值	票面值	0	1	2	3	4	5	6
年份			1995 年	1996 年	1997 年	1998 年	1999 年	2000 年	2001 年
日期									
学校土地成本	2574825	4787202		957440	957440	957440	957440	957440	
其他土地成本	11661110	14337430	4779143	4779143	4779143				
第一期 A 建设费	14455598	16960692	4435221	12525471					
第一期 B 建设费	1989812	2750000		1436325	1313675				
第一期 C 建设费	15284467	19843463	2204609	11193698	6445157				
第二期 A 建设费	13168813	21370949			2374312	12055352	6941284		
第二期 B 建设费	1954990	3172647			352481	1789690	1030476		
第三期建设费	24005479	38957183					4328143	21975747	12653293
专业费用	5611972	10305493	663983	2515549	1048563	1384504	1229990	2197575	1265329
其他	1613608	2975410		339150	691423		1007545		937293
不可预见费	2805986	5152747	331991	1257775	524281	692252	614995	1098787	632665
每年现金支出	80145844	140613216	12414947	35004551	18486475	16879239	16109873	26229550	15488580

海天新城财务估算现金收入基本假设三（美元）

短期收入（销售）

		付款时间	价格（美元/m²）	建筑面积（m²）	日期	总账面收入
住宅 1 期 A	50%	竣工	1200	8075	1996 年 1 月	9690000
住宅 1 期 C	50%	竣工	1260	15225	1997 年 1 月	19183500
住宅 2 期	50%	竣工	1389	20225	1999 年 1 月	28095559
住宅 3 期	50%	竣工	1532	14475	2001 年 1 月	22169011
短期总收入	50% 总建筑面积			58000		79138069

长期收入（出租）

		付款时间	租金 [美元 /（m²·月）]	建筑面积（m²）	日期	年收入	总账面收入
学校	100%	开始时	包含在学费中	4000	1996 年 7 月	40000000/4 年	28000000
体育馆	100%	开始时	包含在学费中	5000	1996 年 8 月	40000000/4 年	30000000
学生宿舍	100%	开始时	包含在学费中	5000	1996 年 9 月	40000000/4 年	25000000
住宅 1 期 A	50%	开始时	18	8075	1996 年 10 月	1744200	83245606
住宅 1 期 C	50%	开始时	19	15225	1997 年 7 月	3453030	153666737
住宅 2 期	50%	开始时	21	20225	1999 年 7 月	5057201	194728592
住宅 3 期	50%	开始时	23	14475	2001 年 7 月	3990422	131947108
医院	100%	开始时	20	250	1997 年 7 月	60000	2670120
运动中心	100%	年度会员费	137	400 名会员	1997 年 7 月	657600	6994646
商铺	100%	开始时	20	1000	1997 年 7 月	240000	21239358
商铺	100%	开始时	24	1000	1999 年 7 月	290400	20735358
商铺	100%	开始时	29	1000	2001 年 7 月	351384	20125518
长期总收入							718353043

附表 5-5

海天新城财务估算年现金收入表（百万美元）

分期/项目	净现值	总计/账面值	1年 1996年	2年 1997年	3年 1998年	4年 1999年	5年 2000年	6年 2001年	7年 2002年	8年 2003年	9年 2004年	10年 2005年	11年 2006年	12年 2007年	13年 2008年	14年 2009年	15年 2010年	16年 2011年	17年 2012年	18年 2013年	19年 2014年	20年 2015年	21年 2016年	22年 2017年	23年 2018年	24年 2019年	25年 2020年	26~70年
销售																												
住宅	43.5	79.1	9.69	19.2		28.1		22.2																				
租金																												
学校	12.6	28.0	4				4				4				4				4				4				4	17.3
体育馆	14.8	30.0				5				5				5				5				5				5		21.6
学生宿舍	13.5	25.0						5				5				5				5				5				26.6
住宅1期A	10.5	83.3	1.7	1.8	1.9	2.0	2.1	2.2	2.3	2.5	2.6	2.7	2.8	3.0	3.1	3.3	3.5	3.6	3.8	4.0	4.2	4.4	4.6	4.9	5.1	5.4	5.6	35.4
住宅1期C	20.6	153.7		3.5	3.6	3.8	4.0	4.2	4.4	4.6	4.9	5.1	5.4	5.6	5.9	6.2	6.5	6.8	7.2	7.5	7.9	8.3	8.7	9.2	9.6	10.1	10.6	66.8
住宅2期	24.7	194.7				5.1	5.3	5.6	5.9	6.2	6.5	6.8	7.1	7.5	7.9	8.2	8.7	9.1	9.5	10.0	10.5	11.0	11.6	12.2	12.8	13.4	14.1	88.7
住宅3期	19.3	132.0						4.0	4.2	4.4	4.6	4.9	5.1	5.4	5.6	5.9	6.2	6.5	6.8	7.2	7.5	7.9	8.3	8.7	9.2	9.6	10.1	63.5
医院	0.4	2.7						0.1	0.1	0.1	0.1	0.1	0.1	0.1	0.1	0.1	0.1	0.1	0.1	0.1	0.1	0.1	0.2	0.2	0.2	0.2	0.2	1.2
运动中心	4.5	7.0		0.7	0.7	0.8	0.8	0.9	1.0	1.0	1.1	1.2	1.3	1.4	1.5	1.7	1.8	1.9	2.1	2.3	2.4	2.6	2.8	3.1	3.3	3.6	3.9	25.0
商铺	1.8	21.2		0.2	0.3	0.3	0.3	0.4	0.4	0.4	0.5	0.5	0.6	0.6	0.7	0.8	0.8	0.9	1.0	1.1	1.2	1.3	1.5	1.6	1.8	2.0	2.2	14.2
商铺	1.8	20.7			0.3	0.3	0.3	0.4	0.4	0.4	0.5	0.5	0.6	0.6	0.7	0.8	0.8	0.9	1.0	1.1	1.2	1.3	1.5	1.6	1.8	2.0	2.2	14.2
商铺	2.2	20.1						0.4	0.4	0.4	0.5	0.5	0.6	0.6	0.7	0.8	0.8	0.9	1.0	1.1	1.2	1.3	1.6	1.6	1.8	2.0	2.2	14.2
年现金收入	170.2	834.4	15.4	25.4	6.6	45.4	17.0	45.2	19.0	25.0	25.1	27.3	23.5	29.8	30.2	32.7	29.2	35.8	36.6	39.4	36.4	43.4	44.6	48.0	45.5	53.1	54.9	344.0
资本化分析	净现值	账面值																										
学校	52.5	65.6																										65.6
住宅	203.6	254.5																										254.5
医院	0.9	1.2																										1.2
运动俱乐部	20.0	25.0																										25.0
商铺	34.0	42.5																										42.5

海天新城财务估算净现金流量汇总表（百万美元）

附表 5-6

分期	净现值	总计	0年 1995年	1年 1996年	2年 1997年	3年 1998年	4年 1999年	5年 2000年	6年 2001年	7年 2002年	8年 2003年	9年 2004年	10年 2005年	11年 2006年	12年 2007年	13年 2008年	14年 2009年	15年 2010年	16年 2011年	17年 2012年	18年 2013年	19年 2014年	20年 2015年	21年 2016年	22年 2017年	23年 2018年	24年 2019年	25年 2020年	26~70年
税前现金支出	80	141	12	35	18	17	16	26	15																					
税前现金收入	481	2058	0	15	25	7	45	17	45	19	25	25	27	24	30	30	33	29	36	37	39	36	43	45	48	45	53	55	1223
现金收入累计			0	15	41	47	93	110	155	174	199	224	251	275	305	335	368	397	433	469	509	545	588	633	681	726	780	834	2058
营业税	5	103	0	1	1	0	2	1	2	1	1	1	1	1	2	2	2	1	2	2	2	2	2	2	2	2	3	3	61
总利润	396	1814	-12	-20	6	-11	27	-10	27	18	24	24	26	22	28	29	31	28	34	35	37	35	41	42	46	43	50	52	1162
所得税	131	599	-4	-7	2	-4	9	-3	9	6	8	8	9	7	9	9	10	9	11	11	12	11	14	14	15	14	17	17	383
净利润	265	1215	-8	-14	4	-7	18	-7	18	12	16	16	17	15	19	19	21	19	23	23	25	23	28	28	31	29	34	35	779
净利润累计	265	1215	-8	-22	-18	-25	-7	-14	4	17	32	48	66	81	100	119	140	158	181	204	229	253	280	309	339	368	402	437	1215

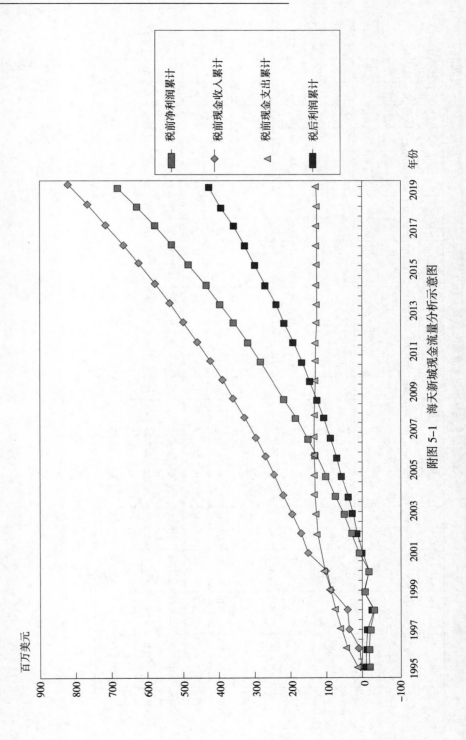

附图 5-1 海天新城现金流量分析示意图

附表 5-7

海天新城项目财务估算敏感性分析

敏感性分析 I（百万美元）

建造成本与折扣率变化

建造成本增长率（分别按年度及季度计算）

NPV		5%	6%	7%	8%	9%	10%	11%	12%	13%	14%
		1.23%	1.47%	1.71%	1.94%	2.18%	2.41%	2.64%	2.87%	3.10%	4.22%
折扣率	50%	-4.64	-4.98	-5.33	-5.69	-6.05	-6.42	-6.80	-7.18	-7.57	-9.61
	45%	-3.09	-3.48	-3.87	-4.27	-4.68	-5.09	-5.51	-5.94	-6.38	-8.67
	40%	-0.88	-1.31	-1.75	-2.2	-2.66	-3.13	-3.60	-4.09	-4.58	-7.19
	35%	2.41	1.92	1.41	0.90	0.38	-0.15	-0.69	-1.25	-1.81	-4.79
	30%	7.48	6.91	6.34	5.75	5.15	4.54	3.92	3.28	2.63	-0.80
	25%	15.74	15.09	14.42	13.74	13.05	12.34	11.61	10.87	10.12	6.11
	20%	30.23	29.46	28.68	27.89	27.07	26.24	25.39	24.53	23.64	18.92
	15%	58.13	57.23	56.31	55.36	54.40	53.41	52.40	51.37	50.32	44.69
	10%	118.36	117.28	116.18	115.04	113.89	112.70	111.49	110.25	108.98	102.19
	5%	266.14	264.83	263.49	262.11	260.71	259.26	257.79	256.27	254.73	246.42
	0%	680.28	678.66	677.01	675.73	673.57	671.79	669.96	668.09	666.17	655.86

租售率

租售率和折扣率变化

NPV		0%	1%	2%	3%	4%	5%	6%	7%	8%	9%
折扣率	50%	-8.15	-7.84	-7.51	-7.16	-6.80	-6.42	-6.03	-5.62	-5.18	-4.73
	45%	-7.22	-6.84	-6.43	-6.01	-5.56	-5.09	-4.6	-4.08	-3.53	-2.95
	40%	-5.84	-5.36	-4.85	-4.31	-3.73	-3.13	-2.49	-1.80	-1.08	-0.30
	35%	-3.76	-3.13	-2.45	-1.74	-0.97	-0.15	0.73	1.67	2.68	3.77
	30%	-0.51	0.35	1.28	2.29	3.37	4.54	5.81	7.19	8.70	10.35
	25%	4.76	6.02	7.39	8.89	10.53	12.34	14.33	16.52	18.96	21.67
	20%	13.85	15.83	18.03	20.47	23.20	26.24	29.66	33.51	37.87	42.80
	15%	30.85	34.30	38.20	42.63	47.66	53.41	60.00	67.57	76.30	86.40
	10%	66.14	72.91	80.75	89.82	100.38	112.7	127.11	144.01	163.88	187.29
	5%	148.98	164.26	182.31	203.69	229.07	259.26	295.25	338.2	389.55	450.99
	0%	371.65	411.49	459.48	517.37	587.28	671.79	774.03	897.8	1047.6	1229.2

附录六

复兴东路旧城改造规划设计
居民意向调查问卷

本表编号	
完成时间	
地点	
完成人	
受访人签名	

尊敬的居民：

　　为了城市规划的需要，加快旧城改造的步伐，提高城市居民的生活、居住质量，改善城市环境，我们组织这次对老城区居民的问卷调查，以获取有关的信息与建议。本次调查不涉及姓名、地址等具体问题，所有资料保密，不予公开。您的配合将极大地有助于我们的研究工作，从而也将有助于上海的建设与发展，谢谢！

　　（请回答以下问题，或在合适的选项旁方框"□"里面画勾"√"）

同济大学研究课题组　1995 年 11 月

1　受访者基本情况

1.1　您的年龄

a. 18~25 岁□　　　　b. 26~35 岁□　　　　c. 36~45 岁□

d. 46~55 岁□　　　　e. 56 岁以上□

1.2　您的性别

a. 男□　　　　　　　b. 女□

1.3　您的教育程度

a. 大学□　　　　　　b. 大专□　　　　　　c. 中专或高中□

d. 初中□　　　　　　e. 小学□　　　　　　f. 小学以下□

1.4　您的职业，单位_____职务_____

a. 学生□　　　　　　b. 机关工作人员□　　　c. 经商□

d. 工人□　　　　　　e. 家庭主妇□　　　　　f. 退休□

g. 教师□　　　　　　h. 其他（请注明）□

1.5　您的月收入大约多少

a. 300 元以下□　　　b. 301~500 元□　　　c. 501~800 元□

d. 801~1000 元□　　　e. 1001~1500 元□　　　f. 1501~2000 元□

g. 2000 元以上□

1.6　您的家庭成员情况

成员	10 岁以下	10~20 岁	21~40 岁	41~55 岁	56 岁以上

1.7　您的家庭月收入大约为_____

a. 800 元以下□　　　b. 800~1000 元□　　　c. 1000~2000 元□

d. 2000~3000 元□　　e. 3000~4000 元□　　f. 4000 元以上□

1.8　您的家庭消费情况：每月消费总额_____元，每月全家饮食消费_____元，每年全家服装费用_____元，每年全家娱乐费用_____元

1.9　您的孩子教育消费

幼儿园共计_____元，小学共计_____元，初中共计_____元，高中共计_____元

2　您的住房情况

2.1　您家的住房是

a. 简屋□　　　　　b. 里弄房□　　　　c. 工房□

d. 公寓□　　　　　e. 洋房□　　　　　f. 其他（请注明）□

2.2　您家住房的产权是

a. 个人产权私房□　b. 房管部门公房□　c. 单位自管公房□

d. 租赁房□　　　　e. 其他（注明）□

2.3　您在目前住房居住的年数

a. 2 年以下□　　　b. 3~5 年□　　　　c. 5~10 年□

d. 10~20 年□　　　e. 20 年以上□

2.4　您家里是独门独户吗

a. 是□　　　　　　b. 否□

2.5　您家里的卫生间有几户使用

a.1 户□　　　　　b.2~4 户□　　　　c.4 户以上□

2.6　您家的住房面积多少

建筑面积：a .20m² 以下□　　b. 21~30m² □　　c. 31~40m² □

　　　　　　d. 41~55m² □　　e. 56~70m² □　　f. 70m² 以上□

使用面积：a. 10m² 以下□　　b. 11~20m² □　　c. 21~30m² □

　　　　　　d. 31~40m² □　　　e. 41~50m² □　　f. 51m² 以上□

2.7　如果您需付房租，每月房租大约多少

a. 20 元以下□　　b. 21~50 元□　　c. 51~100 元□　　d. 100 元以上□

2.8　您对您家的供水、供电及煤气供应情况看法如何

	好	较好	一般	较差	差	无供应
供水						
供电						
供煤气						

2.9　您家里有电话吗

a. 有□　　　　　　b. 无□

2.10　您家里拥有下列消费品中的哪些？有多少（注明数量）

a. 电视□　　　　b. 洗衣机□　　　c. 冰箱□

d. 空调□　　　　e. 热水器□　　　f. 高保真音响□

g. 录像机□　　　h. 摄像机□　　　i. 其他（请注明名称、数量）□

2.11　您认为您居住地段里新的多层住宅商品房售价大约多少

a. 2000 元 /m² 以下□　　　　　b. 2000~3000 元 /m² □

c. 3000~4000 元 /m² □　　　　　d. 4000~5000 元 /m² □

e. 5000~6000 元 /m² □　　　　　f. 6000 元 /m² 以上□

3　交通与出行状况

3.1　您的家离工作地点有多远

a.3 站以内□　　　　b. 4~6 站□　　　　c. 7~10 站□

d. 11~14 站□　　　　e. 15 站以上□

3.2　您怎样去上班，每天单程多少时间

a. 走路□　　　　b. 骑自行车□　　　c. 乘公共汽车□

d. 骑助动车□　　　e. 骑摩托车□　　　f. 乘出租车□

g. 乘单位班车□　　h. 乘小汽车□　　　i. 其他（请注明）□

3.3　您家里有怎样的交通工具，几辆

a. 小汽车□□　　　　b. 摩托车□□　　　　c. 助动车□□

d. 自行车□□　　　　e. 其他（请注明）□□

3.4　您的车辆怎样停放？

	公共停车场	车库	路边停	家里	楼梯间	其他（注明）
小汽车						
摩托车						
助动车						
自行车						

3.5　您每天除上班外，一般还会出门几次，为何

工作日里：a. 2 次以下□　　b. 3 次□　　　　c. 4 次□

　　　　　d. 5 次□　　　　e. 6 次以上□

出门目的：a. 买菜□　　　　b. 购买日用品□　　c. 外出用餐□

　　　　　d. 串门□　　　　e. 逛街□

　　　　　f. 看电影或逛公园等娱乐□

　　　　　g. 其他（请注明）□

休息日：　a. 2 次以下□　　b. 3 次□　　　　c. 4 次□

　　　　　d. 5 次□　　　　e. 6 次以上□

出门目的：a. 买菜□　　　　b. 购买日用品□　　c. 外出用餐□

　　　　　d. 串门□　　　　e. 逛街□

　　　　　f. 看电影或逛公园等娱乐□

　　　　　g. 其他（请注明）□

采用哪些方式去

	步行	骑自行车	摩托车	公共汽车	出租车	其他
买菜						
购买日用品						
外出用餐						
串门						
逛街						
娱乐						
其他						

4　居住状况

4.1　您认为您自己家的居住环境

	好	较好	一般	较差	差
安全性					
干净程度					
安静程度					
交通方便程度					
上学入托方便程度					
户外活动空间宽敞程度					

4.2　您对您家的居住环境最满意的是_____，最不满意的是_____

4.3　您认为您家的住房最好是多大

建筑面积：a. 50m² 以下□　　　b. 51~60m² □　　　c. 61~70m² □

　　　　　　d. 71~80m² □　　　e. 81m² 以上□

使用面积：a. 20m² 以下□　　　b. 21~30m² □　　　c. 31~40m² □

　　　　　　d. 41~50m² □　　　e. 51m² 以上□

4.4　您认为一个舒适的家应有几间卧室？

a. 1 间□　　　　　　　　b. 2 间□　　　　　　　c. 3 间□

4.5　您认为厨房、卫生间至少应该有多大建筑面积才方便使用

厨房：a. 3m² 以下即可□　　　b. 4~5m² □　　　c. 6~7m² □

　　　d. 8m² 以上□

卫生间：a. 3m² 以下即可□　　　b. 4~5m² □　　　c. 6~7m² □

　　　　d. 8m² 以上□

4.6　您认为您居住的单元与地段应该具备哪些因素

a. 安全性□　　　　　　　b. 干净卫生□　　c. 接近绿地□

d. 接近运动设施□　　　　e. 接近商店□　　f. 其他（请注明）□

4.7　您认为一个好的居住地方应该接近_____

a. 学校□　　　　　　　　b. 医院□　　　　c. 购物中心□

d. 市场（集市、菜场）□　e. 工作地点□　　f. 娱乐场所□

g. 绿地□　　　　　　　　h. 运动设施□　　i. 其他（请注明）

4.8　您家里有无自行装修

如有，请问您此次装修是_____年前，大约耗资_____元

如无，请问您是否打算装修，预算耗资_____元

4.9　您希望的住宅形式是

a. 高层□　　　　　　　b. 多层□　　　　　　　c. 低层□

4.10　您希望的住宅风格是

a. 西洋风格□　　　　　b. 中国传统风格□　　　c. 中国现代风格□

4.11　您与邻里之间关系

a. 经常交往□　　　　　b. 一般□　　　　　　　c. 冷淡□

5　居住购买意向

5.1　如果您可以获得抵押贷款以购买一套良好的居住单元，您能够承担的分期付款最高是每月_____

a. 500 元以下□　　　　b. 500~1000 元□　　　c. 1000~1500 元□

d. 1500~2000 元□　　　e. 2000~2500 元□　　　f. 2500~3000 元□

g. 3000 元以上□

5.2　您愿为一个良好居住单元（内部设备及外部设施配套良好）所支付的最高房租是每月

a. 2 元 /m² 以下□　　　b. 2~5 元 /m²□　　　　c. 6~10 元 /m²□

d. 11~15 元 /m²□　　　e. 16~20 元 /m²□　　　f. 21 元 /m² 以上□

5.3　如能选择新居，以下因素您选择时考虑的顺序是（请用序号 1、2……注明选择的先后）

　　a. 价格□　　　　　　　　b. 距市中心的远近□

　　c. 居住环境好坏□　　　　d. 建筑质量□

　　e. 平面户型好环（朝向等）□　f. 开发商信誉□

　　g. 有否物业管理□　　　　h. 有无抵押贷款以实现分期付款□

　　i. 交通是否便利□　　　　j. 其他（请注明）□

5.4　为了一处良好的居住单元，可能要住得稍偏一点，而您能够承受的上班时间为每天单程

a. 0.5h 以内□　　　　　b. 0.5~1h□　　　　　　c. 1~1.5h□

d. 1.5h 以上□

5.5　您认为上海的居住地段的优劣次序为（请用序号注明）

a. 外滩地区□　　　　　b. 虹桥开发区□　　　　c. 机场附近□

d. 五角场地区□   e. 曹安路及真北附近□

f. 浦东陆家嘴□   g. 浦东金桥□   h. 浦东六里□

i. 浦东张江□   j. 徐家汇□   k. 人民广场附近□

l. 锦江乐园附近□   m. 天山新村附近□   n. 闵行□

o. 其他□

5.6   您知道以下较好的居住地段里，多层新公房（内销）的价格是：_____元 /m²

	3000~4000	4000~6000	6000~8000	>8000
市中心（人民广场、徐家汇）				
内环线附近（平江小区、曲阳、五角场）				
近郊（锦江乐园、田林、彭浦）				
远郊（七宝、张江、北蔡）				

5.7   您购买以下物品时一般考虑去何处购买

	家庭附近	南京路	淮海路	四川北路	豫园地区	徐家汇地区
一般日用品						
家用电器						
金银首饰						
手表眼镜						
高档时装						
一般服饰						
化妆品						
书籍						
家具						

5.8   您认为上海市民一般家庭月收入大约为

a. 1000 元以下□   b. 1000~2000 元□   c. 2000~3000 元□

d. 3000~4000 元□   e. 4000 元以上□

5.9   您认为自己家庭的收入水平在上海属

a. 较好（前 20%）□   b. 可以（前 50%）□   c. 较差（后 60%）□

d. 差（后 20%）□   e. 不清楚□

5.10　您认为南市区的居住环境在整个上海属

a. 好□　　　　　　　b. 较好□　　　　　　c. 一般□

d. 较差□　　　　　　e. 差□

5.11　您认为您家居住环境在整个南市区属

a. 好□　　　　　　　b. 较好□　　　　　　c. 一般□

d. 较差□　　　　　　e. 差□

5.12　您认为您家居住环境在整个上海属

a. 好□　　　　　　　b. 较好□　　　　　　c. 一般□

d. 较差□　　　　　　e. 差□

5.13　对于位于下列位置的一个良好的居住单元您可能接受的价格大约是多少元 /m^2

	3000~4000	4000~5000	6000~7000	7000~8000	>8000
原居住地					
市中心区					
内环线附近					
近郊					
远郊					

谢谢您的合作，请接受我们最真挚的谢意。

附录七

复兴东路改造规划设计
居民意向调查分析

调查主题：

本次意向调查为一般性问卷，意图了解居民意向以作为推敲规划方案之参考。

本问卷以调查、访谈的方式进行，当面完成及收回，以明确了解他们对其住房、交通出行、居住环境的认知程度和对可居住性空间的要求内容，并且对该地区居民的收入及购房意向进行了了解，以提供设计者可依据而实际的资料。

方法与调查过程：

问卷份数：318 份

剔除不合格的，共有 294 份合格问卷进行分析。

问卷进行时间：1995 年 11 月 9 日~11 日

调查者人数：53 人

每人分配一区域在进行用地性质和建筑质量调查时抽样选户探访，说明工作身份及问卷目的。

调查分析

（一）受访者基本资料

1. 年龄与性别：由于此问卷是住户地区的平均抽样，访问时力求使对象接近人口结构。

2. 教育程度：受访者中大专以上文化程度占 23%，中专或高中占 45.3%，初中或以下占 31.6%。

3. 职业：居民的职业会反映一个区域的特性，亦会影响一个区域的环境品质，由统计可知受访者中工人、教师及机关人员占 59.5%，学生、主妇及退休人员占 25.8%，故本区居民生活可能较为规律。

4. 收入：回答中有 34.2% 的个人收入在每月 500 元以下，每月收入在 1500 元以上的仅占 4.8%。40.1% 的家庭月收入在 1000 元以下，每月收入在 3000 元以上的有 7.7%，显示本区近半数的居民收入较低。

（二）住房现状

1. 住房产权：26.6% 的受访者住在私房中，64.5% 住在房管部门的公房中。

2. 居住年数：由居住年数可以知道此区人口的变迁程度，其中居住年数在 20 年以上的占 56.9%，10~20 年的占 20%，可见人口的迁移不大，究其原因应该是由于本区域之区位条件甚好，居住条件虽较差，但因居民缺乏自行购房的条件，故较少迁移。

3. 住房状况：受访者中 21.8% 至今仍住在简屋中，61.2% 住在里弄房，42.7% 与别人共用卫生间，另外 34.5% 的居民没有卫生间，住房建筑面积在 30m² 以下的占 69.5%，从中可以看出本区域之居住条件很差，改造十分必要。

4. 对本区域商品房的了解：76.7% 的受访者认为本地段商品房价格在 3000 元 /m² 以下，反映出大部分居民对商品房价格水平了解较少，也有可能是因为担心将此项填得太高会影响改造后的房价水平，83.7% 的受访者认为对原居住地良好居住单元可能接受的价格大约为每平方米 3000 元以下。

（三）交通出行状况

1. 工作地点：随着工作距离的不断增加，受访者的比例逐渐由 3 站以内的 33.2% 减少到 11~14 站的 6.7%，但 15 站以上的反而上升到 17.4%，其原因可能主要是过去许多在市区的工厂由于土地置换或保护环境的原因而迁到远离市区的地方，其职工的出行距离也大大增加。

2. 交通方式：在所有交通方式中，步行与骑自行车占 56.9%，乘公交的占 28.3%，出行中公交方式与非公交方式之比（除去步行不计后）为 31：69，与 1995 年上海市居民的出行公交方式与非公交方式之比（约为 29：71）接近。

3. 交通工具：在所有的交通工具中，自行车占 80.5%，助动车占 15.2%，摩托车占 3.9%，另外有 1 位拥有小汽车，但是不清楚属私家车还是公车。

4. 停车方式：自行车和助动车的停车主要以家里和楼梯间为主，占 52% 左右，另外有 33% 在路边停车。

5. 购物地点：选购一般商品时的购物地点里，受访者回答家庭附近的最多，往后依次是南京路、豫园地区、淮海路、四川北路和徐家汇，在选购高档商品时，居民选择的地点依次为南京路、豫园地区、淮海路、家庭附近、四川北路、徐家汇。

（四）居住环境意向调查

1. 居住环境水平：从 6 个方面的评价标准来看，被访者对安全性、交通方便程度以及子女教育方便程度比较满意，选择"好"或"较好"的分别占 44.2%、52.6%、60.1%，而对干净程度、安静程度及户外活动空间宽敞程度的满意度较差，选择"好"或"较好"的仅占 16.8%、15.8% 及 12.8%，邻里关系中选择"好"的占 37.7%，"一般"的占 58.8%。

2. 理想住房面积：从对将来住房的期望来看，要求低值（即建筑面积在 60m² 以下、使用面积在 40m² 以下）的分别占 48.4% 和 58%，选择高值（即建筑面积在 81m² 以上、使用面积在 51m² 以上）的分别占 14.2% 和 18.3%。

3. 理想住房特征：超过 60% 的受访者选择 2 间卧室作为舒适家庭的必要条件之一，针对他们的设计中可以考虑以两房两厅为主要户型。厨房面积选择 6~7m² 的占 51.8%，卫生间面积选择 4~5m² 和 6~7m² 的均占 40.2%，明显反映出本处居民对现状中厨房、卫生间的状况不满意，但对未来的居住状况亦无太高奢望。

4. 良好居住单元的必要因素：在诸多因素中选择安全性的占 84.8%，高居首位，其次分别为干净卫生 84.4%，接近绿地 75.5%，接近商店设施 66.7%，仅 30.1% 的受访者选择了接近运动设施。

5. 服务设施：86% 的人选择了购物中心、市场为首要设施，其次为医院、学校和绿地，以上均超过了 50%。选择接近工作地点、娱乐设施及运动设施的均未过半。

6. 住宅形式：选择多层的建筑形式和现代建筑风格的受访者均占 60% 左右。

（五）购买意向

1. 分期付款与月租：为了一套良好的居住单元，73.6% 的受访者表示能接受的分期付款在每月 500 元以下，19.4% 的选择 500~1000 元。如果需要缴纳房租的话，承受能力在月租每平方米每月 5 元以下者占 66%，其中现住公房或租赁住房的人 33% 选择每平方米每月 5 元以下。这反映了目前该区域居民的住房观念依然以依靠福利公房为主。另外，受访者都提到知道有住房制度改革，但大部分居民对其具体内容并不十分了解。

2. 选择住房的因素：在列入排名前三项的因素中，价格因素以

25.5% 列选择中首要考虑的因素，选择距离市中心的远近、居住环境的好坏、交通条件的分别为 21.2%、20.5% 和 11.2%，另外 9.6% 的人认为住房的建筑质量也很重要。至于理想的上班出行时间选择单向少于 1h 的占 91.5%。

3. 心目中的理想居住地段：在所有 14 个提供的选择中，前三位选择外滩地区和人民广场地区的分别占 30.6%、26.2%，徐家汇地区以 14.4% 列第三，浦东陆家嘴地区的得票也接近 10%，而普遍被来沪外籍人员看好并有像金桥大厦、太阳广场等高级公寓楼的虹桥开发区仅获得 6.6%。

4. 房价承受能力：在涉及自己的房价承受能力方面，居民表现出比较谨慎的态度，对于原居住地的住房，57.6% 的居民选择房价每平方米 1000~2000 元，26% 的居民选择房价每平方米 2000~3000 元左右，大约 15.1% 的居民认为房价 3000~5000 元的价格也能接受，选择房价 5000 元以上的有 1.3%。对于市中心区的住房来说，48% 的受访者选择了每平方米 1000~3000 元，42.4% 的受访者选择了 3000~5000 元，更有 10% 的人选择 5000 元以上。

5. 收入水平：大约 18.9% 的受访者认为上海市民一般家庭月收入为 1000 元以下，63.1% 的受访者认为在每月 1000~2000 元左右，16.5% 的受访者认为在 2000~4000 元，另有 1.5% 的选择每月 4000 元以上，但从这 4 份问卷来看，其自身家庭月收入仅在 1000 元左右，因此这一选择表明部分居民，尤其是一些单位效益不佳甚至下岗的职工，对其他家庭的生活水平的了解可能是通过市场上的物价估计，带有较多主观臆测。认为自己家庭收入水平在上海属于还可以（前 50%）的占 49.1%，认为较差（后 50%）的占 32.1%，另有 11.3% 的认为自己家庭收入属很差（后 20%）。

6. 居住环境水平：24.7% 的居民认为南市区的环境在上海属于一般，68.2% 的居民认为较差。至于自己家庭的居住环境水平在整个上海属于较好的占 10.3%，认为属于一般的有 37%，认为较差和差的均为 26.3%（附图 7-1）。

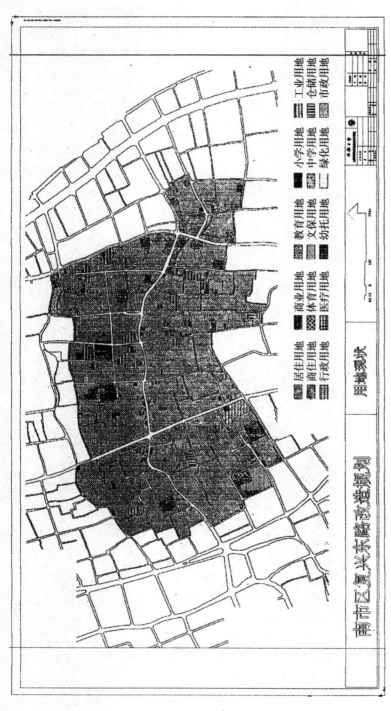

附图 7-1　复兴东路改造规划设计用地现状图

附录八

空间潜力分析与竞争力分析方法及应用[1]

---

❶ 空间潜力分析与竞争力分析部分参见：陈秉钊. 城市规划系统工程学 [M]. 上海：同济大学出版社，以及 G. J. Ashworth, H. Voogd, Selling the City: marketing approaches in public sector urban planning [M], Jone Wiley & Sons Ltd, 1995.

要评价一个城市或地区在不同的群体心目中的质素时，需要使用系统评价（Systematic Evaluation）的方法。如果一个城市的产品要与其他城市相比较，那么就要进行竞争力分析（Competition Analysis）；如果要针对不同群体对几个地区、街区或者组团进行吸引力比较，需要进行潜力分析（Potency Analysis）。最近研究出来的多标准评价技术（Multi-criteria Evaluation Techniques，简称MCE）比传统注重财务效果和定量分析的投入产出模型方法更加适用于此类与空间有关的分析。

多标准评价技术用来研究的数据是不同准则条件下、不同计量单位的大量数据，不论是定量的数据、权重数据都可以使用。有多种不同的多标准评价技术分析方法，但是它们基本上都是以矩阵的形式，按照一定的准则以及各变量（地区、街区、组团、城市）的得分值组合的。

1　空间潜力分析

空间潜力分析方法用来处理定量数据和定性信息的混合数值，传统的潜力分析使用加权的数值，如 Hopkins/Chapin 和 Kaiser 的研究，但是所使用的数据类型及质量有严格的要求，而且由于数据难以收集齐全或者时间有限，通常很难收集到所有需要的定量数据，所以产生了能够处理定性信息和定量数据的新的方法，以满足数据不足情况下的趋势分析。

定义区域是趋势分析的出发点，然后用一系列的准则来进行描述，所得到的得分值组成如附表 8-1 所示结构一样的矩阵，这里的得分值既可以是定量的数值，也可以是定性的排序信息。

潜力分析的得分值矩阵结构　　　　　　　　　　附表 8-1

	地区 1	地区 2	地区 3	地区 4	……
准则 a	较好	差	好	差	……
准则 b	125	75	250	50	……
准则 c	12	8	9	14	……
准则 d	差	较好	差	好	……
……	……	……	……	……	……

趋势分析的目的是聚合不同的评价指标，处理后得到每一区域的整体趋势得分值。显然，这一整体趋势得分值既与每一群体对各区域的评价有关，同时也与选定各准则的权重有关。确定权重的过程通常在评价研究中非常重要，现代的多标准评价技术使分析者避免使用会导致价值评价不准确的数据权重，实践中如果使用定性的方法来区分准则将会简单明了得多，例如，对于"年长者"家庭（一个可能的目标群体，家庭主要成员已经退休）来说，"从自己家到社区中心的距离是否便捷"（因素 a）比起"就业岗位可达性是否更好"（因素 b）要重要得多。这是一个定性的说明，因为它并没有说明目标群体对"便捷"的需要比对"就业岗位可达性"的需要会重要多少，而且，使用定性的说明可以使分析者更好地确定不同地区在比较中的所有准则，尤其是对一些像"年长者家庭"这样的特殊群体。

定性的权重系列用来表明目标群体的排序以及附表 8-1 中提到的矩阵中的数值。然后再经过系统方法以获得像附表 8-2 所示一样的矩阵结构。需要区分的是两种不同的方法，一种是相对趋势分析，它比较的只是各个实际存在的"区域"之间的差异，而绝对趋势分析则是将所有的区域同"假设的理想地区"相比较。显然，绝对分析的结果独立于需要考虑的备选地区之外，而相对分析依靠对所有区域的选择。

上海 15 个城区的居住趋势得分值分析矩阵
（以宝山的得分作为参照，计为 1.0）　　　　　附表 8-2

准则	宝山	长宁	虹口	黄浦	嘉定	金山	静安	卢湾	南市	普陀	浦东	徐汇	杨浦	闸北	闵行
房价	1.0	0.5	0.6	0.3	1.2	1.5	0.5	0.5	0.6	0.7	0.8	0.5	0.8	0.8	0.7
交通方便	1.0	2.0	2.0	3.0	0.8	0.8	2.5	2.5	2.2	1.5	1.8	2.5	1.5	1.8	1.5
卫生保健	1.0	1.5	1.5	1.8	1.0	0.8	2.0	2.0	1.5	1.5	1.2	2.0	1.5	1.5	1.2
子女教育	1.0	2.0	2.0	1.8	1.2	0.8	1.8	1.8	1.2	1.2	1.5	2.0	1.8	1.8	1.2
与市中心距离	1.0	2.5	2.5	3.0	0.8	0.8	3.0	3.0	2.7	2.0	2.0	3.0	2.0	2.0	1.5
户外休憩环境	1.0	1.2	0.8	0.7	1.2	1.2	0.8	0.7	0.8	1.2	1.2	1.2	0.8	1.0	1.2
就业岗位	1.0	2.0	1.5	2.0	1.0	0.8	2.0	2.0	1.5	1.2	1.8	2.0	1.2	1.2	1.5
安全性	1.0	1.1	1.0	1.2	1.0	1.0	1.1	1.1	0.9	0.9	0.9	1.1	0.9	0.9	1.0
配套设施（娱乐/购物等）	1.0	2.5	2.5	3.0	1.0	0.8	3.0	3.0	1.5	1.8	2.0	3.0	1.5	1.8	1.5
邻居人文素质	1.0	1.5	1.5	1.8	1.2	0.8	1.5	1.5	1.2	1.2	1.0	1.8	1.2	1.0	1.5

2　竞争力分析

趋势分析可以根据不同区域对于不同目标群体中的吸引力值来进行分类，这些信息用来进行各地区的竞争力分析也十分有效。

在大型社区开发项目策划中的区域选择中，可以根据市场调查中获取的消费者意向对上海的各区域进行竞争力分析。

分析时所有的消费者被定义为"目标群体"，而区域按照以下10个方面的准则进行评价：

A：房价　　　　　　　　　　　B：交通方便

C：卫生保健　　　　　　　　　D：子女教育

E：与市中心距离　　　　　　　F：户外休憩环境

G：就业岗位　　　　　　　　　H：安全性

I：配套设施（娱乐／购物等）　J：邻居人文素质

评价结果如附表8–2的定性分值矩阵，分值越高表示越好，其中运用的是标尺表示法，即分值从0.5（差）到3.0（非常好），这里的1.0分表示中性的看法。假设以下的定性权重值恰当地反映了对于各"目标群体"来说不同准则的重要程度：最重要的是准则A，其次是准则B，准则C、D、E、F、G、H同样重要，最后是准则I和J。然后进行完全定性的绝对趋势分析，结果如附表8–3中的趋势值。

各区的居住意向绝对趋势得分值 [1]　　　　　　附表 8–3

区域	徐汇	黄浦	静安	卢湾	长宁	虹口	浦东	闵行
趋势得分值	0.786	0.717	0.710	0.697	0.670	0.540	0.497	0.450
排名	1	2	3	4	5	6	7	8
区域	闸北	南市	杨浦	普陀	嘉定	金山	宝山	
趋势得分值	0.403	0.402	0.397	0.334	0.333	0.283	0.244	
排名	9	10	11	12	13	14	15	

[1]　上海市社科院房地产研究中心调查以及著者研究调查整理，调查时间：1996 年 10 月及 1998 年。

3 面向市场的城市模型

上述方法适用于关于多种因素的多标准评价，可以应用于进行消费者意向调查后的分析，也可以应用于政策制定过程的分析，例如将专家及政策制定者对区域的评价分值与消费者的进行比较，从而进行优势、劣势分析，即书中提到过的 SWOT 分析，找出需要改进的方面，以及维持现状就可以保持竞争力的方面。

另一方面，制定政策时还需要考虑针对市场需要的长期策略性规划，这就需要对私人机构的行为方式进行监控和模拟，以往的政策制定过程中往往难以做到。通过趋势分析及竞争力分析方法的应用，以及模拟城市运行的城市模型 ❶ 领域取得的发展，城市政策制定过程中不仅可以测试各种方案的实用性和政策行动计划的作用，而且可以为需要考虑的与市场相关的要素提供新的方向。

4 POTENT 应用程序

POTENT 程序的作用是计算不同区域 i（i=1，2，…，I）按照不同目标群体 t（t=1，2，…，T）的集合评价的趋势分析值。

4.1 POTENT 程序结构

此程序是用来进行空间趋势分析的，给定的一群区域或空间分区 i（i=1，2，…，I），其属性已经由给定的一系列标准或原则 j（j=1，2，…，J）确定，这些数据由矩阵 S（$J \times J$）排列：

---

❶ 关于城市模型的文献有许多，如城市发展模型、活动—区位模型、土地利用模型等，见 Batty 的 Inter Alia，1976；Chapin 和 Kaiser，1985；Steiss，1974 以及 Wilson，1974 的文章。值得注意的是，绝大多数城市模型产生于 20 世纪 60 年代以及 70 年代初期，但是由于当时数据收集的困难、理论基础的不完善以及与规划实践的关系不够紧密，1973 年 Douglas Lee 的《大规模模型的悲歌》的出版标志了对模型的兴趣、特别是对城市积分模型的兴趣大为消减。其后的 25 年里，由于城市系统功能理论研究的完善、对不确定性的处理、数据管理等方面取得的成就，市场导向的城市数学模型在描绘和模拟城市运行过程方面将会得到更多的运用（Bahrenberg，1984；Nijkamp，1985；Wyatt，1989）。

（1）$S=\begin{bmatrix} s_{11}\cdots s_{1I} \\ \cdots \\ \cdots \\ \cdots \\ s_{J1}\cdots s_{JI} \end{bmatrix}$

这里的 s_{JI} 是第 I 个区域在第 J 种准则下的得分值，它可以是数值，也可以是如好、中、差一类的"软"指标，这里的得分越高，意味着性质越好。

不同的得分值 s_{JI} 按照不同准则的权重集合而成为每一区域趋势值，这些权重由需要分析的目标群体决定，并由下标 t（$t=1, 2, \cdots, T$）表示。权重可以用向量 w_t 表示：

（2）$w'_t=[w_{1t}, w_{2t}, \cdots, w_{Jt}]$

w_{Jt} 表示准则 J 的权重为 t，w'_t 为 w_t 的转置，即 $k_{ij}=k_{ji}$，

$$w_t=\begin{bmatrix} w_{1t} \\ w_{2t} \\ w_{3t} \\ w_{Jt} \end{bmatrix}$$

权重可以是硬性数据指标（从 0 到 10），也可以是软性的"序"，为了说明的方便，这里全部用数据指标为例，并且满足以下条件：

（3）$\sum_j W_{jt}=1$（对所有的 t 来说）

怎样运用数据权重参见 4.3 部分。

4.2 方法结构

首先将相对趋势分析和绝对趋势分析区分开来，先介绍相对分析方法。相对分析方法是为了进行对不同区域的相对评价，比如最后的趋势值并不表示某特定区域的绝对质素，而是表示该区域与其他区域相比较的不同而已。

准则 j（$j=1, 2, \cdots, J$）首先被分为两大类，一类称作 H，包括所有的硬性准则，另外一类称作 Z，包括所有的软性准则。然后，所有的区域都是成对分析，比如对每一对地区（i, i'）都要计算两个

定量的优势值，一个按照以下的硬性准则公式计算所得，称为优势值 o：

（4）$o_{ii't} = \sum_{j \in H} Wjt \left(s_{ji} - s_{ji'} \right) \left(s_{j\max} - s_{j\min} \right)^{-1}$

这里，$s_{j\max} = \max_i s_{ji}$，$s_{j\min} = \min_i s_{ji}$。

另外一个按照以下的软性准则公式计算，称为优势值 e：

（5）$e_{ii't} = \sum_{j \in Z} Wjt \left(\mathrm{sgn} \left[s_{ji} - s_{ji'} \right] \right)$

其中，$\mathrm{sgn} \left[s_{ji} - s_{ji'} \right] \begin{cases} = +1, & s_{ji} > s_{ji'} \\ = 0, & s_{ji} = s_{ji'} \\ = -1, & s_{ji} < s_{ji'} \end{cases}$

优势值 o 和 e 用来量度区域 i 对于群体 t 来说比区域 i' 要好得多，但它们由于区位的不同，实际上是无法直接比较的。因此，需要对优势值进行标准化，优势值 o 和 e 经过标准化以后记作 $\hat{o}$ 和 $\hat{e}$：

（6）$\hat{o}_{ii't} = \left(o_{ii't} - o_{t\min} \right) / \left(o_{t\max} - o_{t\min} \right)$

（7）$\hat{e}_{ii't} = \left(e_{ii't} - e_{t\min} \right) / \left(e_{t\max} - e_{t\min} \right)$

这里，$t_{\max}$ 和 $t_{\min}$ 代表对特定的群体 t 来说相对最高和相对最低的优势值。

对公式（6）求出来的值用硬性准则 H 进行二次权重，对公式（7）求出来的值用软性准则 Z 进行二次权重，可以计算出集合优势值 $d_{ii't}$：

（8）$d_{ii't} = \sum_{j \in H} W_{jt} \hat{o}_{ii't} + \sum_{j \in Z} W_{jt} \hat{e}_{ii't}$

此外，利用公式（8）可以确定区域 I 的相对趋势值 p_{it}：

（9）$p_{it} = \left(y_{it} - y_{t\min} \right) / \left(y_{t\max} - y_{t\min} \right)$

这里，$y_{it} = \sum_{i'} d_{ii't}$，$y_{t\min} = \min_i y_{it}$，$y_{t\max} = \max_i y_{it}$。

显然，p_{it} 的值越大，i 区域对目标群 t 来说吸引力越大。

在一个绝对趋势分析中，区域的得分值从理论上与可能的最佳值相比较，其含义是，除了前面使用的成对分析方法外，每一区域都与假设的最佳区域相比较，假设的理想区域的值 I 指标用 v（$i, i' = 1, 2, \cdots, I, v$）表示，则公式（4）变为：

（10）$o_{ii't} = \sum_{j \in H} W_{jt} \left(u_{ji} - u_{ji'} \right)$

这里，$u_{ji}=\begin{cases} s_{ji}/s_{jv}, & \text{如果 } s_{ji}<s_{jv} \\ 2-s_{ji}/s_{jv}, & \text{如果 } s_{ji}<s_{jv} \text{ 且 } s_{ji}<2s_{jv} \\ 0, & \text{在其他所有情况下} \end{cases}$

在绝对分析里，公式（5）保持不变，显然在任何情况下每一精确度值 $e_{vit}=\sum_{j\in Z} w_{jt}$ 都成立。虽然其他的公式也适用，但是公式（9）的解释现在有所不同：在相对趋势分析的情况下，最后的趋势值／潜力评分将会限制在表达式（11）的范围内，而绝对趋势分析的趋势值范围在表达式（12）的范围内。

（11）$0 \leqslant p_{it} \leqslant 1$，（$i=1, 2, \cdots, I$）

（12）$0 \leqslant p_{it} \leqslant 1$，（$i=1, 2, \cdots, I$）

显然，在绝对趋势分析里面最大值 1 总是留给假设的最佳区域 v。趋势评分离开 1 越远，该区的趋势值／潜力评分就越差。

4.3　软性准则指标的权重处理

定量的权重有几种处理方法，一种非常直接的方法就是将反映特定群体意见的"软性"准则的评分，用期望值法转化为最主要的权重序列 $E(w)$（为简便起见，将指标 t 省略了），转化公式如下：

（13）$E(w_1)=1/J^2$

$E(w_2)=1/J^2+1/J(j-1)$

……

$E(w_{j-1})=1/J^2+1/J(J-1)+\cdots+1/J\cdot 2$

$E(w_j)=1/J^2+1/J(J-1)+\cdots+1/J\cdot 2+1/J\cdot 1$

对于所有的准则都按照 $w_1 \geqslant w_2 \geqslant \cdots \geqslant w_j$ 排序。有关期望值方法的更详细情况，见 Rietveld（1984）。

参 考 文 献

[1] John M. Bryson, R. Edward Freeman, William D. Roering. Strategic Planning in the Public Sector: Approaches and Future Directions[M]// Barry Checkoway, ed.Strategic Perspectives on Planning Practice. Lexington: D.C. Heath. , 1986: 65–85.

[2] Battery Park City Authority. Annual Report 1989/90[R]. New York: BPCA, 1990.

[3] Boone E. Louis, Kurtz L. David. Contemporary Marketing[M].Dryden Press, 1989.

[4] Burke Rory. Project Management: Planning and Control[M].John Wiley & Sons, 2001.

[5] Church A. Transport and Urban Regeneration in London Docklands: A Victim of Success or a Failure to Plan? Cities, 1990: 289–303.

[6] Chreod Development Planning Consultants PPK Consultants Kinhill Engineering Gateway to the Yangtse: A Development Strategy for Shanghai–Pudong Draft Final Report[R], 1992.

[7] Dalton L.C. Emerging Knowledge about Planning Practice[J], 1989, 9（1）.

[8] Fainstein S. Susan.The City Builders[M].Basil Blackwell Publishers, 1992.

[9] Fainstein S. Susan.Promoting Economic Development[J].Journal of the American Planning Association, 1991, 57（1）: 22–33.

[10] Gordon David.Financing Waterfront Redevelopment[J]. Journal of the American Planning Association, 1997.

[11] Gordon David, L A. Architecture: How Not to Build a City— Implementation at Battery Park City[J]. Landscape and Urban Planning, 1993（26）: 35–54.

[12] G. J. Ashworth, H. Voogd.Selling the City: Marketing Approaches in Public Sector Urban Planning[M].Chichester: Jone Wiley & Sons Ltd., 1995.

[13] Isaac David.Property Development: Appraisal and Finance[M]. Macmillan Press, 1996.

[14] Peter Checkland.Systems Thinking Systems Practice[M]. Chichester: John Wiley & Sons Ltd., 1981.

[15] Sassen Saskia.The Global City New York, London Tokyo[M].Princeton University Press, 1993.

[16] Time, Best of the Decade[J].1990: 102–103.

[17] 保罗·萨缪尔森, 威廉·诺德豪斯著 . 宏观经济学 [M]. 萧琛等译 . 北京：华夏出版社，麦格劳·希尔出版公司，1999.

[18] 包宗华 . 中国城市化道路与城市建设 [Z]，1995.

[19] 陈秉钊 . 城市规划系统工程学 [M]. 上海：同济大学出版社，1991.

[20] 蔡来兴等 . 上海：创建新的国际经济中心城市 [M]. 上海：上海人民出版社，1995.

[21] 蔡来兴等 . 国际经济中心城市的崛起 [M]. 上海：上海人民出版社，1995.

[22] 陈阳 . 策划学 [M]. 北京：中国商业出版社，1998.

[23] 恩格斯 . 马克思恩格斯全集 [M]. 第 20 卷 . 北京：人民出版社，1972：320.

[24] 弗雷德·戴维著 . 战略管理 [M]. 李克宁译 . 北京：经济科学出版社，1998.

[25] 菲利普·科特勒, 加利·阿姆斯特朗著 . 市场营销管理：理论与策略 [M]. 邓胜梁，许邵李，张庚淼译 . 上海：上海人民出版社，1999.

[26] 菲利浦·科特勒著 . 营销管理：分析，计划和控制 [M]. 梅汝和等译 . 上海：上海人民出版社，1996.

[27] 城市居住区规划设计规范（GB 50180—1993，2002 年版）[S].

[28] 耿毓修 . 城市规划管理 [M]. 上海：上海科学技术文献出版社，1997.

[29] 黄渝祥，邢爱芳．工程经济学 [M].上海：同济大学出版社，1991.

[30] 建设项目可行性研究与经济评价手册 [M].北京：计划出版社，1998.

[31] 刘洪玉．房地产开发经营与管理 [M].北京：中国物价出版社，1995.

[32] 陆克华等．房地产估价案例与分析 [M].北京：中国物价出版社，1995.

[33] 林行止．闲读闲笔 [M].台北：远景出版事业公司，1996.

[34] 联合国人类聚落中心．人类聚落的全球报告 [M].牛津：牛津大学出版社，1987.转引自：国际经济中心城市的崛起 [M]，1995.

[35] 龙胜平等译．房地产投资决策分析 [M].上海：上海人民出版社，1997.

[36] 毛寿龙．中国政府功能的经济分析 [M].北京：中国广播电视出版社，1996.

[37] 马文军．城市规划在土地开发中的导向作用研究 [D].上海：同济大学硕士学位论文，1994.

[38] 彭甫宁译．联合开发：不动产开发与交通的结合 [M].创兴出版社，1991.

[39] 潘国和等．现代化城市管理 [M].北京：中央广播电视大学出版社，1998.

[40] 钱学森，王寿云．系统思想和系统工程 [Z].

[41] 芮爱丽，李晓全．美国促进廉价住房开发的创新：商住结合开发与包含性区划 [Z]// 发展社会主义市场经济过程中的中国城市规划，1994.

[42] 阮如舫．销售宝典 [M].台北：田园城市文化事业，1998.

[43] 上海市长宁区城市规划管理局.上海市长宁区房地产发展报告 [R].

[44] 上海市城市规划管理局．上海市城市规划条例 [S].

[45] 上海市浦东新区统计年鉴 [M]，1998.

[46] 上海统计年鉴 [M].北京：中国统计年鉴出版社，1998~2003.

[47] 上海市房地产市场 [M].北京：中国统计出版社，1992~2002.

[48] 上海社科院房地产业研究中心．上海住房需求综合调查资料汇编

1997~1999 年 [M].

[49] 宋翰乙，郑宏 . 企划力 [M]. 北京：企业管理出版社，1998.

[50] 三浦武雄 . 现代系统工程学概论 [M]. 北京：中国社会科学出版社，1983.

[51] 孙施文 . 城市规划法规读本 [M]. 上海：同济大学出版社，1998.

[52] 司徒达贤 . 策略管理 [M]. 台北：远流出版公司，1997.

[53] 沈玉麟 . 外国城市建设史 [M]. 北京：中国建筑工业出版社，1989.

[54] 孙志刚 . 城市功能论 [M]. 北京：经济管理出版社，1998.

[55] 王国玉 . 投资项目评估学 [M]. 武汉：武汉大学出版社，2000.

[56] 徐滇庆，李瑞 . 政府与经济发展 [M]. 北京：中国经济出版社，1996.

[57] 谢文蕙，邓卫 . 城市经济学 [M]. 北京：清华大学出版社，1996.

[58] 俞文青 . 投资项目管理学 [M]. 北京：立信会计出版社，1998.

[59] 杨裕富 . 住宅社区建筑原型 [M]. 台北：田园城市文化事业，1997.

[60] 张兵 . 城市规划实效论 [M]. 北京：中国人民大学出版社，1998.

[61] 中华人民共和国建设部 .《中华人民共和国城市规划法》解说 [M]，1989.

[62] 中国城市规划设计研究院学术信息中心 . 城市发展与重点建设项目布局研究 [Z].

[63] 中国统计年鉴 1998[M]. 北京：中国统计出版社，1998.

[64] 周俭 . 城市住宅区规划原理 [M]. 上海：同济大学出版社，1998.

[65] J·特劳特，A·里斯 . 定位 [M]. 北京：中国财政经济出版社，2002.

[66] 赵永生 . 大型政府建设项目的项目环境与组织管理问题的研究 [D]. 上海：同济大学硕士学位论文，1997.

[67] 张玉贞等 . 产品定位实务 [M]. 基泰建设股份有限公司，1993.

[68] 北京青年报，1998-05-06，1998-05-13.

[69] 报刊文摘，1999-04-12.

[70] 陈秉钊 .21 世纪的城市与中国的城市规划 [J]. 城市规划，1998（1）.

[71] 陈荣 . 城市土地利用效率论 [J]. 城市规划汇刊，1995（4）.

[72] 中国城市规划学会 . 城市规划通讯，1998（5）.

[73] 邓卫 . 总体规划的经济论证 [J]. 城市规划，2000（增刊）.

[74] 耿慧志 . 城市中心地区更新的研究 [D]. 上海：同济大学硕士学位论文，1995.

[75] 黄雪良 . 城市规划汇刊，1999（1）.

[76] 黄志刚 . 住房制度改革的进展与深化 [Z].1997 年沪港住房研讨会 .

[77] 科技日报，1998–06–20（1）.

[78] 马文军 . 大规模开发活动中的城市规划设计思想与实践 [J]. 同济大学学报，1997（6）.

[79] 孙施文 . 建构现代化国际大都市的规划实施机制 [J]. 城市规划汇刊，1998（3）.

[80] 唐子来 . 中国城市面临的若干议题 [C].“迈向 21 世纪的城市”国际研讨会论文 . 转引自：陈秉钊 .21 世纪的城市与中国的城市规划 [J]. 城市规划，1998（1）.

[81] 王立民，耿毓修 . 上海城市规划，1999（2）.

[82] 王晓华，王莉 . 东京湾海岸开发失利 [J]. 国外城市规划，1994（1）.

[83] 吴良镛 . 世纪之交论中国城市规划发展 [J]. 城市规划，1998（1）.

[84] 吴良镛 . 迎接新世纪的到来 [J]. 城市规划，1999（1）.

[85] 阳建强 . 我国旧城更新改造的主要矛盾分析 [J]. 城市规划汇刊，1995（4）.

[86] 张庭伟 . 迈入新世纪：建设有中国特色的现代规划理论 [J]. 城市规划，2000（1）.

[87] 张在元 . 废墟的觉醒 [J]. 城市规划，1995（5）.

[88] 周珂 .“软系统思想”在风景区总体规划中的应用 [J]. 城市规划汇刊，1998（3）.

[89] 郑时龄 . 文汇报。

后　记

　　书稿从开始撰写起，停停写写，写写停停，前后经历了 8 年多时间，现在终于圆满修改完成了全部内容。

　　说到写写停停，算起来有 3 次：1996 年年初，我在导师陈秉钊教授的指导下开始拟定博士论文题目。由于硕士期间主要研究方向是城市规划对城市大规模开发项目的导向作用，当时又正值房地产开发与各类开发区建设特别热门的时期，所以，怎么也跳不出房地产和开发区的框框；加之在攻读博士的前两年，本人结合研究课题参与过几个房地产项目和有关浦东开发的论证工作，所以，论文初稿基本上是以房地产开发为主要内容。1997 年 3 月，同济大学研究生院和上海市市委组织部联合几个区组织部门共同组织了博士研究生赴各区政府机构挂职锻炼活动，而我被幸运地选中到上海市长宁区城市规划与土地管理局挂职担任局长助理。虽然挂职的要求是每周工作 1~2 天，但是局里的领导给我提供了许多收集资料和实践的机会，从方案审批到居民上访，从项目选址发照到处理违章建筑，并让我结合论文研究主题参加了中山公园地区公交换乘枢纽项目的前期规划策划工作，所以我每天白天到局里工作，只在晚上和周末的时间准备论文。

　　挂职持续了大半年，在获得了大量一手资料、了解了基层的规划管理方式和程序后，我回到学校继续论文的写作，其间还远赴欧洲考察了德国、法国、比利时、荷兰的城市建设，既领略到柏林正在进行的新首都大规模公共建设的气势，也畅想过巴黎百年前的热闹与今日的辉煌。1997 年 11 月，论文形成初稿并准备打印成文呈交导师审阅。谁知"天有不测风云"，同年 12 月 10 日，一场车祸险些将我送到另外一个世界，伤痛迫使我再次停下了撰写论文的笔。

　　经过近 10 个月的卧床修养和康复锻炼后，我出院了。也许是经历了大难之中的脱胎换骨，再重新推敲写好的论文稿时总觉得不尽人意。一方面觉得调查研究尚不够充分，需要补充案例和资料；另一方面觉得单纯房地产开发不能代表当前城市建设发展的大方向。于是我决定暂且停笔，利用一段时间搜集资料，待腿能走路后再进行一些补充调查，并适当改变论文的主体内容，力求有新的创意和成果。这是第三次停笔。

1998 年 9 月，我的创伤痊愈。在导师的支持下，我把论文的题目提升为"城市策划论——城市开发策划理论及其应用研究"，补充并适当调整了原论文的内容，使之在拓展传统城市规划理论与内容上更具有针对性，对城市规划设计和管理人员更具指导性和可操作性。因此，增加了不少工作量，幸得导师悉心指导和各位师长帮助，今日终得如愿。

常言说"饮水思源"，此时此刻我要感谢我的导师陈秉钊教授。先生在城市规划界享有很高名望，身兼数职，十分忙碌。但是在百忙之中，先生对我的论文研究倾注了大量的心血，并且不断为我创造研究条件和提供继续学习、参与项目的机会，不断为我指点方向、排除困难。尤其是我在受伤后意志消沉的时期里，深切地感受到恩师的关怀。在跟随先生的几年中，他渊博的学识、严谨的治学、宽厚的为人，不仅使我在学习、生活中受益匪浅，而且也将伴随我走过今后的工作、学习与生活岁月。

我还要感谢帮助我完善构思和收集资料的老师和同学们，特别是来自台湾的同学阮如舫，他帮助我收集了大量的宝贵书籍和资料，并帮助我联系用以实践的研究课题。

另外，我衷心地感谢所有关心过我的师长、朋友们，他们不仅给了我学业上的帮助，还在我最需要支持的时候给予我精神上的莫大安慰，特别是我受伤后最艰难的日子里，他们给了我最无私的照顾，帮助我尽早摆脱了身体上的痛苦。

特别需要感激、感谢的是我的父母和弟弟。父母亲不仅含辛茹苦地养育了我，而且在我成长的道路上给了我许多精神上的鼓励。父亲追求真理而踏实工作的精神和母亲任劳任怨的人生态度不断鼓舞我树立献身规划事业的理想；在我住院期间，母亲在病榻前照顾了我十个多月，她又一次"十月怀胎"般的辛劳使我获得了再生并能够继续研究和学习；弟弟马骧白天实习，晚间还赶到病房陪护。正是家人关切的目光和无微不至的照料给了我战胜伤痛的力量，我衷心地感谢他们！

　　囿于自己在学术水平、实践经验上的不足，本书只能完成对这一课题的初步探讨，从而为今后的深化奠定基础。论文成稿之时，恰逢各界关注新经济的形成并欢呼城市新的科技与产业发展机遇的到来、开始草拟新一轮的大规模开发与建设活动之际，谨以此文奉献给那些勇于开拓新时代、建设新城市的人们，以及继续深入研究的同仁！

2000 年 5 月于同济园，上海

2004 年 1 月修改于复旦园，上海

2013 年 7 月完稿于风华水岸，上海